Harald Lesch und Harald Zaun

Die unheimliche Stille

Harald Lesch und Harald Zaun

Die unheimliche Stille

Warum schweigen außerirdische Intelligenzen und Superzivilisationen?

HERDER

FREIBURG · BASEL · WIEN

MIX
Papier aus verantwortungsvollen Quellen
FSC® C014496

www.herder.de

Satz: Röser MEDIA GmbH & Co. KG, Karlsruhe
Herstellung: GGP Media GmbH, Pößneck

Printed in Germany

ISBN Print 978–3-451–39278–8
ISBN E-Book (E-Pub) 978–3-451–82994–9
ISBN E-Book (PDF) 978–3-451–82995–6

Inhalt

Frank D. Drake (1930–2022)
Credit: SETI Institute

Als Autoren möchten wir dieses Buch dem ehrenwerten und angesehenen Radioastronomen, Astrophysiker und SETI-Forscher Frank Drake widmen, der letztes Jahr selbst ins Sternenmeer eingetaucht und den Sonnen jetzt so nah ist. Er war ein inspirierender Faktor für unsere Arbeit und dieses Buchs.

Harald Lesch
Harald Zaun

Einleitung:
Wir sind nicht allein

Der Weg war steinig und hart. Er war mit vielen Hürden gepflastert. Das Ziel war – wie allen Sternen im stellaren Meer eigen – unfassbar weit entfernt, kaum erreichbar, allenfalls nur auf imaginäre Weise für unverbesserliche Fantasten oder ausgewiesene Science-Fiction-Fans vorstellbar, deren unerschütterlicher Optimismus und Zukunftsglaube seinerzeit aber eher abschreckend wirkte. Doch im Jahr 1982 vollzog sich das von Insidern längst erhoffte Erdbeben, das intellektuell-wissenschaftlich hohe seismologische Wellen schlug und viele mitriss – gottlob nicht in einen Abgrund, sondern auf eine neue *Selbstbewusstseinsebene*.

Motiviert von der Drohung des US-Senats, die finanzielle Unterstützung für das laufende SETI-Projekt zu streichen (SETI = Search for Extraterrestrial Intelligence), setzte sich der damals schon berühmte US-Astrophysiker und Publizist Carl Sagan für die Intensivierung und Finanzierung einer koordinierten weltweiten Suche nach außerirdischen Intelligenzen und Funksignalen ein. Um seinem Anliegen Gehör zu verschaffen, überzeugte er gleich 70 renommierte Wissenschaftler, eine internationale Petition zu unterzeichnen, die im angesehenen Wissenschaftsmagazin *Science* als Leserbrief erschien und die Fachwelt aufrüttelte. Gleich acht Nobelpreisträger, darunter etwa Melvin Calvin, Sir Francis Crick, Linus Pauling, angesehene Gelehrte wie Frank D. Drake, Fred Hoyle, Nikolai S. Kardashev, Grote Reber, Martin Rees, Jill C. Tarter, Kip S. Thorne und nicht zuletzt Stephen W. Hawking werteten mit ihrem Namenszug die gezielte Suche nach außerirdischen Hochkulturen auf. Und als im selben Jahr die Vollversammlung der Internationalen Astronomischen Union (IAU) im griechischen Patras die Kommission „Bioastronomie“ ins Leben rief, war eine Zäsur markiert, die eine neue Ära in der Astronomie einleitete und bis heute nachwirkt.

Ein elitärer Zirkel von größtenteils konservativen Astronomen ehrte das neue Fachgebiet mit dem Ritterschlag und nahm SETI nach Jahren der Tristesse und Ignoranz offiziell in seine Tafelrunde auf – mit ungeahnten Folgen. Denn mit einem Mal fanden sich die ehemaligen „Verrückten“ in einer multidisziplinär orientierten Gemeinschaft wieder, bei der sich Exo- und Astrobiologen, Planetenjäger, Physiker, Biochemiker, Historiker, Philosophen, Soziologen und Anthropologen bei allen möglichen Treffen auf Augenhöhe austauschten und kooperierten.

Heute, im Jahr 2023, ist die Suche nach Intelligenz im All en vogue und hat sich nicht nur aus dem Dunstkreis des Unseriösen, des Esoterischen sukzessive entfernt, es taugt auch immer wieder als Argument, um teure Raumfahrtmissionen wissenschaftlich und finanziell zu legitimieren.

Tatsächlich zweifelt heute kein ernstzunehmender Intellektueller oder Wissenschaftler mehr an der Existenz hochstehender Kulturen im All. „Ich bin mir zu 100 Prozent sicher, dass wir intelligentes Leben im Universum finden werden“, sagt der amerikanische theoretische Astrophysiker und Publizist Michio Kaku, dem wir in dieser Publikation noch mehrfach begegnen werden. Dies trifft auch auf Seth Shostak zu, den zuversichtlichen Grandseigneur der SETI-Forschung: „Allein in unserer Milchstraße gibt es eine Billion Planeten. Das ist so, als würde man eine Billion Lottoscheine kaufen. Einige davon werden gewinnen. Ich bin sicher, dass es da draußen anderes intelligentes Leben gibt."

Der Optimismus der beiden speist sich aus großen Entdeckungen und Erfolgsmeldungen der Bioastronomie und Planetenforschung, die nicht abreißen. So tickerte im August 2022 eine Meldung durch die Medien, der zufolge kanadische Forscher mit dem Weltraumteleskop TESS eine Super-Erde entdeckt haben, einen der bisher besten Kandidaten für einen Ozeanplaneten. 100 Lichtjahre von der Erde entfernt, könnte eine Ozeanwelt existieren, die um 70 Prozent größer ist als die Erde. Früher undenkbar, ist heute die Technik und Sensibilität der Instrumente dermaßen fortgeschritten, dass den Planetenfischern immer mehr erdähnliche Planeten in habitablen Zonen ins Netz gehen, die sogar über eine eigene Atmosphäre verfügen. Einen Erfolg verzeichnete letztes Jahr auch der NASA-Rover „Perseverance", der in einem Marskrater, den ehemals ein See bedeckte, Steine mit einer überaus hohen Konzentration an organischem Material analysierte. Sie bestehen größtenteils aus Wasserstoff und Kohlenstoff. Beide Elemente spielen bei nahezu allen organischen Prozessen auf der Erde eine wichtige Rolle.

Einen guten Fang machte auch ein Cambridge-Team, das im September 2021 von der Entdeckung des 124 Lichtjahre entfernten Mini-Neptun K2–18b berichtete. Dieser „hyzeanische" Exoplanet bildet eine neue Klasse von Planeten, die sich dadurch auszeichnen, einen sehr großen Ozean und eine wasserstoffreiche Atmosphäre zu besitzen, in der sich wahrscheinlich Biosignaturen leichter nachweisen lassen.

Gezielt nach Biosignaturen suchen wird auch das seit Ende 2021 im All schwebende leistungsstarke James-Webb-Space-Telescope (JWST). Es ist nur noch eine Frage der Zeit, bis der

6,5 Meter große JWST-Spiegel und Teleskope der nächsten Generation in den Atmosphären extrasolarer Planeten erstmals – vereinzelt oder sogar in Kombination – Sauerstoff, Wasserdampf, Kohlendioxid oder Methan nachweisen werden, welche starke Indizien für die Anwesenheit von Wasser und biologischer Aktivität wären.

Liebe Leser, wir sind felsenfest davon überzeugt, dass dieses Szenarium in naher Zukunft eintreffen könnte. In unserem Werk berücksichtigen wir daher kein mikrobielles außerirdisches Leben (Extremophile), sondern fokussieren uns ausschließlich auf intelligente sowie kommunikationsfähige Lebensformen im All – und haben deshalb das bekannte Fermi-Paradoxon in den Mittelpunkt unserer Arbeit gestellt. Wir diskutieren nicht die Bedingungen und Voraussetzungen, die für die Ausbildung von Leben generell elementar sind. Nein, wir gehen gleich in medias res und ersparen Ihnen eine astrobiologisch-akademische Diskussion um das Für und Wider hinsichtlich der Wahrscheinlichkeit von Leben im All – und wie sich dieses gebildet haben könnte. Stattdessen behaupten wir nicht ohne eine gewisse Chuzpe: Wir sind nicht allein in diesem gewaltigen Universum! Eingedenk des Paradigmenwechsels in der Bioastronomie und Technologie käme alles andere astrobiologischer Blasphemie gleich!

In diesem Buch gehen wir vielen spannenden Fragen rund um das Thema „extraterrestrische Intelligenz“ nach, wobei das Fermi-Paradoxon (wir werden es noch umtaufen!) und alle daraus resultierenden Fragen den roten Faden bilden. Wichtig: Besagtes Paradoxon geht von der simplen Frage aus: *Wenn Leben im All so weitverbreitet ist, wo sind dann die hochstehenden Technologien und Megakulturen abgeblieben? Warum haben wir von ihnen noch nichts gehört? Wenn es so viele intelligente*

Lebensformen im Universum gibt, müssten wir doch längst den ersten First Contact zelebriert haben!

So futuristisch und fantastisch dieses Thema anmutet und auch schnell missinterpretiert werden kann – in den ersten sechs Kapiteln ist unser roter Faden die Wissenschaft, die wissenschaftliche Methode *guthin*, die auf den Prinzipien *Falsifikation* und *Verifikation* beruht. Mitunter nennen viele diesen Ansatz Karl Popper folgend „kritischen Rationalismus", was vereinfacht gesagt bedeutet: Was im Experiment oder durch Beobachtung von verschiedenen Quellen (z. B. Observatorien, Labore, empirische Daten usw.) – unabhängig von Ort und Zeit – wiederholt, belegt oder widerlegt werden kann, hat den akademischen PISA-Test bestanden. Was indes in der Grauzone, im Niemandsland des Wissens kreucht und fleucht, ist früher oder später ins Land der Fabeln zu verbannen.

Der eingangs erwähnte Carl Sagan hat einmal die wissenschaftliche Methode mit einem Satz umschrieben: *Extraordinary claims require extraordinary evidence*! – Außergewöhnliche Behauptungen erfordern außergewöhnliche Beweise (Carl Sagan Standard)! Wie recht er doch hatte!

Genau aus diesem Grund mussten wir viele Fakten hobeln und ganz bewusst sehr viele Späne an Information auf dem Boden der Tatsachen liegen lassen. Angesichts der Fülle an Literatur, Fachartikeln, Theorien, Spekulationen und Behauptungen, mit denen man eine Bibliothek füllen könnte, mussten wir schweren Herzens viele schöne und kreative Gedanken und Ideen außen vorlassen.

In den Kapiteln eins bis sechs konfrontieren wir Sie – hoffentlich unterhaltsam und spannend – mit den historischen Fakten, Ideen und Diskussionen rund um das Thema *außerirdische Intelligenz*. Wer kam eigentlich auf die Idee, mit wissenschaftlichen Mitteln nach den Anderen zu suchen? Wie entwickelte sich die Suche? Wer wurde belauscht, was wurde ins Visier genommen? Wie, wann und mit welchem Erfolg? Wie gefährlich waren die Datenpakete, die wir bislang ins All gepulst haben?

Spielerischer, spekulativer und verwegener werden unsere Gedankensprünge im siebten, achten und neunten Kapitel, die gewissermaßen den zweiten Teil unseres Buches bilden. In ihnen durchleuchten wir aus vielen Perspektiven die Gründe, warum sich im All die große Stille, das große Schweigen so lautstark bemerkbar macht. Was könnte intelligente Kulturen davon abhalten, mit uns via Funk- oder Lichtsignal oder sogar mit Neutrinos oder Gravitationswellen in Kontakt zu treten? Warum gab es noch keinen offiziellen First Contact mit einer außerirdischen Spezies auf unserer weltlichen Bühne? Wie gefährlich wäre eine Kontaktaufnahme mit einer höherstehenden Intelligenz? Könnte ein Erstkontakt den Anfang unseres Endes einleiten?

Wir haben versucht, uns bei unseren Gedankenexperimenten keine Fesseln anzulegen. In der Regel haben wir uns eng an der Fachliteratur und an den aktuellen Studien orientiert, Extrapolationen und Simulationen berücksichtigt. Doch oft haben wir auch unseren eigenen Gedanken und Ideen den Vortritt gelassen. In dem Wissen, dass wir auch mit unseren Zeilen nicht alle Möglichkeiten durchspielen können, um die Abwesenheit außerirdischer Intelligenz zu erklären oder zu verklären, empfehlen wir Ihnen Folgendes: Lassen Sie doch bitte Ihrer Fantasie freien Lauf und finden Sie selbst weitere Gründe, die das Fernbleiben der Anderen erklären könnten. Es ist ein Gedankenspiel, das großen Spaß bereiten kann.

Mit Blick auf die UFO- und UAP-Problematik (UAP = Unidentified Aerial Phenomena), auf die wir im achten Kapitel zu sprechen kommen, war es uns ein wichtiges Anliegen, dieses Phänomen bewusst von unserem Buch zu entkoppeln, es gleichwohl aber nicht zu ridikülisieren. Denn nach den neuesten Daten, Entwicklungen und Erkenntnissen kann die physikalische Realität dieser bizarren Objekte, die scheinbar die Gravitation auszuhebeln vermögen, nicht mehr länger in Abrede gestellt werden. Dennoch wäre es unwissenschaftlich, hinter diesen geheimnisvollen Gebilden automatisch außerirdische Raumschiffe oder Sonden von fernen Planeten zu vermuten. Ausgehend vom „Carl Sagan Standard" stellen wir diesbezüglich nüchtern fest: Wer eine starke Behauptung ins Feld führt, muss mit einem starken Beweis aufwarten, um auch den letzten kritischen Rationalisten und Skeptiker umzustimmen.

Aber auch die SETI-Enthusiasten, die seit 1960 auf ein außerirdisches Funksignal und seit den 1980er-Jahren auf eine Laserbotschaft warten, müssen sich in Geduld üben. Gleiches gilt für jene Optimisten, die mit wissenschaftlichen Methoden nach Technosignaturen, also nach extrasolaren Sonden, Raumschiffen und sogar Dyson-Sphären bislang vergeblich gesucht und nach Artefakten auf dem Mond erfolglos Ausschau gehalten haben.

Dennoch. Theoretisch könnte just in diesem Moment, in dem Sie dieses Buch lesen, das lang ersehnte künstliche Signal einer fernen, hochentwickelten Kultur bei uns eintreffen. Die Chancen auf Erfolg sind real, auch wenn sie irreal anmuten. Selbst wenn wir in 1000 Jahren noch keine Flaschenpost ans Erdufer gezogen haben, könnte in 1001 Jahren das Märchen wahr und der außerirdische Flaschengeist zum Leben erweckt werden.

Allerdings wissen wir nicht, welcher planetare Geist sich dereinst aus der galaktischen Flasche befreien wird. Wird es ein guter sein – oder wird sich der märchenhafte Behälter selbst als Büchse der Pandora erweisen? Etwa als ein Ding aus einer anderen Welt, aus dem alle Laster und Untugenden des Universums entweichen? Eine kosmische Plage, die uns mit Krankheit, Verderben und Tod straft? Die unser kosmisch-biologisches Intermezzo schlagartig beendet? Wehe dem Unseligen, der ausgerechnet die falsche Flaschenpost aus dem Sternenmeer fischt und öffnet …

1. Interplanetares Funkfeuer
Vorstoß in den Radiokosmos

Das Bemühen, das Universum zu verstehen, ist eines der ganz wenigen Dinge, die das menschliche Leben ein wenig über die Stufe einer Farce erheben, und gibt ihm etwas von der Anmut der Tragödie.“
Steven Weinberg, 1977

Der verkannte Pionier

Ein Zischen. Ein Knistern. Ein leichtes Rauschen, getragen von einer flüchtigen Welle im Radiomeer. Eine unbekannte Quelle im Radiobereich, strahlend aus einer nicht näher bestimmbaren Region des kosmischen Ozeans. Ein geheimnisvolles Geräusch, das irgendwie deplatziert wirkt. Ein Pulsieren auf einer Wellenlänge von 14,6 Metern (20,6 MHz), das den kosmo-maritimen *Äther* zwar nur dezent durchflutet, dessen Intensität aber höchst mysteriös anmutet. Was könnte der Ursprung dieser exotischen Welle sein? Weshalb verschiebt sich die Quelle periodisch? Stammen die Signale von der Sonne oder von einem unbekannten Objekt aus der Tiefe des Raums?

Als Ende 1931 der 26-jährige Physiker Karl Guthe Jansky aus Norman (Oklahoma/USA) als erster Mensch diese Fragen aufwarf, ahnte keiner, dass er gerade die Tür zu einer völlig neuen Fachrichtung innerhalb der Astronomie geöffnet hatte und in einen bis dahin unbekannten Bereich des Universums vorgestoßen war. Ja, unbemerkt schlug Jansky eine neue Seite in den Annalen der Astronomie auf ...

In einer Ära, in der in astronomischen Kreisen die Existenz von kosmischer Strahlung diskutiert wurde und bekannt war, dass heiße Körper auch Radiowellen emittieren, erkannte Jansky als Erster deren wahre Bedeutung. Er avancierte zum geistigen Vater der Radioastronomie. Was alle Radiopioniere und Astronomen die Jahre zuvor geflissentlich, vielleicht aber auch nur unbewusst überhört oder als Funkbotschaften außerirdischer Intelligenzen fehlinterpretiert hatten, entging seinen wachen Ohren und seinem *künstlichen Ohr* nicht.

Sein *künstliches Ohr* war eine von ihm konstruierte 30,5 Meter lange Anlage, mit der er in Holmdel (New Jersey/USA) ab August 1931 erste Beobachtungen durchführte. Das auf einem Kartoffelfeld einer Farm abgestellte Gerüst, auf dem kreuz und quer verlaufende Drahtantennen und hölzerne Stützpfeiler montiert waren, erinnerte optisch an eines der frühen Fluggeräte der Gebrüder Wright. Dank der vier an dem Gestell befestigten Räder, die von einem Ford Model T stammten, konnte sich die Apparatur binnen 20 Minuten einmal um sich selbst drehen und somit den gesamten Himmel erfassen. Das ganze Gebilde ähnelte einem Karussell (Abb. 1.1) und erheiterte auch John D. Kraus, einen der großen Pioniere der Radioastronomie, der seine Sternstunden zwei Dekaden später feiern sollte. Scherzhaft meinte er beim Anblick des Geräts: „Ein Flugzeugflügel, der sich auf Autorädern in einem Kartoffelacker dreht – was für eine absurde Kombination! Aber es wurde ja für einen ganz bestimmten Zweck so gebaut."

Auf jeden Fall war die Mobilität der antennenartigen Anlage für Janskys Studien unerlässlich. Zum einen deshalb, weil sein Arbeitsinstrument auf einem unebenen Ackerland operierte. Zum anderen, weil er im Auftrag der *Bell Telephone Laboratories New York* jene atmosphärischen Störungen und zeitlichen und örtlichen Störquellen auf verschiedenen Radiofrequenzen untersuchen sollte, die vor allem bei transozeanischen Übertragungen ständig dazwischenfunkten und ein enervierendes Hintergrundknistern erzeugten.

Abb. 1.1 Karl Jansky vor seinem *künstlichen Ohr*
Credit: © NRAO/AUI/NSF

Nachdem Jansky seine Richtantenne mit einem Lautsprecher und diesen wiederum mit einem Kopfhörer verbunden hatte, tauchte er unversehens und unwissentlich in die Welt der kosmischen Sphärenmusik ein. Aus allen Himmelsrichtungen prasselten Strahlenpartikel auf sein *künstliches Ohr* ein. Schnell kristallisierte sich dabei heraus, dass zwei Störgeräusche von starken Gewittern und Blitzschlägen herrührten, die entweder in relativer Nähe oder weit entfernt waren. Die dritte Störquelle jedoch war kaum zu hören. Ihr Funkfeuer war derart schwach, dass es auf den transatlantischen Funkverkehr keine nennenswerten Auswirkungen hatte, zumal sich seine Intensität immer wieder rhythmisch veränderte. Es war unüberhörbar existent, aber sein Ursprung unbekannt. Ein ernüchterndes Resultat.

Vielleicht hätten andere Forscher angesichts der dünnen Datenlage die Zelte wieder abgebrochen und die Arbeit beendet. Nicht jedoch Jansky. Er war aus einem anderen Holz geschnitzt. Mit seinem Mastergrad in Physik entsprach er nicht unserem heutigen Klischee des Nerds, der als weltfremder Bücherwurm im stillen Kämmerlein vor sich hinbrütet. Vielmehr verfügte er als Athlet und Sportler – er galt als ausgezeichneter Tennis-, Softball- und Eishockeyspieler – über das nötige Durchhaltevermögen und nahm das Experiment als sportive Herausforderung an.

Seine Geduld wurde belohnt. Allmählich wurde klar, dass es sich bei dem registrierten Störsignal um etwas Bedeutsames, um ein bislang unbekanntes Phänomen handeln musste. Kurz nachdem er seine Forschungsergebnisse im Dezember 1932 in einem Fachmagazin publizierte, fiel es ihm nach einigen weiteren Observationen wie Schuppen von den Augen: Die Quelle des mysteriösen Knisterns war weder die Sonne noch ein anderer Körper. Nein, die unbekannte Radioemission befand sich in einer Region weit außerhalb des Sonnensystems. Den Messdaten zufolge konnten entweder ein einzelnes oder viele verschiedene Objekte diese Emissionen verursacht haben. Fakt war aber: Die Radiostrahlung kam direkt aus dem Sternbild des Schützen (Sagittarius) – aus einer Entfernung von 27 000 Lichtjahren. Aus einer derart großen Distanz hatte bisher noch kein Mensch diese unsichtbaren Wellen registrieren können. Es war unfassbar!

Auf einer Tagung der amerikanischen Abteilung der *International Scientific Radio Union* stellte Jansky im April 1933 seine

Ergebnisse vor; ebenso einen Monat später auserlesenen Gästen der *AT&T-Bell Telephone Laboratories New York*. Der *New York Times* war Janskys Entdeckung jedenfalls einen langspaltigen Artikel auf der Titelseite wert. Die Überschrift „NEW RADIO WAVES TRACED TO CENTRE OF THE MILKY WAY" wird ihre Wirkung auf naturwissenschaftlich interessierte Leser sicherlich nicht verfehlt haben.

Doch obwohl Jansky seine Ergebnisse kurz darauf sogar in dem renommierten britischen wissenschaftlichen Fachmagazin *Nature* zu Papier brachte, ignorierte die Mehrheit der Leser seine Arbeit. „Die Astronomen zeigten ihm die kalte Schulter", so der Wissenschaftsjournalist Walter Sullivan (1918–1996) der *New York Times*.

Andere Fachkollegen erfuhren erst gar nicht von seinem Werk oder zeigten sich schlichtweg desinteressiert. Überdies zog ihn sein Arbeitgeber kurze Zeit später von allen weiteren Arbeiten auf diesem Feld ab. Man hatte damals Wichtigeres zu tun, als sich mit brotloser Kunst herumzuschlagen, mit der kein schnelles Geld zu verdienen war. „Es gehört zu den Ironien in der Entwicklung der Wissenschaft unseres Jahrhunderts, dass von Janskys Entdeckung fast keine Notiz genommen wurde", bemerkt der Grandseigneur der Radioastronomie, Sir Bernard Lovell.

Zeitlebens hielt Jansky seinem Projekt die Treue und legte auch mehrfach Konzepte für den Bau einer größeren *Radio-Anlage* vor, die aber allesamt nicht finanzierbar waren. Seine Arbeit wäre beinahe in Vergessenheit geraten, hätte nicht der junge amerikanische Radiotechniker Grote Reber (1911–2002) aus Wheaton, einem Vorort von Chicago (Illinois), Janskys Studien gelesen und seinen Ansatz weiterentwickelt. Im Garten seiner Eltern baute Reber von seinem ersparten Geld

1937 das erste klassische schalenförmige Radioteleskop und belauschte mit seiner zehn Meter großen Schüssel den Himmel. Er verfügte damit über ein Gerät, das auf einer kürzeren Wellenlänge als Janskys Instrument operierte und zudem ein größeres Auflösungsvermögen hatte.

Rebers Engagement und Janskys Pionierleistung ebneten den Weg für einen heute nicht mehr wegzudenkenden Zweig der Astronomie. Sie öffneten ein neues Fenster zu einem bis dahin unbekannten Kosmos. Dass *Jansky* in der Radioastronomie heute für jene Messeinheit steht, welche die Stärke von Radiosignalen festlegt, kommt gewiss nicht von ungefähr.

Dank Jansky und Reber lernte die junge Radioastronomie das Laufen. Die klassische Schüsselform ihrer Teleskope setzte sich durch und verlieh dem aufblühenden, neuen astronomischen Zweig zugleich ein charakteristisches Gesicht. Doch bis zum Ende des Zweiten Weltkriegs gestaltete sich der Weg der neuen Disziplin holprig und steinig. Nur über den Umweg des Radars, das im Zuge der Kriegshandlungen vom militärischen Abschirmdienst genutzt und ständig optimiert wurde, konnte die Radioastronomie aus ihrem Schatten treten. Zu häufig hatten die Militärs während des Kriegs unbekannte Störsignale aus dem All empfangen, die langfristig einer weiteren Klärung bedurften. Um hier Abhilfe zu schaffen, bauten Ingenieure direkt nach Kriegsende die ersten größeren Radioteleskope. So kam es, wie es kommen musste: Mit Beginn der 1950er-Jahre rückten die mysteriösen stellaren und galaktischen Ziele immer mehr ins Blickfeld der Astronomen. Nachdem die Forscher die Radiostrahlung der heimischen Sonne, die Himmelskörper im System ins Visier nahmen, bekamen sie Appetit auf mehr.

Die aus den Tiefen und Weiten des Alls eintreffenden Radiowellen waren so ganz nach ihrem Geschmack, legten diese doch viele Geheimnisse offen, konnten mit ihrer Hilfe neue astronomische Objekte und Phänomene wie Supernovaüberreste, Pulsare, Radiogalaxien oder Aminosäuren in Gaswolken aufgespürt werden. Die Radioastronomie gab auch den vielleicht faszinierendsten Objekten und Phänomenen im Kosmos ein Gesicht, die bis dahin einen Teil der dunklen Seite der Macht des Universums repräsentierten: Schwarze Löcher und Quasare. 2019 gelang es einem internationalen Forscherteam sogar, eines dieser Gespenster toter Sterne zu fotografieren.

Der radiophile Zeitgeist

Dass Janskys Pioniergeist und schöpferische Forschungsarbeit von seinen Kollegen seinerzeit nicht adäquat gewürdigt wurde, ist dem vielbeschworenen Zeitgeist zuzuschreiben. Genauer gesagt jenem Zeitgeist, der die Ära vom Ende des 19. Jahrhunderts bis zum Anfang des 20. Jahrhunderts prägte. Bei den Menschen jener Epoche herrschte eine eigentümliche Aufbruchstimmung. Förmlich berauscht von den großen Erfindungen und Entdeckungen ihrer Zeit und einer daraus aufblühenden Wissenschafts- und Technikgläubigkeit, waren unsere Ahnen von einem unbegrenzten Fortschrittsglauben beseelt.

Dennoch ließen sich etliche Wissenschaftler, Ingenieure und Erfinder davon nicht beeindrucken. Anstatt sich – wie viele ihrer Zeitgenossen – von der Gegenwart blenden zu lassen, gefielen sie sich in Schwarzmalerei. Ihr Blick auf die nahe und ferne Zukunft war recht düster. Viele verengten ihre

Sichtweise und verharrten in einem Tunnelblick wie der schon zu Lebzeiten legendäre Physiker Lord Kelvin (1824–1907). Er gab 1902 in einem Zeitungsinterview zu verstehen, Flugzeuge könnten niemals über den Atlantik fliegen. Ein Jahr später kam die *Michigan Savings Bank* in einem Gutachten, das die Marktchancen für die neu aufkommenden Automobile einschätzen sollte, zu dem Fazit: „Während es Pferde immer geben wird, sind Automobile nur eine Modeerscheinung." Nur wenige Jahre später ließ sich sogar Gottlieb Daimler zu der Vorhersage verleiten: „Die weltweite Nachfrage nach Kraftfahrzeugen wird eine Million nie überschreiten, allein schon aus Mangel an verfügbaren Chauffeuren." Wenig treffsicher war auch die Prognose von Charles H. Duell, der als Chef des US-Patentamts 1899 nüchtern feststellte: „Alles, was erfunden werden kann, ist bereits erfunden." Selbst der Vorstandsvorsitzende von IBM, Thomas Watson, verschätzte sich um ein ganzes Universum: „Ich denke, es gibt einen Weltmarkt für vielleicht fünf Computer."

In den Chor der Techno-Misanthropen stimmte auch der berühmte kroatische Physiker und Erfinder Nikola Tesla (1856–1943) ein, der in 26 Ländern mehr als 280 Patente erhielt: „Atomenergie lässt sich weder zivil noch militärisch nutzen." Man könnte die Liste der Bremser, Mahner und Pessimisten fast endlos fortsetzen und würde nicht verstehen, warum viele trotz der damaligen großen Fortschritte in Wissenschaft und Technik mit Blick auf das Übermorgen so wenig neue Innovationen erwarteten.

Doch als der drahtlose Rundfunk zehn Jahre nach der Entdeckung der elektromagnetischen Wellen durch den deutschen Physiker Heinrich Hertz (1857–1894) im Jahr 1896 seinen bahnbrechenden Siegeszug antrat, als Guglielmo Marconi

(1874–1937) erstmals eine Radiosendung drei Kilometer durch den *Äther* sandte, taten sich völlig neue Horizonte auf. Anstelle von Pessimismus machte sich Optimismus breit, erkannten doch die ehemals zukunftsskeptischen Denker das vielseitige Potenzial der lichtschnellen Wellen. Tatsächlich begann mit dem Aufkommen des Radios für den Homo sapiens eine Epoche, die die Informationslandschaft des beginnenden 20. Jahrhunderts dramatisch verändern sollte. Fasziniert von dem Prinzip der schnurlosen Übertragung von Signalen, wurde er *radiophil*.

Als Marconi 1899 sodann die erste drahtlose Botschaft über den Ärmelkanal schickte und 1901 die erste transatlantische Funkübertragung von London nach Neufundland glückte, war eine der bedeutsamsten technischen Revolutionen der Menschheit in vollem Gang. Mit der Entdeckung der Radiowellen und der Einführung des Rundfunks legte sich ein unsichtbares Netzwerk über die Erde. Eine neue Geisteshaltung obsiegte, die zugleich viele neue kreative Geister hervorbrachte.

So kam es, dass Janskys Entdeckung in eine Ära fiel, deren Grundstein die beiden weltberühmten Pioniere und Erfinder der Radiotechnik Nikolai Tesla und Guglielmo Marconi gelegt hatten. Denn als Jansky versuchte, seine Beobachtungen einer breiteren Öffentlichkeit nahezubringen, stand die Suche nach Radiowellen längst unter einem anderen Stern. Die Debatte um Radiowellen aus dem All wurde mysteriös verklärt. Was damit gemeint war, bekam Jansky im April 1933 zu spüren, als ihn ein Reporter der *New York Times* mit der Frage konfrontierte, ob die ominösen, von ihm detektierten Funksignale nicht von einer außerirdischen Intelligenz stammen könnten, die mit uns in Kontakt treten wolle. Dass Jansky als

Experte hierauf mit einem unmissverständlichen *Nein* konterte, war eingedenk der von ihm detektierten rätselhaften Signale keine Selbstverständlichkeit.

War Janskys Interesse an den Sternen nämlich rein radioastronomischer Natur, versahen Fantasten und Kreative wie Tesla und Marconi kosmische Radiostrahlung mit dem Fluidum der Außerirdischen. Fast für jeden noch so suspekten Piepser aus dem All machten sie Mars- oder Mondbewohner verantwortlich. Eine Lunar- und Mars-Manie machte sich breit, die sich Ende des 19. Jahrhunderts viral über den Globus verbreitete. An Schärfe gewann vor allem die Debatte um die Außerirdischen auf dem Roten Planeten, als der italienische Astronom Giovanni Virginio Schiaparelli (1835–1910) 1877 während einer intensiven Beobachtungskampagne auf dem Mars rillenartige Strukturen zu erkennen glaubte. Er bezeichnete diese als *Canali*, meinte damit aber nur natürlich gewachsene und nicht künstlich angelegte Flussbette auf dem Mars. Ermutigt von diesem Fund, interpretierte der US-Astronomen Percival Lowell (1855–1916) im Jahr 1894 die schiaparellischen Rillen als von Marsbewohnern künstlich angelegte Kanäle. Ein Astro-Meme war geboren, das eine ganze Generation beeinflussen sollte. Eine Zeit lang gaben sich viele Gelehrte fast schon ersatzreligionsartig dem Glauben hin, der Mars müsse von intelligenten Lebensformen bewohnt sein. Der französische Astronom Nicolas Camille Flammarion (1842–1925) fabulierte in seinen auflagenstarken Büchern sogar über architektonisch gigantische Bauwerke auf dem Mars, die nur von hochintelligenten Kulturen errichtet worden sein konnten.

Spätestens als eine gutbetuchte Dame namens Clara Goguet Guzman in Gedenken an ihren verstorbenen Sohn Pierre den „Prix Guzman“ in die Welt setzte, bekam die wissenschaftliche

Suche nach außerirdischem Leben auch eine pekuniäre Note. Im Namen von Madame Guzman, die wie ihr Sohn für die Schriften von Flammarion schwärmte, setzte die Französische Akademie der Wissenschaften im Dezember 1900 den mit 100 000 Francs (nach heutiger Kaufkraft etwa 1,5 Millionen Euro) dotierten Preis für jene Person oder Nation aus, die binnen zehn Jahren den Nachweis erbringen konnte, erstmals mit einer außerirdischen Zivilisation Kontakt aufgenommen und auch eine Antwort erhalten zu haben. Und damit waren keineswegs Bewohner des erdnahen Planeten Mars gemeint. Von deren Existenz ging Madame Guzman und mit ihr das Gros der Astronomen um die Jahrhundertwende selbstredend aus.

Die Folgen dieser Ausschreibung ließen nicht lange auf sich warten. Vom „Alien"-Virus infiziert, machten sich unzählige Wissenschaftler und Ingenieure, Künstler und Freigeister ans Werk und stellten fantastische und zugleich fragwürdige Konzepte oder Apparaturen vor, mit denen sich ET & Co. aufspüren lassen sollten. Die erste Invasion der Außerirdischen führten die Menschen in ihrem Fieberwahn selbst herbei.

Einer Schätzung des amerikanischen Wissenschaftshistorikers Michael J. Crowe nach wurden allein im Zeitraum von der griechischen Antike bis zum Jahr 1916 mehr als 140 Schriften und Bücher zum Thema „Leben im All" verfasst. Viele davon erschienen nach Schiaparellis *marsianer Erleuchtung* – die meisten jedoch nach 1916. In den Bibliotheken füllten fortan Tausende von Fachbeiträgen, Zeitungsartikeln und Essays über ET & Co. die Regale. Hierbei florierte vom letzten Drittel des 19. Jahrhunderts bis zum Vorabend des Ersten Weltkriegs vor allem die Marsliteratur. „Von Kapstadt bis Kopenhagen, von Dorpat bis Dundee, von Sankt Petersburg bis Salt Lake City redeten Erdlinge über Außerirdische. Ihre Thesen erschienen in Büchern und Streitschriften, in Groschenblättern und gediegenen Zeitschriften, in Predigten und Bibelkommentaren, in Gedichten und Dramen (...) Oxford-Professoren und Sternwarten-Direktoren, Schiffskapitäne und Staatsoberhäupter, radikale Reformer und Ultrakonservative, Wissenschaftler und Weise, Orthodoxe und Heterodoxe – jeder hatte etwas zu sagen", schreibt Crowe.

Das US-Wissenschaftsmagazin *Scientific American* und die *New York Times* berichteten ab Ende 1900 beinahe wöchentlich über die neuesten Ideen rund um den Roten Planeten, über die Anstrengungen der Wissenschaftler und Ingenieure, mit den fremden Wesen zu kommunizieren.

Lauschangriff auf den Mars

Einer, den die Zeitungen immer häufiger ins Blickfeld rückten, war Nikola Tesla, der einerseits die technischen Grundlagen für den Rundfunk geschaffen hatte, andererseits selbst sehr schnell vom Mars-Boom inspiriert wurde. In Knob Hill, in der Nähe von Colorado Springs (Colorado), errichtete er einen Holzturm, aus dem ein Sende- und Empfangsmast herausragte, der bei Bedarf bis zu 50 Meter ausgefahren werden konnte. Im Gebäude befand sich die größte und stärkste Tesla-Spule, die jemals gebaut wurde. Mit einem Durchmesser von mehr als 15 Metern und einer Höhe von 2,70 Metern gewann der kolossale Transformator beinahe selbst außerirdische Dimensionen. Schon nach kurzer Zeit vernahm Tesla mit seinem Gerät ein seltsam periodisch pfeifendes Rauschen. Nachdem er verschiedene Störquellen wie etwa die Sonne, den Mond oder Nordlichter sowie Magnetismus als Ursache ausschließen konnte, zog er ein mutiges Fazit: „Obwohl ich ihre Bedeutung nicht entziffern konnte, war es mir unmöglich, sie als ganz und gar zufällig abzutun. Immer stärker wächst in mir das Gefühl, dass ich als Erster die Grüße eines Planeten an einen anderen gehört habe.“ 1919 wiederholte er seinen alten Standpunkt. Nach wie vor glaubte er, Zeuge eines außerirdischen Kontaktversuchs geworden zu sein. Teslas unerschütterlicher Glaube war dermaßen gefestigt, dass er noch 1937 bei einer Tischrede anlässlich seines 81. Geburtstags glaubte, den Guzman-Preis allein zu gewinnen, hatte er doch bereits 1901 Funksignale vom Mars (Abb. 1.2) detektiert.

Abb. 1.2 Bild vom Roten Planeten
Credit: © picture-alliance/dpa PIPE DB ESA

Natürlich blieb es nicht aus, dass sich auch Guglielmo Marconi in die Debatte einschaltete und behauptete, seit 1919 selbst jene pfeifenden und zwitschernden Laute gehört zu haben, die Jahre zuvor Teslas Interesse geweckt hatten. Er sei bereits vor Beginn und nach Beendigung des Ersten Weltkriegs häufig auf seltsame und starke Signale unbekannter Herkunft im Äther gestoßen, erklärte der Physiknobelpreisträger von 1909.

Anfang 1920 sprach er ganz unverhohlen davon, dass er immer wieder unbekannte starke Signale registriere, die gleichzeitig in London und New York zu hören seien, was darauf hindeute, dass sie aus großer Entfernung abgesandt würden. „Bislang kann keiner definitiv sagen, ob diese Signale irdischen Ursprungs sind oder von anderen Welten stammen", sagte Marconi. Auf die von diversen Zeitungen lancierte Meldung, Marconi habe mit seinem Radioapparat zufällig sehr seltsame Töne und vielleicht Anzeichen außerirdischen Ursprungs entdeckt, reagierte auch Albert Einstein (1879–1955). Er monierte, Marconis akustische Signale stünden nicht mit Außerirdischen in Zusammenhang, sondern seien höchstwahrscheinlich auf atmosphärische Störungen oder andere Radioexperimente zurückzuführen. Wenn überhaupt, dann würden Intelligenzen mit Lichtwellen auf sich aufmerksam machen, weil diese leichter zu kontrollieren seien. Weder der Mars noch andere Planeten des Sonnensystems seien bewohnt, betonte Einstein.

Unbeirrt von jeglicher Kritik, machte Marconi 1922 die Probe aufs Exempel: Er steuerte sein 67 Meter langes Forschungsschiff *Electra* in maritime Gefilde, um die im Wellenmeer treibende Flaschenpost mitsamt ihrem kryptischen Inhalt aus dem kosmischen Ozean zu fischen. Während einer Atlantiküberquerung, die ihn von Southampton nach New York führte, schaltete Marconi auf halber Strecke seinen Radioempfänger an und suchte auf der 2-Kilohertz-Frequenz des Langwellenbereichs nach Botschaften vom Roten Planeten. Es war das erste Mal in der Menschheitsgeschichte, dass gezielt und aktiv nach Radiosignalen einer anderen Zivilisation gesucht wurde.

Auf der Rückreise vermeldete Marconi, er habe zwar keine schlüssige Erklärung für die Herkunft der mysteriösen Töne, sehe aber auch keine Veranlassung, das Phänomen mit Marsianern in Verbindung zu bringen. „Ich habe keine sensationellen Ankündigungen zu machen", entschärfte er kurz vor seiner Ankunft in New York per Funk jeglichen Anflug von Sensationsmache.

Etwas aufwändiger und um eine Spur seriöser war das Experiment des amerikanischen Astronomen David P. Todd (1855–1939). Er rief die großangelegte „Listening-in"-Suchaktion ins Leben, bei der gezielt nach Radiosignalen außerirdischer Zivilisationen gesucht wurde: gleichwohl „nur" nach solchen, die vom Nachbarplaneten Mars stammen.

Sein Interesse an einer Kommunikation auf Radiowellenbasis mit Marsbewohnern hatte der damalige Direktor der Sternwarte des Amherst College in Massachusetts (USA) schon vor vielen Jahren zum Ausdruck gebracht. Bereits 1907 leitete Todd die Lowell-Expedition nach Chile, die eindrucksvolle Bilder von den Marskanälen sammeln sollte. Nur zwei Jahre später entwickelte er den Plan, Ballons mit leichten, aber sehr empfindlichen Radioempfängern in große Höhe zu bringen, weil dort schwächere ferne Signale leichter zu registrieren seien. Aber selbst als am 23. August 1924 die Planeten Erde und Mars sich bis auf 55 Millionen Kilometer annäherten, startete kein Ballon zu marsianen Kommunikationszwecken. Todds Worte fanden nicht die Ohren eines zahlungswilligen Sponsors. Im Wissen, dass die historisch enge Konstellation von Mars und Erde die einmalige Chance eröffnete, mit den „Brüdern im All" direkt auf Tuchfühlung zu gehen, ließ Todd aber nicht locker. Seine Anfrage an die US-Regierung, ob es möglich sei, während der größten Annäherung des Mars den amtlichen sowie militärischen Radioverkehr zwei Tage lang einzustellen, stieß bei den Verantwortlichen überraschenderweise auf offene Ohren. Die US-Navy und Army gaben dem emeritierten Professor zu verstehen, den normalen Radiobetrieb vom 21. bis 23. August auf Sparflamme weiterlaufen zu lassen und die leistungsstärksten 20 Transmitter für jeweils fünf Minuten pro Stunde ganz auszuschalten.

Im Rahmen des Experiments nutzten die militärischen Radiostationen die kurzen Ruheperioden konsequent aus und richteten ihre Antennen auf den Mars, der astronomisch gesehen praktisch auf Tuchfühlung mit der Erde ging. Doch nur eine einzige zivile Radiostation schloss sich der Horchaktion an – die anderen sendeten munter weiter.

Unterstützt von einem der besten US-Dechiffrier-Experten und Kryptologen der Armee, William F. Friedman (1891–1969) – er sollte noch vor Pearl Harbour den Geheimcode der Japaner geknackt haben –, durchforsteten Todd und etliche Funkspezialisten des Militärs den Äther auf einer Wellenlänge zwischen fünf und sechs Kilometern. Bei der eigentümlichen Observation überließ man nichts dem Zufall. Sogar der zu dieser Zeit bekannte US-Erfinder Charles Francis Jenkins (1867–1934) schloss sich dem Programm an. Jenkins hatte es ein Jahr zuvor zu einer gewissen Popularität gebracht, als er 1923 erstmals ein Bild per Radiosignal von Washington, D.C. nach Philadelphia übertrug. Auf dem gefunkten Foto erschien die Silhouette des amtierenden US-Präsidenten Warren G. Harding (1865–1923). Ausgerechnet Warren G. Harding, könnte man im Einklang mit seinen Zeitgenossen sagen, galt dieser doch schon damals als einer der schlechtesten US-Präsidenten aller Zeiten. „Warren G. Harding rangiert bei Umfragen nach der Rangstellung des Präsidenten unter Historikern der USA konstant als ‚Versager' auf einem der letzten Plätze der Skala", so das harte Verdikt des Historikers und Amerikanisten Peter Schäfer. Auf dem ersten von Menschenhand entsandten Fax war also jener leibhaftige Präsident zu sehen, der in einen der größten Korruptionsskandale der US-amerikanischen Geschichte verwickelt war. Was für ein schlechtes Omen für die Suche nach den Anderen!

Jedenfalls bezog Jenkins eine von ihm entwickelte Apparatur (Abb. 1.3) namens *Radio Photo Message Continuous Transmission Machine* in die Analyse mit ein. Sie sollte die eingehenden Funksignale visualisieren. Es hätte ja sein können, dass die Marsianer neben Radiosignalen auch Bilder als Willkommensgruß zur Erde funkten. 29 Stunden lang zeichneten Jenkins und Todd im August 1924 (Abb. 2.2.) alle eingehenden Pulse auf, die sein Gerät wiederum auf einem Fotofilm von 9,2 Metern Länge und 15 Zentimetern Breite festhielt.

Abb. 1.3 Aufnahme von David Todd und C. F. Jenkins vom 21. August 1924 in Washington, D.C. vor ihrer dubiosen Maschine
Credit: © mauritius images/Matteo Omied/Alamy/Alamy Stock Photos

Nach dem Studium der Daten sahen einige auf einem bestimmten Abschnitt des Films Punkte und Striche, die sich zu einem schwer erkennbaren gezeichneten Gesicht verdichteten. Doch dem ersten „Marsgesicht" der Menschheitsgeschichte (S. 216 f.) bot Jenkins konsequent die Stirn und analysierte den Sachverhalt nüchtern: „Ich glaube nicht, dass die Ergebnisse irgendetwas mit dem Mars zu tun haben. (…) Was wie ein menschliches Gesicht aussieht, ist wohl eher eine zufällige Erscheinung, die wir uns nicht erklären können." Da auch diese Horchaktion – wie alle vorausgegangenen – in dem typischen undefinierbaren Piepsen und Zwitschern unterging, musste der Entzifferungsvirtuose Friedman seine kunstvolle Fertigkeit nicht mehr unter Beweis stellen. Keine intelligenten Muster waren aus dem diffusen Radiorauschen zu filtern. Kein Kryptologe war mehr vonnöten. Nur der weltbekannte Astronom Arthur Stanley Eddington (1882–1944) von der Cambridge University in England quittierte die „Listening-in"-Aktion mit einem Augurenlächeln und bezeichnete den Versuch, eine Kommunikation über Radiowellen mit dem Mars zu etablieren, als „absoluten Unsinn". Ein Standpunkt, den die Mehrheit seiner Kollegen durchaus teilte, wie Walter Sullivan bestätigt: „Natürlich war man in der Regierung und in anderen Kreisen ziemlich skeptisch. (…) Die konventionellen Astronomen waren entsetzt über die ganze Angelegenheit."

Erste SETI-Pioniere

Es ist eine der großen Ironien der Wissenschaftsgeschichte, dass ausgerechnet ein Geistlicher einer der geistigen Schöpfer des klassischen astrophysikalischen Urknallmodells war, also just einer Institution entstammte, die im Verlauf ihrer nicht immer unbelasteten Geschichte den naturwissenschaftlichen Erkenntnisgewinn in den Jahrhunderten zuvor nur wenig gemehrt hatte. Als die Idee, Radiowellen aus dem All zu empfangen, en vogue war, skizzierte der belgische Priester und ausgebildete Astronom Georges Lemaître (1894–1966) zwischen 1927 und 1933 in der Publikation *Hypothèse de l'atome primitif* die erste Fassung der Urknalltheorie, die heute in der Kosmologie als das beste Standardmodell gilt, um die Anfangsphase des Universums zu beschreiben. Damit widersprach Lemaître seinem englisch-irischen Kollegen James Ussher (1581–1656) radikal, der drei Jahrhunderte zuvor die Bibel beim Wort genommen und eigenen Berechnungen folgend den Tag der Schöpfung der Welt auf den 23. Oktober des Jahres 4004 vor Christus datiert hatte. Auf eine genaue Uhrzeit wollte sich der ehrenwerte Erzbischof von Armagh (Irland) allerdings nicht festlegen ...

Irgendwie mutet es wie ein weiterer Treppenwitz der Geschichte an, dass der wissenschaftliche Ursprung der SETI-Idee ebenfalls auf einen insularen Bischof (England) zurückgeht – und nicht auf einen bodenständigen Astronomen. Als Lemaître jedenfalls noch an seiner Uratomtheorie feilte, Tesla nicht von der Behauptung abließ, außerirdische Funksignale empfangen zu haben, und Jansky gerade seine Beobachtungen in New Jersey durchführte, veröffentlichte Reverend Ernest W. Barnes in keinem geringeren Fachblatt als *Nature* einen Beitrag, in dem er die Evolution des Universums in einem kurzen Aufsatz umriss. Der ausgebildete Theologe und Mathematiker wurde 1924 Bischof von Birmingham und schrieb während seiner Schaffensphase 29 mathematische Abhandlungen. Vielleicht halfen ihm seine unorthodoxen Ansichten dabei, in dem *Nature*-Artikel vom 24. Oktober 1931 frisch von der Leber weg über außerirdische Intelligenzen zu spekulieren. Barnes zufolge umkreisten viele andere bewohnte Welten ihren Heimatstern, auf denen Lebensformen existierten, die uns in geistiger Hinsicht unermesslich überlegen sein könnten.

Anders als Tesla, Marconi oder Todd bezog sich Barnes weniger auf Intelligenzen auf dem Mars als vielmehr auf extrasolare Wesen, mit denen eine drahtlose Kommunikation möglich wäre: „Wir sollten nicht voreilig ausschließen, dass sie eine derart durchdringende Strahlung einsetzen könnten, um der Erde Botschaften zu übermitteln. Wahrscheinlich kommen solche Botschaften jetzt gerade an. Wenn diese erstmals verständlich gemacht werden, beginnt eine neue Ära in der Geschichte der Menschheit."

Der zweite Mensch, der in einem wissenschaftlichen Paper die zarte Pflanze der SETI-Idee weiter zum Blühen brachte, war der Erfinder und Amateurfunkpionier Hiram Percy Maxim (1869–1936). Gemeinhin wird er, dessen Vater fatalerweise das Maschinengewehr erfand, weltweit als Stammvater des Amateurfunks gefeiert. Jedenfalls setzte er sich 1932 im *Scientific American* in einem Feature noch eindringlicher mit der Frage auseinander, ob auf unserem Planeten nicht schon seit langer Zeit Funksignale aus den Tiefen des Raumes einträfen. „Sollte eine im Weltraum lokalisierte Intelligenz uns tatsächlich seit Jahrhunderten Signale gesendet haben, wären wir zu rückständig, um diese zu entdecken."

Schließlich kenne der Homo sapiens zurzeit nur ein Medium, mit dem eine interstellare Kommunikation denkbar sei: das Radio. Aber exakt dieses befinde sich noch in einem absoluten Anfangsstadium. Dennoch: „Radiowellen sind unser erstes Werkzeug, mit dem es möglich sein könnte, ein Signal durch die Weiten des astronomischen Raums zu tragen", erklärt Maxim. Sollte irgendwo da draußen Leben existieren, wovon er ausgehe, wäre ein Kontakt über Radiowellen mit einer außerirdischen Zivilisation möglich. „Was für ein erhabener, dramatischer Moment wird es für alle Beteiligten sein, wenn dieser erste interstellare Kontakt stattfindet!" Zu bedenken seien aber die großen astronomischen Distanzen im Weltall und die begrenzte Geschwindigkeit, mit der Radiowellen reisten. Allein eine Nachricht zum 40 000 Lichtjahre [sic; die heute gemessene Distanz beläuft sich auf 25 000 Lichtjahre] entfernten Herkules-Haufen (Messier 13) würde 40 000 Jahre benötigen, um ihr Ziel zu erreichen. „Ebenso würde es weitere 40 000 Jahre dauern, bis das Signal vom Planeten aus dem Herkules-Haufen zurückkommt. Das sind insgesamt 80 000 Jahre, bis eine Botschaft dorthin geht und die Antwort zur Erde zurückkommt!“

Auch der weltbekannte Harvard-Astronom Donald Menzel (1901–1976), einer der schärfsten Skeptiker in der später aufkeimenden UFO-Debatte, war seinerzeit vom Marsfieber infiziert und meldete sich im Dezember 1937 zu Wort. In einem Fachartikel sinnierte er über die Mittel und Wege, sich den Marsbewohnern in einem höheren Frequenzbereich zu nähern und mit ihnen im Kurzwellenbereich zu kommunizieren. Seinen Beitrag schmückt ein Cartoon, auf dem ein Erdbewohner vor einem Funkgerät sitzend zu sehen ist. Auf der anderen Seite schaut ein groß- und glatzköpfiger Marsianer konzentriert auf seinen Radioempfänger. Beide verbindet eine Art Blitz, der den erhofften Kontakt symbolisieren soll …

So groß der Wunsch in den 1930er-Jahren auch war, mit Radiowellen extraterrestrische Intelligenzen anzufunken – über leistungsfähige Radioteleskope, die schmalbandige Signale auffangen konnten, verfügte zu dieser Zeit kein Forscher. Es war daher eher eine Ära der Ideen, Konzepte, Wünsche und Hoffnungen, bei der sich nur wenige als *echte* Pioniere der SETI-Idee hervortaten. Selbst der große Marconi zählt trotz all seiner Verdienste für die Radiotechnik nicht zu diesem illustren Kreis. Zwar beeindruckte er bereits am 20. Januar 1919 während eines Interviews mit der *New York Times* mit folgender kluger Bemerkung: „Kommunikation mit Intelligenzen auf anderen Sternen. Ja, das könnte eines Tages möglich sein, und da viele der Planeten viel älter sind als der unsere, sollten die Wesen, die dort leben, Informationen von enormem Wert für uns haben." Doch so vorausschauend und weitsichtig seine Aussage anmutet – er verfolgte seinen Gedanken nicht weiter oder vertiefte diesen schriftlich. Es war allenfalls ein Geistesblitz, der im Strom der Zeit wieder unterging.

Nur jene von Radiowellen inspirierten Denker, die ihre „extraterrestrischen" Ideen ordneten und in seriösen Fachmagazinen kolportierten und sich somit – von den Kollegen und Fachleuten wahrgenommen – dem Diskurs stellten, sind die wahren geistigen Vorreiter der SETI-Philosophie. Allen voran Hiram Percy Maxim, der fast schon wie ein gewiefter SETI-Forscher der Gegenwart argumentierte. Indem er die veraltete Idee, den Mars zum Zielobjekt aufzuwerten, ad acta legte, tauchte er intellektuell als erster Radioexperte in die Tiefe des Raumes ein – hinein in die Galaxis, voran zu den Galaxien. Er wusste, dass die Anderen da draußen weiter entfernt von uns waren als zuvor angenommen. Nur mittels Radiostrahlung, so Maxims Hoffnung, war ein Dialog mit ihnen denkbar. Nur die für ihn als Amateurfunker so vertrauten unsichtbaren elektromagnetischen Wellen konnten das Tor zu den innergalaktischen Brüdern und Schwestern öffnen. Lange bevor der legendäre Cocconi-Morrison-Artikel 1959 die Fachwelt regelrecht aufwühlen und erschüttern sowie ein neues Zeitalter einleiten sollte (S. 47 ff.), wurde also bereits der erste theoretische Grundpfeiler der radioastronomischen SETI-Taktik gelegt.

Der Vorstoß in den Radiokosmos, der in der ersten Hälfte des 20. Jahrhunderts die Menschen noch in ihren Bann zog, weil er automatisch in eine Auseinandersetzung mit außerirdischer Intelligenz mündete, verpuffte jedoch mit Beginn des Zweiten Weltkriegs vollends. Das Marsfieber war mit einem Schlag passé. Die harte Realität des Kriegs brachte auch den letzten Fantasten und Träumer zurück auf den Boden der Tatsachen. In die Rolle der außerirdischen Aggressoren wie in dem von H. G. Wells 1897 publizierten Roman *War of the Worlds* (Abb. 1.4) beschrieben, schlüpften nunmehr die irdischen. Der Krieg überschattete alles. Er verzögerte auch die radioastronomisch-technische Entwicklung und somit den Fortgang der SETI-Idee, die 1931 und 1932 zwar kurz aufflackerte, aber erst 20 Jahre nach Beginn des Zweiten Weltkriegs wissenschaftlich formuliert wurde.

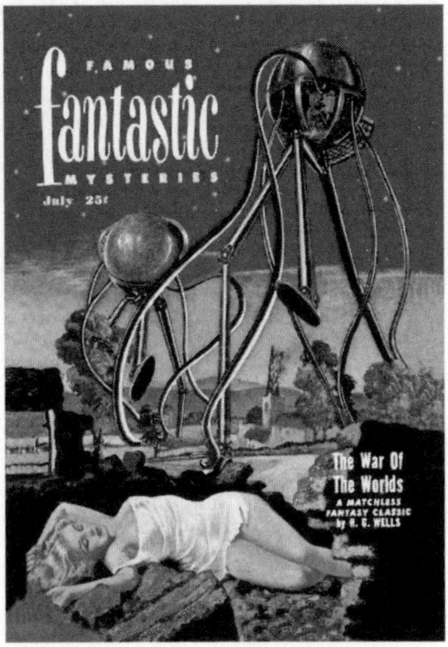

Abb. 1.4 In seiner fiktiven Geschichte über den ersten interplanetaren Konflikt gehen die Marsmenschen auf ihrem Eroberungsfeldzug genauso gnadenlos vor wie Wells' reale Vorbilder: die irdischen Großmächte im ausgehenden Zeitalter des Imperialismus. Doch im Gegensatz zu den Erdlingen kämpfen die Invasoren vom Roten Planeten ums nackte Überleben, da ihre Welt auszutrocknen droht.
Credit: Public Domain via Wikimedia Commons

Nach dem kläglich gescheiterten Todd-Abenteuer sollten noch etliche Jahre durch den Weltenraum ziehen, bis 1960 der erste Mensch einen wissenschaftlich systematischen und fachlich dokumentierten Horchangriff auf außerirdische Intelligenzen startete. Es war das Startsignal zu einem Abenteuer, das über die Jahre Hoch und Tiefs er- und durchlebte – und bis heute Gegner und Befürworter hervorgebracht hat, die sich nach wie vor unversöhnlich gegenüberstehen.

2. Die SETI-Horcher

Die erfolglose Suche nach ET

Dies ist vielleicht das bedeutsamste Forschungsunternehmen, das jemals von Menschen eingeleitet wurde; früher oder später wird es zum Erfolg führen.
Arthur C. Clarke, 1962

Prinzessin Ozma und die Zauberlinie

Es war kalt. Bitterkalt. Eisigkalt. Einfach viel zu winterlich für diese Jahreszeit. Und eine unchristliche Zeit obendrein, wie der Blick auf die Uhr verriet. Ja, es war schon eine merkwürdige Idee, um 4 Uhr in aller Herrgottsfrühe in der Dunkelheit, umhüllt von Nebelschwaden und benetzt von Raureif, harte körperliche Arbeit zu verrichten, um das Unmögliche möglich zu machen. Doch inmitten der Berge von West Virginia (USA), eingebettet in einen Talkessel, der sich über eine Länge von zehn Quadratkilometern erstreckte, machten sich Ellen Gundermann und Margaret Hurley mit ihrem Chef unverdrossen ans Werk. Sie bereiteten ein Radioteleskop für eine spezielle Observation vor, das stolz und erhaben gen Himmel blickte und bereit war, nach den Sternen zu greifen.

Bei dem fast schon verschwörerisch anmutenden nächtlichen Coup übernahm Frank Drake als Projektleiter die Regie. Gut 15 Meter über dem Boden quetschte er sich in einen mülltonnenähnlichen Metallkasten, worin sich ein Zylinder mit einem Verstärker befand, der für die Funktionsfähigkeit des Howard-Tatel-Radioteleskops elementar wichtig war. Die Prozedur, die vor ihm lag, war anstrengend. Völlig eingezwängt und seiner Beweglichkeit beraubt, drehte er behände fast eine Stunde lang an vier Schaltknöpfen, die in Wechselwirkung zueinanderstanden. Für das Unternehmen, das vor ihnen lag, musste alles perfekt justiert und kalibriert sein.

Als nunmehr an diesem Morgen des 11. April 1960 der damals fast 30-jährige Radioastronom mit seinen zwei Assistentinnen bei Minusgraden die letzten Vorbereitungsarbeiten an dem Radioteleskop in Green Bank beendete und gegen 5 Uhr halb erfroren den Kontrollraum aufsuchte, galt sein erster Griff einer Kaffeetasse. Nachdem seine Lebensgeister zurückgekehrt waren, nahm das Ozma-Projekt seinen Lauf. In Erinnerung an Lyman Frank Baums Kindergeschichte *Ozma von Oz* hatte Drake sein „Kind" nach Prinzessin Ozma benannt. Die sagenumwobene Königstochter lebte in dem nur schwer erreichbaren Märchenland Oz – zusammen mit höchst exotischen Wesen ...

Das Ziel der Horchaktion war verwegen. Ja, sogar ein wenig heikel: Erstmals in der Geschichte wollten Menschen – basierend auf einer wissenschaftlichen Theorie und mithilfe der leistungsstarken 26-Meter-Schüssel – ein Funksignal einer außerirdischen Zivilisation einfangen. „Wir wussten, dass dies ein historischer Augenblick war, und dennoch kicherten wir, weil wir dachten, dass wir uns mit diesem Gedanken am Ende vielleicht selbst etwas vorgaukelten", erinnert sich Frank Drake (Abb. 2.1).

Um den historischen Moment festzuhalten, aktivierte er im Arbeitsraum einen Empfänger und ein Aufzeichnungsgerät mit einer einfachen Schreibfeder, die jeden kosmischen Laut auf einem laufenden Papierstreifen notierte. Die eingehenden akustischen Signale, die auf einer einzigen Frequenz um Gehör buhlten, nahm ein Tonbandgerät auf. Es war Pionierarbeit par excellence, auf die vielleicht so manch nostalgisch veranlagter Astronom heute mit Wehmut zurückblickt. Selbst der Eintrag ins Logbuch, mit dem die Forscher die einzelnen Arbeitsschritte und Observationszeiten dokumentieren, erfolgte handschriftlich.

Abb. 2.1 Frank Drake (1930–2022) in jungen Jahren. Das Bild wurde 1959 in der Vorbereitungsphase des Ozma-Projekts aufgenommen.
Credit: © Records of the NRAO ... Frank Drake

Die beiden ins Fadenkreuz genommenen erdnahen Zielsterne Tau Ceti (Entfernung: 11,9 Lichtjahre) und Epsilon Eridani (10,5 Lichtjahre) tauchten gerade über den Gebirgszügen im Südosten auf. Nachdem Drake die erdnahe Sonne Tau Ceti sechs Stunden lang als ersten Kandidaten im Visier hatte, richtete er die Antenne auf Epsilon Eridani. Ein Uhrwerk sorgte dafür, dass die Radioschüssel den Stern ständig im Blickfeld behielt.

Nach nicht einmal fünf Minuten weckte ein explosionsartiger Lärm den im Ruhemodus schlafenden Lautsprecher jählings auf, der mit einem Mal heftig vibrierte. Wenige Meter weiter vollführte der grafische Schreiber des Aufzeichnungsgeräts einen wilden Tanz. Ein sehr lautes Geräusch erfüllte den Raum, das sich mit acht Impulsen pro Sekunde bemerkbar machte. Fünf Minuten lang pulsierte das Störfeuer. „Keiner von uns hatte jemals etwas Vergleichbares erlebt. Wir starrten einander mit weit aufgerissenen Augen an. Ich hatte das Gefühl, meine Begegnung mit den Plejaden noch einmal zu erleben."

Seinen Plejaden-Schock hatte Drake noch in allzu schlechter Erinnerung. Drei Jahre zuvor beobachtete er als Harvard-Doktorand mit dem damals neuen 18-Meter-Radioteleskop der hiesigen Universität in Massachusetts das Radiospektrum des Plejaden-Sternenhaufens. Damals riss ihn ein auffallend regelmäßig, sehr stark pulsierendes Signal schlagartig aus der Routine und versetzte ihn für einen kurzen Moment in eine Art Schockstarre. Aus heiterem Himmel traf etwas Unbekanntes aus 210 Lichtjahren Entfernung ein, das ein intelligentes Muster aufwies und ausgerechnet auf der Wasserstofflinie des elektromagnetischen Spektrums strahlte. Im Bereich von 1,4 GHz emittiert das im Universum am häufigsten vorkommende Element Wasserstoff. Im Wissen, dass weltweit keine Funklizenzen für Frequenzen auf der Wasserstofflinie aufgrund ihrer radioastronomischen Bedeutung verteilt wurden und daher irdische Sender als Ursprung ausschieden und das Signal zu regelmäßig pulsierte, um natürlichen Ursprungs zu sein, musste Drake tief Luft holen. „Vor lauter Aufregung konnte ich kaum atmen, und schon bald nach diesem Ereignis begann mein Haar grau zu werden."

Doch wie gewonnen, so zerronnen. Als Drake die Schüssel in eine andere Richtung drehte, hörte er das Signal weiterhin klar und deutlich. Diese Beobachtung ließ nur einen Schluss zu: Was sich da als vermeintliches exoplanetares Funkfeuer aufdrängte, war irdischen Ursprungs und allenfalls ein Militärsender. Ein Fehlalarm. Mehr nicht. Drake hakte den Vorfall innerlich ab.

Dennoch hatte er das Plejaden-Ereignis sehr lebhaft vor seinem geistigen Auge, als er im April 1960 kurzerhand die 26-Meter-Schüssel vom Stern Epsilon Eridani wegdrehte, um sich abzusichern. Ein weiteres Fiasko wie in Harvard wollte Drake nicht nochmals erleben.

Zu seiner Freude verstummte das Signal. Kein Piepser war mehr zu vernehmen. Nichts! Das war in der Tat höchst verdächtig. Konnte *das* etwa schon die langersehnte Flaschenpost einer fremden Kultur sein, die sich auch der Radiotechnik bediente, um eine interplanetare Botschaft zu versenden? So schnell ein Erfolgserlebnis? Praktisch aus dem Nichts?

Nachdem er das Teleskop wieder auf den Zielstern gerichtet hatte, kam das Geräusch jedoch nicht mehr zurück. Erst nach zwei Wochen und zahlreichen Versuchen meldete sich das geheimnisvolle Dröhnen erneut in derselben Pulsfolge.

Um endlich Gewissheit zu haben, was hinter dem mysteriösen Pulsieren steckte, installierte Drake außerhalb des Kontrollraums einen Schalltrichter und verband diesen mit dem Aufzeichnungsgerät und dem Tonband. Die Aufgabe des Trichters bestand darin, irdische Störgeräusche herauszufiltern. Nach wenigen Tagen durchschüttelte das altvertraute explosionsartige periodische Krachen wieder den Kontrollraum. Nur dieses Mal reagierte auch der Schalltrichter und vernahm das Signal in der gleichen Intensität wie das Radioteleskop.

Da auch das Tonbandgerät das Geräusch aufnahm, war unmissverständlich klar: Das suspekte Signal war nicht außerirdischer Natur, sondern musste von einem irdischen Objekt stammen, vielleicht von einem vorbeifliegenden Flugzeug …

So endete im Juli 1960 nach 150 Stunden Observationszeit der erste offizielle SETI-Suchlauf in der Geschichte gleich mit dem ersten Fehlalarm der SETI-Geschichte. Was am Ende übrig blieb, war ein Wust von Aufzeichnungsbelegen, die aneinandergereiht eine Länge von etlichen Kilometern ergaben, und zahlreiche Tonbänder, auf denen nur ein kryptisches Zischen, Rauschen und lautes Krachen zu hören war. Wohl deshalb nahm Drake zeitlebens davon Abstand, seine Ozma-Ergebnisse in einer der gängigen wissenschaftlichen Fachzeitschriften zu publizieren.

Obwohl die 2000 Dollar teure Mission anfangs noch als topsecret galt, dauerte es nicht lange, bis die Presse hierüber berichtete. „Projekt Ozma sprach sich nun herum, es kam in die Zeitungen und erregte ziemliches Aufsehen. Auch eine Menge Kopfschütteln: von verwundert über ablehnend bis entrüstet“, schreibt der große deutsche SETI-Theoretiker und Physiker Sebastian von Hoerner (1919–2003).

Einer, der es als Zeitzeuge aus nächster Nähe miterlebte und wissen musste, war Drakes damaliger Mentor und Vorgesetzter, der schon zu Lebzeiten legendäre Otto von Struve (1897–1963), Astronom und ehemaliger Präsident der Internationalen Astronomischen Union: „Projekt Ozma hat mehr beißende Kritik und mehr lobende Zustimmung hervorgerufen als je eine andere astronomische Unternehmung. Es hat die Astronomen in zwei Lager getrennt: die, die voll dafür sind, und die, die es als das größte Übel unserer Generation ansehen.“

Mit der schönen Idylle in der radioarmen, medienfreien Zone in Green Bank war es jedenfalls schnell vorbei. Dort, wohin sich in dem einsamen Tal einst – umsäumt von wildwüchsigen Bäumen, sattem Grün und abgeschirmt von 1500 Meter hohen Bergreihen – bestenfalls nur Astronomen verirrten, reichten sich plötzlich Besucher und Journalisten die Hand. Bereits eine Woche vor dem offiziellen Start der Horchaktion überraschte die *New York Times* ihre Leser mit der Headline: „Big Radio Ear Listens for Planet' Signals". Viele weitere Artikel und Journalistenanfragen sollten folgen, nicht immer zur Freude der Forscher in Green Bank.

Dass die Presse für dieses Thema derart sensibilisiert war und Drakes Vorhaben so schnell publik wurde, lag an einem *Nature*-Fachartikel, den heute die SETI-Community als Meilenstein feiert und der gemeinhin als *die* wissenschaftlich-theoretische Zäsur in der SETI-Geschichte gilt.

Was damals geschah, war insbesondere für Frank Drake frustrierend. Nach einem halben Jahr intensiver Vorbereitungszeit hinter verschlossenen Türen erschütterte ein kurzer, knapp zweiseitiger und mit zahlreichen Formeln gespickter Beitrag sein ehrgeiziges Vorhaben. Ausgerechnet im angesehenen *Nature*-Magazin überraschten im September 1959 die beiden renommierten Physiker Giuseppe Cocconi (1914–2008) und Philip Morrison (1915–2005) die Fachwelt mit einer höchst ungewöhnlichen spekulativen Idee. Was die beiden Autoren in ihren Zeilen in den wissenschaftlichen Fokus rückten, war eine kleine Sensation und Revolution zugleich: Sucht nach künstlichen außerirdischen Radiosignalen! Sucht nach ihnen nicht allein im Mikrowellenbereich (Frequenzbereich von etwa 300 Megahertz bis etwa 300 Gigahertz), sondern im langwelligen Bereich der Wasserstofflinie (1,42 Gigahertz), da auf dieser

Frequenz der neutrale, interstellare Wasserstoff strahlt! Das sei die Zauberlinie, auf der Außerirdische vorzugsweise senden würden, weil sie die Bedeutung der 21-Zentimeter-Linie kennen müssten, so Cocconi und Morrison.

Bei 21,106 Zentimetern, wo das im Universum häufigste Element Wasserstoff strahlt, findet sich die universell magische Frequenz, die ein fast störungsfreies Lauschen ins All ermöglicht. Und sollten außerirdische Radioastronomen dieselben Antennen und Empfänger wie wir haben, sei trotz der kolossalen Entfernungen im Universum ein Austausch interstellarer Botschaften theoretisch möglich!

Was Reverend Ernest W. Barnes 1931 und Hiram Percy Maxim 1932 abstrakt in einem Gedankenexperiment durchgespielt hatten, konkretisierten zwei etablierte Forscher drei Dekaden später in einem anerkannten Fachblatt, beruhend auf wissenschaftlichen Extrapolationen und Formeln.

Ohne zu wissen, dass Frank Drake bereits mitten in den Vorbereitungen für solch eine Horchaktion war und dass auch er die 21-Zentimeter-Wellenlänge des elektromagnetischen Spektrums als bevorzugte Frequenz im Auge hatte, veröffentlichten Cocconi und Morrison ihr spektakuläres Paper.

Letztendlich empfahl das Duo den Astronomen, einen intensiven Lauschangriff auf außerirdische Technologien zu starten. Ihrer Ansicht nach war die Suche nach fremden Funksignalen mit intelligentem Muster vielleicht mühselig und aufwändig, da die Wahrscheinlichkeit eines Erfolgs höchst schwer abzuschätzen war. Aber wenn keiner mit der Suche jemals anfinge, seien die Chancen auf Erfolg fraglos gleich null.

Obwohl Morrison und Cocconi auf dem Gebiet der Radioastronomie absolute Amateure waren, gerieten sie nach der *Nature*-Veröffentlichung praktisch über Nacht in den Brennpunkt und die Fänge der Medien. „Als ich um die Welt reiste, jagten mich die Medien. In jeder Stadt, die ich besuchte, gab es unzählige Interviewanfragen von Journalisten. Das hielt sechs Monate an“, erinnert sich Philip Morrison nur ungerne an diese Zeit. Während sich die Medien ähnlich wie zur Zeit der Mars-Manie im ausgehenden 19. und beginnenden 20. Jahrhundert mit reißerischen Schlagzeilen gegenseitig übertrafen, war die Reaktion der Radioastronomen – wie beim Ozma-Projekt (Abb. 2.2) – eher verhalten bis skeptisch.

Abb. 2.2 Das Ozma-Abenteuer startete mit dieser 26 Meter großen Schüssel in Green Bank, West Virginia.
Credit: © NRAO/AUI/NSF

Dennoch entfachten Cocconi und Morrison mit ihrem Vorstoß eine lebhafte Diskussion über das Für und Wider einer Suche nach den Anderen. Sie gaben den Anstoß, auf breiter Front zu suchen. Nicht zuletzt beflügelten beide Drakes Elan, der sich – wie alle nach ihm folgenden Projektwissenschaftler – fortan darin bestärkt fühlte, auf dem richtigen Weg zu sein.

Keine Frage, Prinzessin Ozma und die Zauberlinie wiesen Frank Drake und allen inspirierten SETI-Forschern nach ihm den Weg – und beseelten alle mit der Hoffnung, vielleicht eines fernen Tages ein Märchen wahr werden zu lassen und im kosmischen Wunderland irgendwann auf exotische fremde Lebensformen zu treffen, deren Sprache zu verstehen, mit ihnen in einen Dialog zu treten und über Fabelhaftes zu fabulieren …

Zero Contact und die Dilemmas der Horcher

In seinem letzten Lebensjahr blickte der 92-jährige Frank Drake nach seiner Pioniertat auf eine lange Karriere zurück, die ihn durch viele Höhen und Tiefen geführt hatte. Er hatte ehrgeizige SETI-Projekte organisiert, Observationen und das SETI-Institut geleitet, unzählige Konferenzen besucht, zahlreiche Vorträge gehalten und war in den Medien stets präsent gewesen, um für sein Lebenswerk Werbung zu machen und Sponsoren an Land zu ziehen.

Gegenwärtig könnten weder Seth Shostak selbst noch der gewiefteste Wissenschaftshistoriker genau sagen, wie viele wissenschaftliche, zivile und militärische klassische SETI-Suchprogramme seit 1960 weltweit stattgefunden haben. Schätzungen zufolge könnten es mehr als 150 gewesen sein. Was indes alle bis heute rund um den Globus agierenden Horchoperationen eint, ist die schlichte Tatsache, dass ihre Fangquote desillusionierend ist. Kein Astronom zog die lang ersehnte interplanetare Flaschenpost ans Erdufer. Das im Wellenmeer des kosmischen Ozeans außerirdische driftende Treibgut verfing sich in keinem Netz. Nichts schwamm bis an die Gestade unserer Wahrnehmung. Von einer interplanetaren

Flaschenpost im kosmischen Wellenmeer keine Spur. Schweigen – Ruhe – Totenstille. Nur das Rauschen der Hintergrundstrahlung, das Pulsieren der Neutronensterne und das Zischen der Nebel- und Gaswolken bilden die Tonfolgen der kosmischen Sphärenmusik. Auch das SETI-Optical-Programm, das nach stark gebündelten Laserblitzen künstlichen Ursprungs Ausschau hält, kann bislang mit keiner Erfolgsmeldung aufwarten (S. 63).

Dabei könnte doch alles so einfach und schwer zugleich sein. Denn ein perfektes, von einer außerirdischen Technologie stammendes Radiosignal muss nur einige Grundbedingungen erfüllen, die es aber *in* sich haben: Es sollte im Idealfall schmalbandig sein, eine gezielt gewählte Frequenz und eine starke Signalintensität haben, die einen hohen Amplitudenausschlag generiert, und in einem rhythmischen Intervall schwingen. Es sollte aus einer bestimmten Richtung des Alls kommen, bestenfalls aus einem kleinen Raumgebiet eintreffen. Ein starker Puls mit einem Informationsmuster, der sich im Äther deutlich von der Kakofonie des kosmischen Geräuschkonzerts unterscheidet. Ein Funkfeuer, das mindestens von zwei verschiedenen Antennen registriert wird, die diese über einen längeren Zeitraum aufzeichnen.

Erklänge eine solche Melodie im Radiobereich, brächte sie alles mit, was eine künstlich intonierte extraterrestrische Kantate auszeichnet. Eine kosmische Etüde, die jeder Besitzer eines leistungsstarken Radioteleskops hören und genießen könnte. Eine musikalische Botschaft, notiert und codiert in der Sprache der Mathematik, die auf der 21-Zentimeter-Wasserstofflinie mehrere Tage lang hörbar ist.

Gäbe eine solche interstellare Sinfonie im Radiobereich den Ton an, müssten die Astronomen den Inhalt der astralen

Sonate transkribieren, dechiffrieren und die Botschaft hinter der Botschaft auch richtig verstehen. Wie bereits geschrieben, ist in der bisherigen 63-jährigen Geschichte das irdische Auditorium, größtenteils bestehend aus Radioastronomen und Exobiologen, noch nicht in den Genuss eines solches Konzerts gekommen.

Stattdessen macht sich der Flügelschlag des Pleitegeiers bei den SETI-Forschern immer lauter bemerkbar. Der enorme Zeit- und Gelddruck lastet schwer auf ihren Schultern. Seit Ozma gab es allenfalls nur vereinzelte SETI-Programme, die wie Pilze aus dem Boden schossen, um dann schnell wieder in der Versenkung zu verschwinden. Eine kontinuierliche, weltweit koordinierte Beobachtung des Himmels hat zu keinem Zeitpunkt existiert. Nur einmal wurde auf der Suche nach extraterrestrischen Botschaften der Himmel 22 Jahre lang ohne Pause mit einer ungewöhnlichen Antennenanlage abgescannt. Dabei kam es zu einem Treffer, der bis heute die Gemüter erregt (S. 57 ff.).

In der Astronomie ist Teleskopzeit Geld. Dass daher die Suche nach der intelligenten Nadel im Sternhaufen selbst im Sternbild *Pecunia* steht, ist in SETI-Kreisen eine nur allzu bittere Binsenweisheit. Wie niemals zuvor sind die rund um den Globus verstreuten SETI-Programme von Forschungsgeldern, insbesondere aber immer stärker von privaten Spenden und Crowdfunding-Aktionen abhängig. Selten reichte das Geld aus, um leistungsstarke Radioantennen zu überhöhten Gebühren für einen längeren Zeitraum anzumieten. Anfangs begnügten sich einige Teams noch mit der parasitären Suchweise. Anstatt kostbare Beobachtungszeit eines professionellen Teleskops extra in Anspruch zu nehmen, montierten sie Zusatzinstrumente in Gestalt von Black Boxes auf die Teleskope. Später rückten sie sogar mit einem ganzen Container voller Elektronik an. Während die Kollegen ihre *all-alltägliche* Routinearbeit verrichteten, konnten die früheren SETI-Crews dank des billigen und platzsparenden Huckepackverfahrens synchron nach Radio- und Lasersignalen fahnden. Dabei mussten sie aber stets mit den Suchstrategien und Beobachtungszielen vorliebnehmen, welche die *Mainstream*-Astronomen gerade im Blickfeld hatten.

Einmal wäre es sogar fast gelungen, eine Phalanx mit Radioteleskopen aufzustellen und zu vernetzen, die tagein, tagaus ausschließlich für die Suche nach außerirdischer Technologie zur Verfügung gestanden hätte: das Allen Telescope Array (ATA). Auf dem in der Nähe des nordkalifornischen Städtchens Hat Creek ansässigen SETI-Areal sollten einmal 350 Parabolspiegel von jeweils 6,1 Metern Durchmesser im Verbund auf ET-Jagd gehen: 24 Stunden am Tag, sieben Tage die Woche, Jahr für Jahr, Jahrzehnt für Jahrzehnt. Dank einer großzügigen Finanzspritze von 30 Millionen Dollar, injiziert von dem Microsoft-Mitbegründer Paul Allen, feierten die ersten 42 Antennen vor 15 Jahren ihren Einstand. Die Installation von 308 zusätzlichen Parabolspiegeln war fest eingeplant. Bis heute aber ist kein einziger weiterer hinzugekommen. Damit nicht genug: Kein Forscher in Hat Creek konnte – wie erhofft – den Großteil der Frequenzen im Radiobereich zwischen 0,5 bis 11,2 Gigahertz analysieren, dabei sekündlich mehr als 100 Millionen Kanäle abtasten und mit der erwünschten Intensität nach interplanetaren Radiosignalen in einem Radius von 500 Lichtjahren suchen. Der Traum von Super-Interferometer erfüllte sich nicht. Im Gegenteil: Um den Betrieb der ATA-Anlage aufrechtzuerhalten, musste das SETI-Institut ein Drittel der Observationszeit an die US Air Force vermieten, die das

Areal im Rahmen des Programms „Space Surveillance Network“ nutzt, um die Bewegungsprofile von mehr als 13 000 aktiven und inaktiven Satelliten und alle Arten von Weltraumschrott im Auge zu behalten.

Fehlalarme en masse – Der Fall Phoenix

Alle Projekte, die bislang nach künstlichen Radio- und Lichtsignalen Ausschau hielten, teilen eine schicksalhafte Gemeinsamkeit: Keines davon traf jemals ins Schwarze und landete einen echten, verifizierten Treffer – auch das Phoenix-Projekt nicht. Es steht repräsentativ für alle gescheiterten SETI-Observationen und soll aus diesem Grund hier näher vorgestellt werden. Nicht zuletzt deshalb, weil es auch heute noch zu den umfassendsten abgeschlossenen Lauschoffensiven auf intelligente Hochkulturen zählt. Ihm vorangegangen war eine auf zehn Jahre angelegte große NASA-SETI-Suchaktion: das „NASA Microwave Observing Program“ (MOP). Ausgerüstet mit dem bis dahin modernsten Equipment, startete die „High Resolution Microwave Survey“ (HRMS = Vermessung durch hochauflösende Mikrowellen) anlässlich des 500. Jahrestags der *Wiederentdeckung* Amerikas am 12. Oktober 1992. Doch das von der amerikanischen Weltraumbehörde NASA mit insgesamt 63 Millionen Dollar finanzierte Vorhaben fiel bereits ein Jahr später auf Nimmerwiedersehen ins Haushaltsloch des Kongresses. Verantwortlich hierfür war Richard Bryan, ein demokratischer Senator aus Nevada, der sich über die „große Marsmännchenjagd“ echauffiert und sein Veto eingelegt hatte. Das anspruchsvolle Vorhaben wurde restlos gestrichen. Doch private Investoren und Spendengelder sorgten dafür, dass sich das am Boden liegende

Projekt wie ein Phoenix aus der Asche zu neuem Leben erheben konnte.

Anfang Februar 1995 begann das Phoenix-Projekt seinen ersten Testlauf. Bis zum März 2004 schwang der sagenumwobene Vogel seine Flügel und gereichte während dieses Zeitraums seinem mythischen Namen schnell zur Ehre. Es avancierte zum ehrgeizigsten und technisch modernsten SETI-Projekt des 20. Jahrhunderts. Die Strategie und die Philosophie der Phoenix-Wissenschaftler waren zielorientiert. Sie richteten ihre Instrumente auf möglichst erdnahe Sterne, die sich in einem Radius von 200 Lichtjahren befanden. Dabei visierten sie keine Doppelsternsysteme, keine Riesensterne oder Braune Zwerge an, sondern hatten nur Augen und Ohren für sonnenähnliche Sterne vom Spektraltyp F, G oder K. Vorzugsweise observierten sie nur ähnlich große Sterne wie unser Muttergestirn, die mindestens drei Milliarden Jahre alt sind. Die Überlegung dahinter: Nur auf solchen Welten hätte eine biologische Evolution genug Zeit gehabt, intelligentes Leben auszubilden. Darüber hinaus galt ihr Interesse ausschließlich engbandigen Signalen mit einer Bandbreite von 1,0 Hertz, weil solche eine größere Reichweite und ein geringes Signalrauschen haben. Gesucht wurde dabei auf breiter Front, auf so vielen Kanälen gleichzeitig wie möglich. Um Fehlalarme schneller zu entdecken, nutzten sie neben dem größeren Primärteleskop zusätzlich eine zweite, kleinere Schüssel.

Doch der wiederauferstandene Phoenix sah sich ständig einem anderen fiktiven gefiederten Vogel gegenüber: dem bereits erwähnten Pleitegeier. Er hat den SETI-Detektiven stets die Treue gehalten. Vor allem in dem von Frank Drake und Bernard Oliver am 20. November 1984 gegründeten SETI-Institut in der Nähe des nordkalifornischen Silicon Valley, das sich als privates gemeinnütziges Unternehmen vorwiegend mit Spendengeldern finanziert, gehört der unwillkommene Gast praktisch zum lebenden Inventar. Seine Anwesenheit nötigte die Radioastronomen immer wieder dazu, das Weite zu suchen. So flüchteten die Forscher des Phoenix-Projekts während der neunjährigen Horchaktion (1995–2004) mehrfach in die große weite Welt: zuerst auf den australischen Kontinent (Parkes-Teleskop), dann mehrfach nach Nordamerika (Green Bank) und nach Puerto Rico (Arecibo). Stets eine mobile Hightech-Anlage im Gepäck und einen Container im Schlepptau, lauschten die Projektleiterin Jill Tarter und ihr Anhang fernab der urbanen Radioverschmutzung immer nur einige Monate oder sogar nur Wochen lang ins All. Zeit- und Gelddruck waren ihre treuen und teuren Begleiter. Allein die Nutzung des Lovell-Teleskops in Jodrell Bank (England), das zeitweilig als zweite Antenne zur Klärung verdächtiger Signale herangezogen wurde, kostete pro Observationsnacht sage und schreibe 3500 Dollar.

So kostspielig der Flug der Phoenix war, so nüchtern war am Ende das Fazit von Jill Tarter: „Wir haben viele Signale unserer eigenen Technologie detektiert, aber bislang keines von ET."

Bereits nach der ersten Observation in New South Wales (Australien), die vom 2. Februar 1995 bis zum 6. Juni 1995 währte, zeichnete sich dieser Trend ab. Während dieser Periode registrierten die emsigen Radioastronomen 39 falsch positive Signale, unter denen gleichwohl kein ETI-Signal und kein mysteriöses oder unerklärliches war. Das Schweigen im Weltraum war kaum zu überhören!

Das verklärte „Wow"-Signal

Ein weiterer klassischer Fehlalarm war auch das bekannte „Wow“-Signal, das heute in SETI-Kreisen Kultstatus hat und von einigen Optimisten sogar als erstes *echtes* außerirdisches Funksignal gefeiert wird.

Die Legende um die exosolare Flaschenpost nahm ihren Anfang, als am 15. August 1977 das „Big Ear“-Radioteleskop der Ohio State University in Columbus (USA) um 23.16 Uhr Ortszeit in der Nähe der berühmten 21-Zentimeter-Wasserstofflinie eine ungewöhnlich starke Radioemission detektierte. Der eingetroffene Impuls überlagerte völlig überraschend und mit unerwarteter Dynamik das natürliche kosmische und stellare Hintergrundrauschen.

Wie so oft in der Wissenschaftsgeschichte bei spektakulären Entdeckungen war auch dieses Mal kein Astronom im Kontrollraum zugegen, als die Antenne das Funkfeuer aufspürte. Keiner wohnte dem legendären Ereignis als Zeitzeuge unmittelbar bei. Nur ein IBM-Computer mit einem Arbeitsspeicher von 64 Kilobyte, assistiert von einem speziellen Computerprogramm namens N50CH, sammelte die eingehenden Daten aus 50 Kanälen, die das „Große Ohr“ aufgefangen hatte. Der institutseigene Drucker verewigte diese auf Computerpapier.

Für die erste Sichtung des Datenmaterials war Jerry Ehman verantwortlich, der die Ausdrucke der aufgezeichneten Signaleingänge stets zu Hause analysierte. Auch in der dritten Augustwoche des Jahres 1977 arbeitete der 37-jährige promovierte Radioastronom daheim in seiner Küche. Es galt, den Datenberg abzutragen, der sich in den letzten drei Tagen angehäuft hatte. Reine Routinearbeit, die er zuvor schon Tausende Male erledigt hatte. Das Format, das Ehman auf dem Computerpapier sah, diente der Übersichtlichkeit. Es bestand aus 50 Spalten, von denen jede einen der insgesamt 50 Kanäle repräsentierte. Bei einer Spalte hielt der engagierte Astronom jedoch plötzlich inne: „Als ich mir den Computerausdruck vom 15. August 1977 anschaute, sah ich in den Daten das stärkste Schmalband-Signal, das ich jemals gesehen hatte. (...) Ich war so erstaunt über das starke Signal, dass ich auf dem Computerpapier mit roter Tinte die Bemerkung ‚Wow!' notierte", sagt Ehman über das denkwürdige Ereignis.

Abb. 2.3 Das Big Ear-Teleskop wurde bis 1998 genutzt.
Credit: © Rick Scott

Nachdem er die restlichen Bits und Bytes studiert hatte, traf er am nächsten Tag mit seinen Kollegen am Campus zusammen. Gemeinsam überprüften sie das Buchstaben- und Zahlenwirrwarr auf dem Papier, woraufhin sich eine heftige Diskussion über die Herkunft des starken Pulses entfachte. „Wir waren alle erstaunt", so Ehman. Die Aufregung war damals sehr groß. Denn vier Jahre lang hatten der Computer und Datenschreiber des Ohio-SETI-Programms beharrlich geschwiegen. Das „Große Ohr" wollte einfach nichts Verdächtiges hören.

Das „Große Ohr" selbst hatte in puncto Aussehen mit den gewohnten klassischen Radioschüsseln herzlich wenig gemein. Es präsentierte sich als rechteckig geformte Anlage, die eher an einen Fußballplatz erinnerte und nach ihrer Demontage 1998 tatsächlich eine sportive Verwendung fand. Infolge eines finanziellen Engpasses wandelte die Universitätsverwaltung die Anlage in einen Golfplatz um.

Wo eigentlich in einem Fußballstadion die Tore stehen, ragten 1977 auf der 110 Meter langen und 24 Meter breiten Aluminiumfläche jeweils am Ende des Feldes zwei gigantische Reflektoren empor (Abb. 2.3). Der eine flach, der andere parabolisch geformt. Gemeinsam tasteten beide denselben Himmelsabschnitt nacheinander ab und erreichten so die Empfindlichkeit einer 60-Meter-Schüssel. Die eingehenden Pulse, die das erste Strahlenbündel einfing, registrierte im Normalfall kurze Zeit später die zweite Anlage. Durch einen Vergleich der Daten konnten die Astronomen das Störfeuer irdischer Sender aussieben.

Aber ausgerechnet an diesem schicksalhaften Tag zeichnete ärgerlicherweise nur ein Reflektor die Radioemission auf. Da der zweite nichts registrierte, fehlten Ehman und seinen Mitarbeitern wichtige Vergleichsdaten, um jedwede von irdischen Quellen erzeugte Störsignale zu beschreiben.

Um auszuschließen, dass das Signal natürlichen Ursprungs war, studierte das Team die Fachliteratur. Sie reflektierten die neuesten Ergebnisse und richteten ihr Augenmerk auf alle bekannten katalogisierten starken kosmischen Radioquellen. Während 50 weiterer Suchläufe versuchten sie das Signal erneut einzufangen – ohne Erfolg. Immerhin konnten sie die Herkunft des Signals bestimmen. Dieses lag offensichtlich im Sternbild Schütze (Sagittarius) und stammte aus einer Region nahe dem Milchstraßenzentrum.

Mysteriös war das Schmalbandsignal vor allem deshalb, weil es sich in einem Frequenzbereich unterhalb von 10 000 Hertz offenbarte. Und weil seine kurze Sinfonie nur auf einem der 50 observierten Kanäle erklang. Signale dieser Qualität sind bei SETI-Forschern höchst beliebt, erhöhen sie doch grundlegend die Wahrscheinlichkeit, künstlichen Ursprungs zu sein. Spannend an dem Störfeuer war auch die Tatsache, dass es sich über eine Zeitspanne von 72 Sekunden erstreckte, somit genau das Zeitfenster ausfüllte, in dem sich das „Große Ohr" mit der Erdumdrehung durch den Empfangsbereich des Signals bewegte.

Während dieses Zeitraums blieb die durchschnittliche Signalstärke bei jedem Intervall konstant. Auffallende Veränderungen im Signalmuster stellten die Forscher nicht fest. Beeindruckend war jedoch, dass es im Gegensatz zum Strahlungshintergrund des Wasserstoffs 30-mal stärker strahlte. Und es pulsierte auf einer Frequenz von 1420,456 Megahertz, also im Radiofensterbereich von Wasserstoff: „Die Art und Weise, wie es durch den Teleskopstrahl kam, zeigte, dass es sich mit den Sternen bewegte und daher tatsächlich außerirdischer Natur sein musste, nicht so wie ein eindringendes Flugzeug oder eine Raumsonde. Das ultimative Intelligenzmerkmal aber war die Art, wie sich das Signal selbst an- oder ausschaltete, während es sich im Teleskopstrahl befand", konstatiert Frank Drake, der sich eingehend mit dem „Wow"-Signal beschäftigt hat.

Da der Computerausdruck die kosmischen Wellen nur als Zeichencodes wiedergab, mussten die Forscher die von einem IBM-Rechner produzierten Signalkurven übersetzen und richtig deuten. Schließlich beinhaltete die Zahlen- und Buchstabenfolge 6EQUJ5 wertvolle Informationen.

Problematisch war aber der absolut singuläre Charakter des Signals. Es tauchte plötzlich auf, um sodann auf Nimmerwiedersehen zu verschwinden. Vor allem pulsierte es nicht durchgehend über einen längeren Zeitraum. Bei alledem erfasste keine andere Schüssel außerhalb der „Big Ear"-Sternwarte den Puls, was in SETI-Kreisen als wichtigste Hauptbedingung für die Bestätigung eines interplanetaren intelligenten Kosmogramms gilt. Auch der drei Minuten später automatisch erfolgte erneute Suchlauf der Anlage bestätigte keinen Eingang einer wie auch immer gearteten außerirdischen Nachricht. Zu guter Letzt beinhaltete der Impuls weder ein erkennbares systematisches Informationsmuster noch eine tiefergehende dechiffrierbare Botschaft.

Obgleich das „Wow"-Signal der bislang stärkste registrierte nichtidentifizierbare Impuls aus dem All war, fragen sich viele Skeptiker angesichts der kurzen Sendedauer, ob eine kontaktfreudige intelligente ferne Kultur wirklich dermaßen sparsam und naiv sein würde, Funkbotschaften über Tausende von Lichtjahren ins All zu senden, die sich gleichwohl nur wenige Sekunden lang im Äther bemerkbar machen.

Auf jeden Fall führten alle Erklärungsversuche der Ohio-Forscher, das Signal mit einem natürlichen oder künstlichen Ursprung direkt in Verbindung zu bringen, zu keinem konkreten Resultat. Mal wurden lokale Quellen und irdische Radiosender als Urheber ausgeschlossen, weil die Wasserstofffrequenz zu jenem geschützten Bereich des Spektrums zählt, in dem keine kommerziellen oder militärischen Radiosender arbeiten dürfen. Mal hatten die Forscher Militärsatelliten auf der Rechnung, die eigentlich seit 1959 nicht mehr in diesem Frequenzbereich operieren durften. Nach einer Überprüfung aller Flugbahnen der bekannten Satelliten fielen sodann auch alle künstlichen orbitalen Objekte aus dem Raster, zumal diese sich viel zu schnell bewegten. Auch TV-Signale, die in der Regel deutlich breitbandiger daherkommen, fielen ebenso aus dem Kreis der üblichen Verdächtigen heraus wie

Asteroiden oder Kometen. Die Berechnungen ergaben, dass alle bekannten künstlichen Objekte zum Zeitpunkt des Kontakts die Bahn des Signals nicht gekreuzt hatten.

Ob ein sowjetischer Spionagesatellit oder eine verirrte irdische Forschungssonde für die ganze Aufregung sorgte, lässt sich im Nachhinein kaum mehr rekonstruieren, da die Koordinaten solcher einsamen Reisenden im Orbit und Raum selbst der beste Prophet nicht vorhersehen kann.

Das wilde Rätselraten um die wahre Quelle des Signals geht auch heute noch weiter. Immer wieder flackert die Frage auf, ob die Menschheit seinerzeit nicht unwissentlich tatsächlich einen Funkfetzen einer außerirdischen intelligenten Radiobotschaft aufgefangen haben könnte, womöglich von einem Absender, der uns in altruistisch-freundschaftlicher Form ein Kosmogramm als Botschaft des Friedens zusenden wollte. Es wird wohl für immer ein Geheimnis bleiben ...

Eine kaum bekannte zeitliche Koinzidenz, die offenbar viele Verschwörungstheoretiker übersehen haben, vollendet sich in der Tatsache, dass nur wenige Stunden nach dem Eingang des mysteriösen Signals der weltberühmte US-Sänger und Schauspieler Elvis Presley seinen letzten Atemzug tat und die Erde verließ. Ob das eintreffende „Wow“-Signal mit Presleys Abgang in Zusammenhang stehen könnte, erweist sich als Frage, die wir lieber der blühenden Fantasie seiner Fans überlassen.

Die banalste Erklärung für das von Jerry Ehman aufgezeichnete weltberühmte Signal lieferte er selbst, als er 1994 nüchtern resümierte: „Irgendetwas sagt mir, dass es ein erdgebundenes Signal war, vielleicht eine Reflexion eines Stück Weltraumschrotts.“

Einen nennenswerten Erfolg konnte Ehmans Team dennoch für sich verbuchen: Es initiierte das erste SETI-Projekt überhaupt, das 24 Stunden am Tag und sieben Tage die Woche

Ausschau nach künstlichen Radiosignalen hielt und unfassbare 22 Jahre lang nach ET & Co. suchte. Damit avancierte Ohio-SETI zum zeitlich längsten Suchlauf in der SETI-Geschichte, eine Spitzenleistung sondergleichen. Obwohl auch diesem Programm kein Erfolg beschieden war, erfuhr es immerhin im aktuellen Guinness-Buch der Rekorde eine Würdigung.

Das „Wow"-Signal von OSETI

Nur wenige Monate nach dem spektakulären *Nature*-Fachartikel von Cocconi und Morrison erfolgte just in demselben Wissenschaftsmagazin eine weitere futuristisch klingende Veröffentlichung, die den Aktionsradius von SETI spürbar erweitern sollte. Kein Geringerer als Charles H. Townes (1915–2015) wagte mit einer neuen Idee den Sprung auf die nächste SETI-Ebene. Townes, 1964 für seine Entdeckung des Lasers (1959) mit dem Physik-Nobelpreis geadelt, schlug vor, die Suche nicht allein auf Radiowellen zu beschränken, sondern auf Laserblitze und Pulse zu erweitern. Eine fortgeschrittene Zivilisation, die eine ähnliche technische Entwicklung wie unsere Kultur durchlaufen hat und Radiowellen nutzt, sollte im Umgang mit Lasertechnik entweder auf unserem Niveau oder uns sogar um Tausende Jahre voraus sein. Außerirdische könnten optisches oder Infrarotlicht für den Austausch von interstellaren und interplanetaren Botschaften nutzen. „Es gibt eine echte Chance, dass wir solche Signale, die von einer annähernd auf unserem Niveau stehenden Gesellschaft stammen, mit unseren gegenwärtigen Teleskopen und Spektrographen entdecken", erklärte Townes bereits 1961.

Es sollte aber noch eine Weile dauern, bis seine Idee aufgegriffen und technisch umgesetzt wurde. Hierbei spielte der amerikanische Ingenieur Herbert F. Wishnia eine entscheidende

Rolle. Er führte 1974 erstmals mit einem Weltraumteleskop eine SETI-Beobachtung durch; er glaubte, außerirdische Zivilisationen könnten uns stark gebündelte ultraviolette Lichtstrahlung als Botschaft zusenden: „Sterne, die eine ähnliche Temperatur wie unsere Sonne aufweisen, strahlen sehr wenig Energie im ultravioletten Lichtbereich ab, sodass die Empfängerteleskope nicht von der natürlichen Strahlung überblendet werden. (...) Deshalb sind Laser, die ultraviolettes Licht bündeln, so gute Kandidaten für ein innergalaktisches Funkfeuer." Da Wishnia an der Entwicklung des NASA-Weltraumobservatoriums Copernicus (OAO-3) selbst beteiligt gewesen war, nutzte er die Gunst der Stunde und tastete mit dem 82 Zentimeter großen UV-Teleskop die Drake'schen erdnahen Sterne Epsilon Eridani und Tau Ceti nach Laser-Botschaften im ultravioletten Bereich unterhalb 0,28 Mikrometern ab.

Die Brücke von Classic SETI zu Optical SETI (OSETI) war geschlagen. Wenngleich Wishnias Beobachtungsprogramm nicht von Erfolg gekrönt war, haben seitdem mehrere Teams weltweit nach Laserpulsen extraterrestrischer Herkunft gesucht – und OSETI zum zweiten Standbein von SETI gemacht.

Den dabei einzig nennenswerten Treffer erzielte Ragbir Bhathal von der University of Western Sydney in Campbelltown (Australien). 60 Kilometer vom Zentrum von Sydney entfernt, leitet der Physiker seit mehr als 20 Jahren das einzige offizielle OSETI-Projekt, das auf den Südhimmel ausgerichtet ist: das OZ-OSETI-Projekt.

Bhathal arbeitet mit zwei computergesteuerten Teleskopen, die im Durchmesser 0,4 und 0,3 Meter groß sind und auf dem Campus nur zehn Meter voneinander entfernt stehen. Mit seinem Team visiert er in einem Radius von 100 Lichtjahren vornehmlich Sonnen vom Typ F, G und K an. Mindestens

1000 Sterne mit zahlreichen Exoplaneten konzentrieren sich innerhalb dieser Region. Die an den Campus-Teleskopen montierten Lichtdetektoren, die Photomultiplier (PMTs), sind hochgradig empfindlich. Derart sensibel, dass sie mit Leichtigkeit Laserpulse erfassen, die gerade einmal eine Millardstel Sekunde (Nanosekunde) aufblitzen. Da sich auch irdische Laser extrem schnell ein- und ausschalten lassen und infolgedessen Laserpulse von einer Länge bis zu einer Billionstel Sekunde ohne großen Energieaufwand erzeugt werden können, setzt das Gros der OSETI-Forscher in der Praxis bei der Jagd nach den *Anderen* auf Nanosekunden-Laserpulse. Bei diesem Verfahren sind die Lichtsensoren der Teleskope vollends gefordert, weil sich alles in einem Zeitfenster von nur einer Milliardstel Sekunde abspielt. Ein fürwahr recht kurzer Zeitraum, in dem das Licht gerade einmal 30 Zentimeter zurücklegt.

Abb. 2.4 Optisches Lasersignal in der Fantasie eines Space-Art-Künstlers

Um alle einkommenden Lichtpartikel Photon für Photon zu zählen, müssen daher die Lichtdetektoren der OSETI-Jäger schnell schalten und walten. Schließlich kommt es auf Nanoebene auf jedes Lichtteilchen an. Strahlten hierbei im Teleskopstrahl binnen einer einzigen Nanosekunde zehn oder mehr Photonen um die Wette, wäre dies ein klarer Hinweis auf eine künstliche Quelle. Dies umso mehr, wenn das Lasersignal periodisch in einem Intervall erscheint. In diesem Fall müsste ihr Ursprung artifizieller Natur sein, weil die von Sternen ausgesandten Photonen in der Regel ungeordnet und ohne einen bestimmten Rhythmus eintreffen.

In den frühen Morgenstunden der ersten Dezemberwoche 2008 registrierten Bhathals Detektoren in der Tat einige Photonen zu viel. Da die Sensoren des Primärteleskops tadellos funktionierten und auch das zweite Campus-Fernrohr den Eingang des starken Signals bestätigte, musste der Verursacher dieses „Events", wie SETI-Forscher ein verdächtiges Signal nennen, ein starker Laserpuls sein. Hatte da etwa ein kosmischer Nachbar versucht, ein lichtstarkes Datenpaket zuzustellen? Das mysteriöse Signal stimmte Bhathal jedenfalls nachdenklich: „Ich fragte mich sogleich, ob dahinter ETI steckt oder ob es ein gefälschtes Signal war oder nur die Quelle eines unbekannten astrophysikalischen Phänomens."

Zumindest schloss er erstere Möglichkeit nicht gänzlich aus. Sichtlich beeindruckt von dem unnatürlich starken Laserpuls notierte er auf dem Computerausdruck: „Is it ET?" Gut 32 Jahre nach Jerry Ehmans geheimnisvollem, bis auf den heutigen Tag ungeklärtem Funkfeuer hatte Optical SETI auf einmal selbst *sein* erstes „Wow"-Signal.

Auch wenn die genaue astrale Entstehungsstätte des Pulses vorerst unbekannt bleibt, kristallisierte sich nach einer intensiven mehrwöchigen Recherchephase immerhin heraus, dass die Herkunft des Signals im Sternbild Tukan (lat. Tucana) zu suchen ist. Was aber auch immer die Quelle des kurzen Laserblitzes gewesen war, ob es von einem optischen Pulsar stammte oder das Produkt einer gänzlich unbekannten kosmischen Erscheinung war, bleibt vielleicht für immer nebulös, da sich der Nanolaserpuls bis heute nicht wiederholt hat und mit großer Wahrscheinlichkeit auch nicht wiederkehren wird.

Beyond SETI

Um die Existenz der Extraterrestren nachzuweisen, haben andere SETI-Enthusiasten mutig die alten Pfade ihrer Vorgänger verlassen und fahnden mit hochmodernen Teleskopen nach außerirdischen Artefakten, Sonden oder interstellaren Raumschiffen. Sie haben den Infrarotbereich okkupiert, um Dyson-Sphären aufzuspüren, mit denen Superzivilisationen, also Kulturen, die uns technologisch und wissenschaftlich um vielleicht eine Million Jahre voraus sind, Sterne ummanteln und deren Energie direkt anzapfen könnten. Zeitgleich fabulieren und spekulieren zahlreiche Theoretiker darüber, wo außerirdische Artefakte vergraben sein und wie sie aufgespürt werden könnten. Längst hat sich ihr Fachgebiet mit dem Akronym SETA (Search for ExtraTerrestrial Artifacts) zu einer zukunftsträchtigen Teildisziplin von SETI gemausert.

So startete der US-Physiker Robert A. Freitas Jr. (Santa Clara, Kalifornien) zusammen mit Francisco Valdes 1979 den weltweit ersten Suchlauf nach außerirdischen Artefakten und interstellaren Sonden. Mithilfe eines 76-Zentimeter-Teleskops visierten sie im sichtbaren Licht die L4- und L5-Librationspunkte an. Bei den 1,5 Millionen Kilometer von der

Erde entfernten Librationspunkten, auch Lagrange-Punkte genannt, heben sich die Gravitationskräfte benachbarter Himmelskörper und die Zentrifugalkraft der Bewegung gegenseitig auf. Eine dort positionierte Raumsonde würde sich synchron zur Erde bewegen und könnte somit ihre relative Position zur Erde halten und zugleich die Sonne systematisch als Energiequelle nutzen und für lange Zeit einsatzbereit bleiben. Nur in dieser Zone könnten, so die Vermutung von Freitas und Valdes, exosolare Artefakte von einigen Metern Größe absichtlich stationiert worden sein. Ihre 30-stündige Observation endete ebenso negativ wie der 20-stündige Suchlauf ihres russischen Kollegen G. L. Suchkin, der mit seinem Team von Ende 1980 bis Anfang 1981 die Librationspunkte L4 und L5 mit Radarstrahlen auf einer Frequenz von 9,3 MHz abtastete. Radarreflexionen dort vagabundierender künstlicher Objekte erfasste er gleichwohl nicht.

Auch innerhalb des Asteroidengürtels, der sich zwischen Mars und Jupiter erstreckt und vor 4,6 Milliarden Jahren entstand und in dem bis zu 1,9 Millionen Kleinplaneten mit einem Mindestdurchmesser von einem Kilometer driften, könnten nach Ansicht von Michael D. Papagiannis von der Boston University (Massachusetts) außerirdische Artefakte versteckt sein. Bereits 1978 sinnierte er über die Möglichkeit, dass viele der im Asteroidengürtel lokalisierten Gesteinsbrocken Überreste von Kolonien sein könnten – Bauschutt, Trümmer und Abfälle, zurückgelassen von einer außerirdischen Schwerindustrie. Vielleicht gewann hier einst eine Superzivilisation Rohstoffe oder tankte ihre interstellaren Archen auf der Durchreise auf.

Als wäre dies nicht schon verrückt genug, durchwälzte auch der US-Astronom Michael J. Harris 1983 einen

Sternenkatalog, in dem er Hinweise auf künstlich erzeugte Gamma Ray Bursts (GRB) zu finden hoffte. Kosmische Gammastrahlenausbrüche sind sehr helle Strahlenquellen, die binnen 0,01 bis 1000 Sekunden aufleuchten und kurzzeitig die hellsten Himmelserscheinungen am Firmament sind. Als Verursacher kommen Supernovae oder Schwarze Löcher infrage – oder eben Raumschiffe einer mächtigen Technologie, dachte sich Harris. In dem Katalog stieß er auf reichhaltiges Datenmaterial, das die Gammastrahlendetektoren der Raumsonden Pioneer Venus (USA) und Venera 11 und 12 zwischen 1978 und 1980 aufgezeichnet hatten. Da ein Raumschiff mit einem Annihilations- oder Fusionsantrieb als Abfallprodukt Gammastrahlen hinterlassen würde, konzentrierte sich Harris auf schmale lange und kurzlebige Linien im Gammastrahlenspektrum. Sie entstehen, wenn ein Raumgefährt beschleunigt oder geradewegs von Stern A nach Stern B reist. Nach dem Studium von 77 GRBs fand Harris keine einzige suspekte Linie.

Um Antriebsemissionen interstellarer Raumschiffe auszumachen, starteten Freitas und Valdes 1983 eine weitere Suchkampagne mit dem Ziel, in erdnahen extrasolaren Sternsystemen Spuren von Tritium nachzuweisen. Dieses natürliche Isotop von Wasserstoff kommt im kosmischen Raum selten vor und fällt bei der Kernfusion als Abfallprodukt an – wie etwa bei einem Raumschiff mit einem Fusionsantrieb. Nachdem das Forscherduo mit einer 26-Meter-Antenne das Radiospektrum von 53 erdnahen Sternsystemen auf einer Frequenz von 1516 MHz nach hyperfeinen Tritiumlinien abgetastet hatte, endete das Projekt nach 100 Stunden Observation. Ein außerirdisches Gefährt in Gestalt einer Rakete wurde nicht gesichtet.

An teils ausgefallenen bis hin zu kreativen Ideen hat es in der langjährigen SETI-Geschichte fürwahr nicht gemangelt, wie das Beispiel von Alexey V. Arkhipov zeigt. Der ukrainische Radioastronom rief 1992 das privat organisierte SAAM-Projekt ins Leben. SAAM ist das Kürzel für „Search for Alien Artifacts on the Moon". Der Name ist Programm. Ziel war es, lunare extraterrestrische Artefakte zu finden. Dafür sollte eine Gruppe von internationalen Wissenschaftlern den Mond mit den unterschiedlichsten Teleskopen permanent observieren und auch alte Satellitendaten von Mondorbitern akribisch auswerten. Schwerpunktmäßig richtet sich der Fokus dabei auf bislang unbekannte temporäre Leuchterscheinungen auf der Mondoberfläche, die sich in Form von lokalen Helligkeits- oder Farbveränderungen zeigen und von denen schätzungsweise 1500 registriert wurden. Was die Herkunft und wahre Natur dieses Phänomens anbelangt, existiert bis heute kein einheitliches Erklärungsmodell. Ob solche LTPs (Lunar Transient Phenomena) durch Restvulkanismus, lunare Gasausbrüche, elektrische Entladungen oder Meteoriteneinschläge hervorgerufen werden, diskutieren Gelehrte weltweit kontrovers. Arkhipov indes hat eine andere Erklärung parat. Die sternähnlichen Phänomene auf der lunaren Oberfläche, die 20 bis 60 Minuten dauern, könnten möglicherweise Artefakte auf dem Mond sein. Ein auf dem Mond installierter Spiegel würde das Licht der Sonne auf diese Weise reflektieren.

Es liegt in der Natur der Sache, dass derjenige, der nach Anomalien sucht, solche auch finden wird, liegen diese doch im Auge des Betrachters. So verwundert es nicht, dass vornehmlich Präastronautik-Fans immer wieder auf lunare Besonderheiten hinweisen, die ihrer Meinung nach nicht mit bekannten Naturphänomenen zu erklären sind.

Natürlich haben es sich einige Optimisten nicht nehmen lassen, auch nach Dyson-Sphären zu suchen, die der US-Physiker Freeman Dyson (1923–2020) bereits 1960 in *Nature* in einem abstrakten Gedankenmodell vorstellte. Dyson war von Olaf Stapledon (1886–1950) inspiriert, der bereits 1937 in seinem genialen Opus *Star Maker* von *Kunstwelten* erzählte, die Dysons späteren Sphären erstaunlich ähnelten. Dort schreibt Stapledon: „Mit der Zeit entstanden (…) Hunderttausende von Kunstwelten, die an Größe und Kompliziertheit ständig zunahmen. Manch ein Stern, der ursprünglich keine Planeten besessen hatte, war schließlich von zahlreichen künstlichen Welten umgeben. Zuweilen enthielten die inneren Kreisbahnen Dutzende und die äußeren Tausende von Globen, die für das Leben in einer bestimmten Sonnenentfernung eingerichtet waren."

22 Jahre später spann Freeman Dyson den Faden Stapledons weiter und konfrontierte die Fachwelt mit seiner wagemutigen These. Ihr zufolge könnten technisch hochstehende außerirdische Geschöpfe irgendwann im Verlauf ihrer Geschichte infolge des planetaren zunehmenden Energieverbrauchs nach neuen Quellen suchen und dabei die größte zur Verfügung stehende konsequent nutzen: die heimische Muttersonne.

Um deren kugelförmig in alle Richtungen abgestrahlte Energie effizient zu speichern und den Großteil der Energie zu sammeln und weiterzuleiten, müsste eine höherentwickelte außerirdische Technologie ihren Heimatstern mit einer schalen- oder ringförmigen Struktur ummanteln – entweder komplett oder nur partiell.

Dysons Ansicht nach müssten extraterrestrische Intelligenzen hierfür einen Steinplaneten von der Größe Jupiters zertrümmern und aus dem anfallenden Schutt eine ring- oder kugelförmige Struktur aufbauen, die innerhalb der Ökosphäre des Sterns liege und entlang der Planetenumlaufbahn verlaufe – idealerweise im Abstand der Erde zur Sonne.

Ein derartiges Gebilde, bestückt mit der nötigen Technik, könne das gesamte sichtbare Licht des hiesigen Sterns absorbieren und die überschüssige Entropie als Restwärme auf seiner Außenseite wieder als Infrarotstrahlung abgeben. Hochintelligente ETI könnten auf diese Weise einen Teil oder (fast) die gesamte Energie ihrer Sonne direkt nutzen und einerseits ihre Welten mit Energie versorgen, andererseits die Sphäre nebenher als neuen Siedlungsraum erschließen.

Obwohl Dyson über die Form, das Aussehen und die technisch möglichen Varianten seiner fiktiven gigantischen Konstruktion keine weiteren Worte verlor, schlug er gleichwohl nachdrücklich vor, verstärkt nach ungewöhnlichen Sternen zu suchen, die lediglich im Infrarotlicht emittieren. Vor allem dunkle Objekte mit der Mindestgröße des Erdorbits und einer Oberflächentemperatur von 200 bis 300 Kelvin sowie Doppelsternsysteme mit einem unsichtbaren Begleiter sollten genauer unter die Lupe genommen werden, so Dyson.

Bei alledem durchlebte Dysons fiktive Konstruktion, seine Sphäre selbst eine Evolution. Heute stehen sich drei verschiedene, miteinander konkurrierende Grundmodelle gegenüber, von denen wiederum alle möglichen Varianten, Formen, Größen und Klassen herumgeistern. Einige davon haben renommierte Science-Fiction-Autoren in der Gegenwart aufgegriffen und schriftstellerisch zu Leben erweckt, wie etwa Larry Niven (*Ringwelt*), Bob Shaw (*Orbitsville*) oder Stephen Baxter (*Zeitschiffe*). Andere bevölkern schon seit vielen Jahren das Perryversum und den Star-Trek-Kosmos.

So mag daher nur konsequent gewesen sein, dass mutige Wissenschaftlerteams seit 1975 den Himmel mehrfach nach Dysons Fantasiegebilden durchforstet haben. Zwar nur sporadisch und in zeitlicher Hinsicht bestenfalls flüchtig, dafür aber immerfort mit unerschütterlichem Optimismus. Dabei konnten viele SETI-Forscher bereits auf bestehendes Datenmaterial zurückgreifen, das der Infrarotsatellit IRAS (Infrared Astronomical Satellite) bereits 1983 gesammelt hatte. So auch die Forschergruppe um Jill Tarter, der Grande Dame der SETI-Forschung. Ihr Team nahm 1995 während des Phoenix-Programms die kostbare Beobachtungszeit des australischen Parkes-Observatoriums und zwei weitere Teleskope in Anspruch, um vier potenzielle Dyson-Sphären näher zu untersuchen. Ausgehend von den vorliegenden IRAS-Daten wählten Tarter & Co. vier Zielobjekte aus, die ihnen verdächtig vorkamen, da sie Temperaturen zwischen 300 und 500 Kelvin aufwiesen. Auf einer Frequenz von 1200 bis 3000 Megahertz scannten sie den Radiobereich insgesamt (nur) 48 Stunden ab – ohne den geringsten Hinweis auf eine wie auch immer geartete Radiostrahlung hochtechnologischer Provenienz.

15 Jahre zuvor musste sich Fred Witteborn vom NASA Ames Research Center in Kalifornien noch mit einem im Durchmesser 1,5 Meter großen optischen Fernrohr begnügen, um überschüssige Infrarotstrahlung ausfindig zu machen. Während seiner 50-stündigen Spurensuche visierte er mit seinem Teleskop 20 sonnenähnliche Sterne an, ohne dabei einen indirekten Hinweis auf etwas Artifizielles zu finden. Im Gegensatz zu Tarter, die ihr Augenmerk auf klassische Dyson-Sphären richtete, die den angezapften Heimatstern ganz ummanteln, fokussierten sich die japanischen Astronomen Jun Jugaku und Shiro Nishimura (Tokai Universität in Tokio) 2002 auf

partielle Dyson-Objekte, also auf nicht vollendete oder den Stern nur teilweise umschließende Dyson-Sphären, wie etwa das ringartige Objekt à la Larry Niven. Zu diesem Zweck richteten sie ihr japanisches 1,26-Meter-Infrarotteleskop auf ausgewählte Sterne, verglichen die Daten und studierten parallel dazu einen bereits 1970 angefertigten Sternkatalog, der 1744 Sternsysteme in einem Radius bis zu 25 Parsec auflistet. Dabei stießen sie auf 887 Sterne vom Spektraltyp F, G und K der Leuchtklasse IV, V und VI.

Als das Duo die Daten überprüfte, gingen sie von folgender Prämisse aus: Selbst wenn nur ein geringer Teil der Strahlungsenergie des Zentralsterns, verursacht von einer partiellen Dyson-Sphäre bei ungefähr 300 Kelvin, in thermische Strahlung umgewandelt wird, lässt sich diese mit der gegenwärtig zur Verfügung stehenden Infrarot-Photometrie leicht entdecken.

Doch auch dieser Studie war ebenso wenig Erfolg beschieden wie der von Charles Conroy und Dan Werthimer ein Jahr später – und der eines anderen Teams kurz darauf. Beide Teams jagten dermaßen erfolglos nach partiellen Dyson-Sphären, dass sie schließlich davon Abstand nahmen, ihre kargen Ergebnisse in einem einschlägigen Fachblatt zu publizieren – so wie viele SETA-Projektleiter von Suchprogrammen nach ihnen. Sie schwiegen einfach beharrlich – genauso wie ET & Co.

3. Die Gesandten
Irdische Botschaften für die Ewigkeit

Es muss außer uns noch andere Sternenvölker geben.
Carl Sagan, 1973

Eine Dschungelparty für die Apokalypse

Der Champagner ist kaltgestellt. Die Sektgläser glitzern und funkeln verführerisch. Einige reflektieren die eintreffende Photonenphalanx mit nonchalanter Gleichgültigkeit, andere gefallen sich darin, die Lichtwellen spielerisch zu brechen und sich, den Prismaeffekt nutzend, farbenfroh in Szene zu setzen. Das Licht, das die Wellen und Teilchen in bunter Vielfalt widerspiegelt, stammt von der Mittagssonne, die sich dem Zenit über Arecibo unaufhaltsam nähert, wo eine Party der galaktischen Art soeben ihren Anfang genommen hat.

Es ist eine Wochenendparty, die nicht nur an einem ungewöhnlichen Ort stattfindet, sondern überdies ihren Höhepunkt zu einer höchst ungewöhnlichen Uhrzeit zelebriert. Dennoch gerät sie zu einer äußerst folgenreichen Feier, die einerseits zu den ungewöhnlichsten der Wissenschaftsgeschichte zählt, andererseits – schenkt man einigen pessimistischen Astronomen Glauben – und langfristig gesehen das Ende der Menschheit eingeläutet haben könnte ... (S. 143 ff.)

Geladen sind mehr als 250 Gäste, die nach einer vierstündigen anstrengenden Busfahrt durch den Dschungel von Puerto

Rico (USA) das Zielgebiet erreichen, wo das weltweit größte Radioteleskop nach einer aufwändigen Reparatur wieder seinen Dienst aufnehmen soll. Hier, abseits der großen Städte und jenseits aller urbanen Radioverschmutzung, wo normalerweise Wissenschaftler harte radioastronomische Arbeit verrichten, sind die Ankömmlinge zu einer Veranstaltung der *Dritten Art* zusammengekommen.

Als die Besucher voll freudiger Erwartung die Sonderbusse verlassen, flüchten die meisten von ihnen geradewegs in das eigens aufgebaute große Zelt, das nicht nur Schatten spendet, sondern auch mit einem reichhaltigen Büfett an erfrischenden Drinks und Snacks beeindruckt. Dies aus gutem Grund, brennt doch die Sonne mit unerbittlicher Intensität herab. Es ist noch nicht einmal 12 Uhr Ortszeit, aber trotzdem steigt das Thermometer auf fast 40 Grad Celsius im Schatten. Die zusätzliche Luftfeuchtigkeit erschwert das Atmen und hinterlässt auch sichtbare Spuren, wie etwa bei den eleganten Damen, die sich mit ihren leichten Sommerkleidern bestens vorbereitet glaubten, dennoch aber mit dem schwülen Klima und der Hitze so ihre liebe Not haben. Schweißtropfen perlen unablässig von der Stirn.

Ja, es ist unerträglich heiß und drückend an diesem geschichtsträchtigen Tag, an dem kein Gast auch nur im Ansatz ahnt, dass hier und heute etwas geschieht, das noch Jahrzehnte später die Gemüter erhitzen und in der Astrobiologie ein höchst kontroverses Echo auslösen wird.

Was viele Anwesende jedoch wissen, ist die schlichte Tatsache, dass ihre Gegenwart nur symbolischen Charakter hat. Sie sind als Gäste und passive Beobachter gekommen, um den Neustart des gigantischen Radioteleskops in Arecibo live mitzuerleben. Drei Jahre zuvor nämlich hatte die im Durchmesser

305 Meter große Riesenschüssel (Abb. 3.1) infolge von Materialermüdung einen partiellen Zusammenbruch erlitten, der umfangreiche Reparaturarbeiten erforderlich machte. Nach der Rundumerneuerung präsentiert sich die Mammutstruktur zur Freude der Wissenschaftler nun mit ihrer neuen Aluminiumoberfläche samt Radar mit einer weitaus besseren Konfiguration als vor dem Crash, wodurch ihre Messempfindlichkeit ungeahnte Höhen erreichen kann. Hatte das Teleskop vor den Umbauten noch eine Reichweite von 6000 Lichtjahren, um mit einem theoretisch gleichartigen extraterrestrischen Instrument in Kontakt zu treten, erhöhte sich diese nunmehr nach der 8,8 Millionen Dollar teuren Umrüstung gleich um den Faktor zehn. Im Bereich des Radiospektrums erschloss sich mit einem Mal (fast) die gesamte Milchstraße als weitläufige Kommunikationslandschaft.

Abb. 3.1 Arecibo-Teleskop im Jahre 1998
Credit: Image courtesy of the Arecibo Observatory, a facility of the NSF

Da dies für die Verantwortlichen zweifelsfrei ein Grund zur Freude war, nahmen an der Wiedereröffnungsfeier auch einige hochrangige Politiker und Wissenschaftsmanager teil, hierunter NASA-Vertreter und Abgesandte der amerikanischen Regierung sowie Repräsentanten des Inselstaats Puerto Rico, von denen einige es sich nicht nehmen ließen, die schwitzende Zuschauerschar mit ihren Dankesreden und Lobpreisungen phrasenreich zu langweilen.

Dabei warten an diesem 16. November 1974 in den tropischen Wäldern des Landesinnern doch alle nur sehnsüchtig auf jenen Moment, in dem die Ingenieure das Teleskop endlich offiziell und würdevoll reaktivieren. Doch es sollte etwas anders kommen. Kurz vor 13 Uhr Ortszeit überrascht Frank Drake, der in seiner Funktion als Direktor des staatlichen Astronomie- und Ionensphären-Zentrums (NAIC) Herr der Arecibo-Antenne und zugleich Zeremonienmeister des Festakts war, das Auditorium mit einer sensationellen Nachricht. Man habe, erklärte der SETI-Pionier den sichtlich verdutzten Gästen, anlässlich der Einweihungsparty eine ganz besondere Botschaft kreiert – ein Kosmogramm für ferne Intelligenzen. Eine interplanetare Flaschenpost, konzipiert von ihm und begutachtet von mehreren Mitarbeitern. Mit dem neuen leistungsstarken Radar der Anlage soll um Punkt 13 Uhr eine Piktogramm-Nachricht an den 25 000 Lichtjahre entfernten und aus 300 000 Sternen bestehende Kugelsternhaufen M13 (Sternbild Herkules) gesendet werden. Genau zu diesem Zeitpunkt steht M13 über Puerto Rico.

Der Coup gelingt. Die topsecret gehaltene Funknachricht für ET & Co. überwältigt das Publikum und verleiht der Veranstaltung plötzlich eine geheimnisvolle Aura, umgibt sie mit dem Nimbus des Mysteriösen. Erst jetzt wird den Anwesenden bewusst, Zeitzeugen eines historischen Experiments zu sein. Erstmals beabsichtigen Menschen, mit dem besten Radioteleskop der Erde eine Visitenkarte ins All zu pulsen, einen Fingerabdruck der Menschheit in die Ewigkeit zu entlassen. Das war geradezu unheimlich, faszinierend und originell!

Das Drama nimmt um Punkt 13 Uhr seinen Lauf. Als eine laute Sirene den Anfang der Transmission ankündigt, erheben sich alle Gäste, verlassen das Großzelt und starren auf das Teleskop. Für alle gut sicht- und hörbar, bewegt sich der gewaltige Hängearm der Arecibo-Schüssel langsam und quietschend, bis er seine Observationsposition erreicht hat und arretiert. Nur noch wenige Augenblicke, dann startet die Übertragung ...

Um die Zuschauer und Zuhörer emotional näher an das Geschehen zu führen, würzen die Macher des Spektakels ihr Schauspiel mit einer Prise Theatralik. An dramaturgischen Effekten soll es nicht fehlen. Während die Mittagssonne ihren höchsten Stand am Tageshimmel erreicht und so manch ausgedörrte Kehle angesichts der für Puerto Rico nicht gerade untypischen tropischen Hitze dem Alkohol anheimfällt, verrichtet die kolossale Antenne nüchtern und trocken ihr Werk.

Da die Lautsprecher die bei der Sendung entstehenden Nebengeräusche simultan übertragen, entfaltet sich eine eigentümliche Atmosphäre. „Dann erfüllten die zweistimmigen Töne der Botschaft die Luft wie das Klimpern einer seltsamen Musicalmelodie auf einem gigantischen Synthesizer“, beschreibt Drake die Szenerie recht pathetisch. „Dieses Lied, das so einzigartig und voller Sehnsucht war, bewegte uns tief.“

Ist es dem Champagner, den leeren Sektgläsern, der Einzigartigkeit der Darbietung oder den in der Luft oszillierenden spacigen Tönen geschuldet, dass manchen Damen bei dem Theater ein Schauder über den Rücken läuft und selbst hartgesottene

Wissenschaftler feuchte Augen bekommen, wie es einige Zeitzeugen bestätigen? – „Ich erinnere mich noch sehr gut an diesen hellen und heißen Tag im Jahr 1974 während der Arecibo-Feier und an den Sound der Nachricht. Ich erinnere mich daran, dass ich Frauen in ärmellosen Kleidern sah, auf deren Armen sich Gänsehaut bildete, als sie das Teleskop anstarrten", berichtet eine Anwesende des Events. „Andere Leute versuchten zu reden, konnten aber nicht. Andere weinten." Drakes eigenem Bekenntnis nach erging es ihm nicht anders.

Während sich die interstellare Botschaft in Gegenwart des erstaunten Publikums geräuschvoll von der Erde verabschiedet und dabei in verschiedenen Tonarten geheimnisvolle Klangwelten erzeugt, entfernt sich das kompakte Radiosignal auf einer Grundfrequenz von 2,388 Gigahertz (GHz) respektive einer Wellenlänge von 12,6 Zentimetern lautlos mit Lichtgeschwindigkeit von der Erde. Immerhin gelingt es Drake mitsamt Team, den energiereichen Strahl dergestalt kompakt zu bündeln, dass sein Durchmesser auf nur zwei Bogenminuten schrumpft. Hätte jemand den Puls beispielsweise zum Mond gelenkt, hätte dieser nur die Fläche eines der größeren Krater beleuchtet. Und würde die Flaschenpost dereinst den kugelförmigen Sternhaufen M13 und eine dort lebende Zivilisation erreichen, wäre die Radiostrahlung des Signals zehn Millionen Mal stärker als jene, die sie von unserer Sonne empfangen würde. Hierzu Frank Drake: „Die Sendestärke des Arecibo-Senders betrug etwa eine halbe Million Watt, die sich allerdings in einem Strahl mit einer effektiven Leistung von circa 20 Trillionen Watt konzentrierte."

Freilich dürften mit einem Emotions-Chip bestückte außerirdische Computer oder Roboter, die irgendwann das Signal auffangen, über die geringe Sendegeschwindigkeit später einmal herzlich lachen, quälte sich doch das Piktogramm mit nur 10 Bits pro Sekunde von der Erde weg. Gleichwohl gab es für das Übertragungstempo einen wissenschaftlich-seriösen und einen dramaturgisch-unseriösen Grund. Einerseits wollten Drake und seine Kollegen auf diese Weise Übertragungsfehler weitestgehend minimieren, andererseits aber auch verhindern, dass eine zu schnelle Botschaft die Partygäste überfordern und eine zu langsame dieselben langweilen könnte.

Ob außerirdische technisch versierte Lebewesen nach dem Studium des irdischen Piktogramms gelangweilt oder überfordert sein werden, sei einmal dahingestellt. Fakt ist, dass selbst die klügsten SETI-Spezialisten seinerzeit große Probleme hatten, das Muster im Signal, die Botschaft in der Flaschenpost zu erkennen und zu verstehen. So gestand der eingangs erwähnte Vorkämpfer der SETI-Idee Sebastian von Hoerner freimütig: „Ich erinnere mich gut, dass dieses Bild mehreren sehr gescheiten Wissenschaftlern gezeigt worden ist, keiner aber hat es richtig entschlüsseln können. Ich habe es auch mal probiert, doch bald wieder aufgeben müssen."

Ohnehin ist die Wahrscheinlichkeit, dass die Dschungelbotschaft von 1974 jemals in außerirdische Hände gerät, sofern diese nicht ein anderes Greif- und Tastsystem bevorzugen, höchst gering. Allein aufgrund der sehr kurzen zeitlichen Dauer des Signals schwinden die Chancen auf Erfolg. Träfe nämlich die knapp dreiminütige Arecibo-Flaschenpost auf ETs, täten deren Radioastronomen gut daran, währenddessen keine Kaffeepause einzulegen. Ihnen wäre zu wünschen, dass sie die Antennen zum richtigen Zeitpunkt in die richtige Richtung drehen und die passende Frequenz abhorchen, weil Signale auf keinen warten, auch nicht auf ultraintelligente Technologien. Licht- oder Funksignale haben nämlich die gemeine

Eigenart, stetig weiterzuziehen und sich mit zunehmender Distanz über einen immer größeren Radius im Raum zu verteilen und dabei exponentiell an Energie zu verlieren, weshalb die Chancen für interplanetare Kulturen ungleich größer sind, sich zu „verpassen" als zueinander zu finden.

Das Arecibo-Piktogramm (Abb. 3.2) setzte sich aus insgesamt 1679 Zeichen zusammen, die sich selbst wiederum auf 73 Reihen zu je 23 Zeichen verteilten. Wie Mosaiksteine fügten sich die einzelnen Elemente zu einem kleinen Bildzeichen, das eine bestimmte Information übermitteln sollte. So setzte Drake am oberen Anfang der Grafik die Zahlen eins bis zehn im Dualsystem, direkt darunter eine Zahlenfolge, die die wichtigsten chemischen Elemente für die Ausbildung biologischen Lebens versinnbildlichen sollte (Wasserstoff, Kohlenstoff, Stickstoff, Sauerstoff und Phosphor). Neben anderen Informationen wie etwa der Bevölkerungsanzahl der Erde im Jahr 1974 (vier Milliarden) und den damals

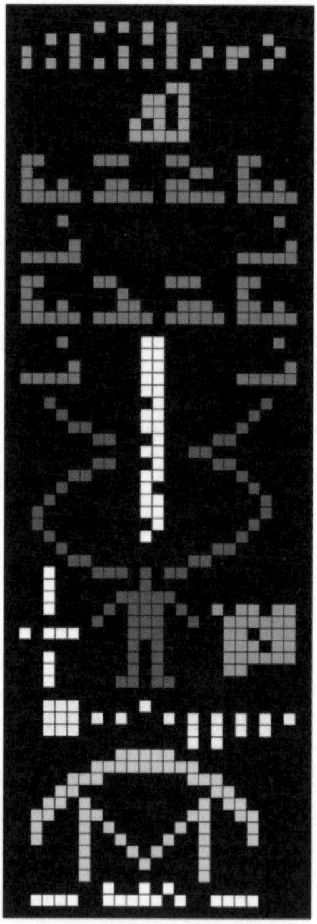

Abb. 3.2 Das Arecibo-Piktogramm in Farbe. Die Extraterrestren werden es bestenfalls in Schwarz-Weiß sehen – wenn überhaupt!

neun Planeten zeigt das Piktogramm auch eine Grafik der Doppelhelix und der DNA-Moleküle. Über allem aber triumphierte das bekannteste und berühmteste Motiv: die gorillaähnliche, geschlechtslose Menschengestalt, die zumindest dem irdischen Betrachter direkt ins Auge springt. Darunter ist das Piktogramm-Radioteleskop zu sehen, der Absender des Funksignals.

Von Nachteil ist auch, dass das Kosmogramm auf einen klassischen Kugelsternhaufen gerichtet ist, wo in der Regel viele alte Sterne mit Planeten hausen, die größtenteils aus Gas bestehen. Wie Astronomen aus den Spektrallinien von Kugelsternhaufen ablesen konnten, sind in solchen Regionen schwerere Elemente eine absolute Rarität, weshalb dort Gesteinswelten eher seltener anzutreffen sein sollten.

Gesetzt den Fall, vernunftbegabte Hightech-Kulturen würden ungeachtet all dieser Widrigkeiten die akustischen Signale von 1974 registrieren, sähen sie sich der Herausforderung gegenüber, dem aus Nullen und Einsen bestehenden Binärcode eine bildhafte Information zu entlocken. Die Empfänger müssten nicht nur intelligent und fantasiereich sein, sondern vor allem auf die Idee kommen, die Abfolge von 1 und 0 in einem Gitternetz als Schwarz-Weiß-Bild anzuordnen. Und selbst wenn die Adressaten die Bit und Bytes richtig anordneten, bliebe schlussendlich völlig offen, ob sie das Bildrätsel im Sinne ihrer Urheber interpretieren würden. Denn was wäre, wenn sie auf dem Gebiet der Geometrie, Algebra und Logik von völlig anderen Prämissen ausgingen?

Grundsätzlich bleibt festzuhalten, dass die Arecibo-Nachricht in wissenschaftlicher Hinsicht eher bescheidener Natur ist. Zum einen ist eingedenk der zuvor genannten Punkte die Wahrscheinlichkeit recht gering, dass wir mit dieser Nachricht jemals einen geistreichen Ertrag erwirtschaften werden. Zum anderen ist das Dialogzeitfenster schlichtweg zu groß, da wir frühestens in 50 000 Jahren mit einer Antwort rechnen dürfen.

Und dennoch sollte der „Partygag" im November 1974, das bunte Treiben rund um die Schüssel, das dezente Trinkgelage in tropischer Hitze, insbesondere aber die lautlos entsandte Botschaft ins All, die mit künstlich intonierter Theatralik akustisch zum Leben erweckt wurde, ein wissenschaftlich höchst brisantes Nachspiel haben. Nicht zuletzt deshalb, weil Drakes Idee, aktiv zu senden, viele Nachahmer fand und eine lebhafte, teils aggressiv geführte Debatte auslöste, die den Nährboden dafür schuf, dass sich die SETI-Community überraschend in zwei Lager spalten sollte ...

Interstellare Visitenkarte: Die Pioneer-Zwillinge

Als die Zelte der Arecibo-Gala abgebrochen und die Gäste teils berauscht vom Event, teils beschwipst vom Alkohol und gestresst von der Hitze und Schwüle des Dschungels wieder zu Hause, in ihren Hotels oder am Flughafen in San Juan waren, hatte die lichtschnelle, kryptische astrale Post den bis dahin am weitesten entfernten kosmischen Gesandten mit unbeschwerter Leichtigkeit längst passiert: die Raumsonde Pioneer 10.

Just dieser Forschungsroboter hob am 2. März 1972 Ortszeit nach einem Bilderbuchstart von Cape Canaveral (Kennedy Space Center) in Florida mit einer dreistufigen Trägerrakete vom Typ Atlas-Centaur ab. Als die NASA-Raumsonde Pioneer 10 ins All aufbrach, nahm ein unvergleichliches Abenteuer seinen Anfang, das Astronomen zahlreiche Höhepunkte bescherte. So durchquerte der interplanetare Globetrotter nach dem Passieren des Mars mit einer Rekordgeschwindigkeit von 120 000 Stundenkilometern den als äußerst gefährlich eingestuften Asteroidengürtel. Nachdem das unbemannte Raumschiff die kritische, zwischen Mars und Jupiter gelegene Zone, in der kilometergroße Brocken und Myriaden kleiner Gesteinsteile herumschwirren, schadlos überstand, erlebte sein interplanetarer Ritt das erste Highlight: In einer Entfernung von nur 131 000 Kilometern flitzte das Raumvehikel Ende 1973 über die Ammoniakeiswolken des größten Planeten unseres Sonnensystems hinweg und überstand auch das Strahlenbombardement, mit dem Jupiter das irdische Gefährt willkommen hieß. Dass sich der ganze Aufwand seinerzeit lohnte, dokumentieren mehr als 300 Fotos, die das blecherne Raumgefährt vom Gasriesen Jupiter in einer Auflösung von bis zu 500 Kilometern pro Pixel zur Erde funkte.

Auch die baugleiche Schwestersonde Pioneer 11, die im April 1973 die Erde verließ, bediente sich beim Vorbeiflug an Jupiter der Swing-by-Technik. Hierbei nutzten die Raumflugkörper das Schwerefeld des größten Planeten des Sonnensystems, um ihre Beschleunigung katapultähnlich zu erhöhen. Das interplanetarische Billardspiel glückte; die Anziehungskraft des Jupiters beschleunigte die Pioneer-10-Sonde auf eine Geschwindigkeit von 12,5 Kilometer pro Sekunde, womit sie damals zum schnellsten Objekt avancierte, das die Menschheit je konstruiert und gebaut hatte. Nach dem erfolgreichen Vorbeiflug an Jupiter erwies sich Pioneer 10 als so langlebig, dass das Gefährt zur Erforschung der Heliosphäre eingesetzt wurde, jenem Bereich, der die Grenze zwischen unserem Sonnensystem und dem extrasolaren Raum markiert. 2003 gab der hochbetagte Vagabund aus einer Distanz von 12,23 Milliarden Kilometern zur Erde ein letztes Lebenszeichen von sich, bevor er selbst zum interstellaren Botschafter der Menschheit wurde.

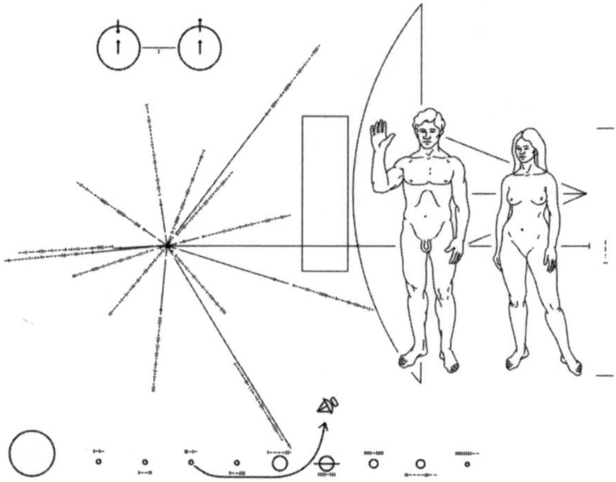

Abb. 3.3 Die legendäre Pioneer-Plakette. Nicht nur in SETI-Kreisen heute ein Mem. Heute wäre es unvorstellbar, eine solche Botschaft erneut zu konzipieren und ins All zu entlassen.
Credit: © NASA - Pioneer_plaque.svg

Frühestens in 10 000 Jahren taucht die Sonde in den interstellaren Staub der astralen Zone ein. In 80 000 Jahren erreicht sie den erdnächsten Stern Proxima Centauri. Nach zwei Millionen Jahren, wenn das kosmische Intermezzo der Menschheit nicht mehr als eine Randnotiz in der ungeschriebenen galaktischen Enzyklopädie sein wird, erreicht der Roboter das Sternbild Stier (Taurus) und streift die heimischen Sterne. Angenommen, eine dort lebende Zivilisation würde den irdischen Botschafter auflesen, fände diese eine an der Antennenverstrebung der Sonde installierte ca. 15 mal 22 Zentimeter große und 1,8 Millimeter dicke Aluminiumplatte vor, auf der das Abbild von zwei Menschen, ein Mann und eine Frau von durchschnittlicher Körpergröße (Abb. 3.3), zu bestaunen ist, so wie die irdische Natur sie erschaffen hat. Es ist wohl die berühmteste Metallgravur mit Kultcharakter, das älteste von der Menschheit ins Weltall entlassene Artefakt überhaupt. Eines, auf dem sich ein Menschenpaar die Ehre gibt. Während der junge Mann die rechte Hand (für den Betrachter die linke) zum Willkommensgruß hebt, steht ihm eine um einen Kopf kleinere junge Frau zur Seite.

Beide unbekleideten Figuren weisen bewusst unterschiedliche ethnische Charakteristika auf und sind maßstabgerecht vor der Raumsonde Pioneer 10 stehend abgebildet. Links von ihnen befindet sich die sogenannte Pulsarkarte. Pulsare sind schnell rotierende Neutronensterne, die nach dem Tod von massereichen Sternen aufblühen. Die Pulsarkarte versinnbildlicht eine Sternexplosion mit 14 geraden Linien, wobei jede Linie einen Pulsar darstellt. Die proportionale Länge der jeweiligen Linien steht für ihre Entfernung vom zentralen Punkt der Sonne. „Entlang jeder Linie schrieb ich die Pulsarperiode in binären Zahlen, wobei ich die Strahlung des Wasserstoffatoms als eine universelle Einheit für Zeit und Länge verwendete", so Frank Drake.

So bizarr das spinnenartige Gebilde auch wirkte und zugleich optisch hervorstach, deren Schöpfer wollten den künftigen „Entdeckern" zu guter Letzt mithilfe der gewählten bekannten Pulsare die Position der Erde vermitteln. Da jeder Pulsar auf einer charakteristischen und exakt gleichbleibenden Frequenz emittiert, diese nur gering voneinander abweichen und solche rotierenden Neutronensterne auch in vielen Millionen Jahren noch existieren, könnte der Empfänger der Nachricht hieraus Rückschlüsse ziehen, wo und wann die Odyssee der Sonde ihren Anfang nahm.

Um die Botschaft mit einem Schlüssel für die verwendeten Zeit- und Längeneinheiten zu versehen, ätzten die Wissenschaftler auf dem oberen linken Feld der goldbeschichteten

Aluminiumplatte eine schematische Darstellung des Übergangs eines neutralen Wasserstoffatoms ein: von einem mit parallelem zu einem mit antiparallelem Protonen- und Elektronen-Spin. Auf geschickte Weise platzierten Frank Drake und Carl Sagan von der Cornell University in Ithaca darunter die Binärzahl eins. Dies aus gutem Grund, wie Sagan zu berichten weiß: „Derartige Übergänge von Wasserstoff sind von der Emission eines Photons mit der Radiofrequenz von etwa 21 Zentimetern Wellenlänge und der Frequenz von etwa 1420 Megahertz begleitet."

Da sich ein solcher Quantensprung binnen einer bestimmten Zeit und auf einer bestimmten Strecke abspielt, erhält der Finder mit der Basisstrahlung der Wasserstofflinie zugleich einen universellen Zeitmesser und Zollstock für die vorliegende Informationsplatte. Abgerundet wird die Information durch die Darstellung der Binärzahl acht, die auf dem rechten Rand zwischen zwei Zeichen steht. Sollten Außerirdische nun die Zahl Acht mit der Länge der natürlichen Strahlung des H-Atoms von 21 Zentimetern multiplizieren, erhielten sie den Wert 168 Zentimeter, also die Körpergröße der abgebildeten Frau.

Damit spätere Kulturen den Absenderplaneten überdies gezielt lokalisieren, ergänzte Carl Sagan die Karte mit einer Skizze des Sonnensystems. Am unteren Rand platzierte er die Sonne mitsamt ihren (damals noch) neun Planeten, deren Durchmesser in dem Vielfachen von Wasserstoffwellenlängen angegeben wurden. Vom dritten Planeten ausgehend, symbolisiert ein Pfeil die Flugbahn des Pioneer-10-Roboters entlang des Mars bis zum Jupiter, wo er ausschert und gen Unendlichkeit driftet.

Sollten einst vernunftbegabte Lebewesen die Symbole und schemenhaften Figuren auf der Leichtmetallplatte richtig deuten, wovon Carl Sagan felsenfest ausging, würden sie auf plastische Weise erfahren, dass vor langer Zeit einmal eine andere Lebensform den Drang verspürte, den unbekannten Brüdern und Schwestern im All einen Gruß zu übermitteln. Aus irdischer Sicht war es ein Gruß in die ferne Zukunft – für den Empfänger wäre es einer aus fernster Vergangenheit, von einer womöglich längst vergangenen Kultur.

Irdische Paranoia und puritanische Hysterie

Dass die Pioneer-Zwillinge mit je einer kosmischen Flaschenpost bestückt wurden, ist einer Initiative des Wissenschaftsjournalisten Eric Burgess zu verdanken, der sich an den Planetarium-Dozenten Richard Hoagland und den Reporter Don Bane vom *Los Angeles Herald Examiner* wandte. Alle drei kamen zu dem Entschluss, Carl Sagan zu konsultieren, den Eric Burgess noch kurz zuvor über seine ersten SETI-Projekte interviewt hatte. Als der Fachjournalist von seiner Idee erzählte, war Sagan sofort Feuer und Flamme. So kam es, dass Sagan im Dezember 1971 am Rande eines Treffens der American Astronomical Society in San Juan (Puerto Rico) während eines Kaffeeplausches Frank Drake über Burgess' Vorschlag informierte. Kurz darauf nahmen Drake und Sagan die Arbeit auf. Bereits nach wenigen Stunden legten sich beide Forscher auf die Grundelemente der Botschaft fest. Schnelles Handeln war gefragt. Schließlich stand Sagan und Drake für die Vorlage der Idee, die Ausarbeitung des Entwurfs und die künstlerische Umsetzung nur ein Monat Zeit zur Verfügung. Obendrein mussten sie innerhalb dieses Zeitfensters auch noch die Zustimmung der NASA einholen.

Letztendlich war es Linda Salzman Sagans, Carl Sagans und Frank Drakes Enthusiasmus und unbedingtem Willen zu verdanken, dass die legendäre Aluminiumplatte als Grußbotschaft der Menschheit Teil einer Raumfahrtmission wurde, die sich nach getaner Arbeit in den interstellaren Raum verlieren und dort dem stellaren Zahn der Zeit lange Zeit trotzen soll. Denn ausgehend von der Überlegung, dass die zu erwartende Erosionsrate für das 120 Gramm schwere Artefakt im interstellaren Raum recht gering ist, attestierte Sagan der Pioneer-Botschaft eine Lebensdauer von mindestens mehreren 100 Millionen Jahren, wohingegen er den Voyager-Schallplatten später sogar eine noch längere Überlebenszeit garantierte.

Abb. 3.4 Die beiden Voyager-Missionen wurden mit jeweils einer Golden Record als kosmische Flaschenpost bestückt. Links ist die Außenansicht mit Informationen und Gebrauchsanleitung, rechts die goldene Bild-Ton-Platte selbst zu sehen.
Credit: © NASA

Voyager 1 und 2: Ihren Anfang nahmen die beiden Voyager-Missionen 1977 in Cape Canaveral. Seit ihrem Start fliegen die Raumsonden mit einer Geschwindigkeit von ca. 17,4 Kilometern pro Sekunde immer tiefer in die intergalaktische Unendlichkeit. Am meisten gefordert wurde die nur 20 Watt sendestarke und 3,7 Meter große Parabolantenne der Voyager-1-Sonde, als sie beim Vorbeiflug an den Planeten Jupiter (1979) und Saturn (1980) große

Datenmengen zur Erde funkte, deren Auswertung noch andauert. Das Bildmaterial war überwältigend: Noch heute dokumentieren Zehntausende hochwertige Farbfotos – wie etwa die faszinierenden Aufnahmen vom Jupitermond Io –, dass Voyager 1 ihrer Mission mehr als gerecht wurde. Der Forschungsroboter wies in einer Entfernung von nur 130 000 Kilometern auf dem Trabanten zum ersten Mal außerirdische vulkanische Aktivitäten nach. Träfen die Voyager-Sonden später einmal tatsächlich auf eine fremde Kultur, fände diese auf ihnen eine 31 Zentimeter große vergoldete Schallplatte, auf deren Hülle eine interstellare Gebrauchsanleitung erklärt, wie die Datenplatte abzuspielen und zu dekodieren ist. Anders als bei den reinen Pioneer-Gravuren haben NASA-Konstrukteure auf der „Voyager Golden Record" (Abb. 3.4) in vorsorglicher Weitsicht Bild- und Toninformationen der menschlichen Zivilisation und ihrer Mitbewohner gespeichert. Wie bei den Pioneer-Sonden sind auf den Voyager-Goldplatten jeweils ein Wasserstoffatom und eine Pulsarkarte eingraviert; die erforderlichen Zeitangaben wurden ebenfalls binär codiert. Dabei ist die in den Metallrillen der Platte eingegrabene Information dermaßen sicher deponiert, dass ihr selbst die Weltraumstrahlung und die aufprallenden astralen Staubkörner nichts anhaben können. Und in puncto Langzeitspeicherung ist sie ohnehin einsamer Rekordhalter. Denn mit einer Überlebensdauer von bis zu einer Milliarde Jahren – in diesem Zeitraum fliegt Voyager immerhin viermal um das Zentrum unserer Galaxis – stellt sie jeden Computer, jede Bibliothek oder jedes Archiv weit in den Schatten. Grußbotschaften in 55 Sprachen, 90 Minuten Musik, hierunter Meisterwerke von Johann Sebastian Bach, Ludwig van Beethoven, Wolfgang Amadeus Mozart etc., 115 analog gespeicherte Fotos und Alltagsgeräusche von Lebewesen einer vergangenen Kultur – darunter das Freudengeschrei von Kindern, Wind und Donner oder der Gesang von Buckelwalen – würden wieder zu neuem Leben erwachen, sofern technisch versierte Außerirdische das beigefügte Abspielgerät auch wirklich reaktivieren könnten.

In einem gemeinsamen Beitrag in dem renommierten US-Wissenschaftsmagazin *Science* versprühte das Trio auch großen Optimismus dahingehend, dass eines fernen Tages eine intelligente Spezies die Pioneer-Sonde detektieren könnte. Die Wahrscheinlichkeit, dass Pioneer 10 in das Planetensystem einer technologisch fortgeschrittenen Gesellschaft eindringt, sei zwar verschwindend gering. „Aber es scheint möglich, dass einige Zivilisationen, die technologisch viel weiter fortgeschritten sind als wir, über die Mittel verfügen, ein Objekt wie Pioneer 10 im interstellaren Raum zu entdecken, es von anderen Objekten vergleichbarer Größe, aber nicht künstlichen Ursprungs, zu unterscheiden und dann das Raumschiff abzufangen und zu übernehmen", schreiben die Autoren in ihrem kurzen Fachartikel, der nur eine Woche vor dem Start von Pioneer 10 veröffentlicht wurde.

Was auch immer fremde Lebewesen einmal von dem auf der „Gedenktafel" abgebildeten menschlichen Paar denken mögen, das Carl Sagans damalige Ehefrau Linda Salzmann Sagan kreiert hatte – in puncto Polemik und Schärfe wird die Diskussion, die unmittelbar nach dem Bekanntwerden der Pioneer-Flaschenpost auf Mutter Erde entbrannte, kosmosweit konkurrenzlos bleiben.

Am Rande einer durchschnittlichen Galaxie eines durchschnittlichen Sonnensystems auf einem durchschnittlichen habitablen Planeten entzündete sich eine *kosmisch-komische* Debatte ...

„Wir haben Briefe von Wissenschaftlern und Hausfrauen, Historikern und Künstlern, Feministen und Homosexuellen, Militärs und Diplomaten, ja sogar von einem Bassgeigenlehrer erhalten", erzählt Carl Sagan. Größtenteils seien die wissenschaftlichen Kommentare positiv, teilweise sogar enthusiastisch gewesen, wobei es auch an kritischen Stimmen nicht fehlte. Die meisten davon zielten auf die Darstellung von Mann und Frau auf der Radierung ab. Dabei gestaltete sich die Diskussion anfangs noch recht moderat. Mit Blick auf die Art und Weise der Darstellung fokussierten sich die Forscher nicht so sehr auf geschlechtsspezifische Feinheiten, sondern stärker auf die Hände der schemenhaften Protagonisten. Wie waren Mann und Frau in Szene gesetzt? Sollten nicht beide als Paar erscheinen, das seine Zusammengehörigkeit händchenhaltend symbolisiert? Von dem ersten Entwurf, auf dem das Duo tatsächlich Hand in Hand zu sehen war, nahmen die Forscher jedoch schnell wieder Abstand, weil ein außerirdischer Betrachter glauben könnte, auf der Platte einen einzigen Organismus zu sehen. Stattdessen bildeten die irdischen Forscher den männlichen Vertreter der Botschaft mit gespreizter und gehobener Hand ab, wohl wissend, dass Außerirdische mit dem auf Mutter Erde internationalen, vielleicht sogar universellen Freundschaftsgruß respektive mit dieser Geste des guten Willens eher wenig anfangen können würden. Außerdem ließ sich auf diese Weise die Morphologie der menschlichen Hand gut darstellen, vor allem der gespreizte Daumen und die Anzahl der menschlichen Finger.

Auch aus der Tatsache, dass die Personen zueinander verschiedene Körperhaltungen einnehmen, könnten die Extraterrestrischen ableiten, dass die unteren Extremitäten dieser Wesen beweglich sind. Möglicherweise könnten sie aus dem unterschiedlichen Aussehen der beiden Figuren außerdem schließen, dass diese eine Gesellschaft repräsentierten, die aus verschiedenen ethnischen Gruppen besteht.

Doch offenbar übernahmen in den 1970er-Jahren die direkten puritanischen Nachkommen der Mayflower sukzessive die Regie. Nach und nach gerieten wissenschaftliche Überlegungen in den Medien und in der Öffentlichkeit ins Hintertreffen. Die Debatte nahm emotional an Fahrt und Dynamik auf. Der Meinungspluralismus obsiegte und zerrte an den Nerven der Urheber. Der erste medial forcierte „Shitstorm" gegenüber Wissenschaftlern war geboren. „Niemand von uns war auf die irdische Resonanz der Botschaft vorbereitet, die sie im März 1972 anlässlich des Pioneer-10-Starts unter ihrer Veröffentlichung nach sich zog", gesteht Frank Drake. „Der Ärger begann, als die Printmedien und Fernsehsender die Nachricht zeigten, die – igitt! – nackte Menschen darstellte."

Tatsächlich echauffierten sich viele Menschen an der in ihren Augen obszönen Darstellung von Mann und Frau. So machte sich das konservative Lokalblatt *Chicago Sun Times* daran, die Plakette gleich in drei Versionen abzudrucken: in der ersten war das Glied des Mannes noch zu sehen; in der zweiten stellten sie es verkürzt und verstümmelt dar; in der dritten Bearbeitung fiel der bemitleidenswerte Penis der Zensur vollends zum Opfer. Er musste sich ebenso von der Metallplatte verabschieden wie die Linie bei der werten Dame, die für ihre Vulva stehen sollte. Die fiktiven zweidimensionalen Repräsentanten der Menschheit wurden von etlichen Zeitungen und Magazinen zu geschlechtslosen Wesen degradiert.

Vor allem das Fehlen der weiblichen Vulva auf der realen Plakette und die zu muskulöse Erscheinung des Mannes dort – sowie dessen deutlich sichtbare Männlichkeit – provozierten den Ärger vieler Feministinnen. Einige radikale unter ihnen schrieben in einem Leserbrief an die *New York Times*, dass sie über die unvollständige Illustration und passive Haltung der

Frau so aufgebracht seien, dass sie am liebsten den rechten Arm des Mannes abhacken würden.

Auch die in Philadelphia ansässige amerikanische Publikation *Inquirer* präsentierte auf ihrer Titelseite ein Bild der Aluminiumplatte, auf der die anstößigen Geschlechtsorgane inklusive Brustwarzen retuschiert worden waren. Der Kommentar der Chefredakteurin damals: „Eine Familienzeitschrift muss auf die Gefühle ihrer Leser Rücksicht nehmen."

Währenddessen richteten etliche religiöse Gruppen ihr Augenmerk immer stärker auf die Nacktheit des Paares, rückten diese abermals in die Nähe von Pornografie und mahnten desgleichen das Fehlen einer christlichen Botschaft in der Nachricht an. In der *Los Angeles Times* artikulierte ein erzürnter Leser wegen der nachhaltigen moralisch-kosmischen Konsequenzen einer solchen Nachricht unverhohlen seinen Frust. Es sei schon schlimm genug, so der Leser, dass der Markt von pornografischen Filmen und anrüchigen Magazinen überschwemmt sei. Aber nunmehr im Namen der NASA solche Obszönitäten über die Grenzen des eigenen Sonnensystems hinaus zu verbreiten, sei kaum nachvollziehbar und zu verurteilen. War der Leserbrief nur ironisch gemeint? Wohl kaum, produzierte der damalige Zeitgeist doch noch seltsamere Blüten. So kritisierte ein Autor im *Catholic Review*, dass auf der Plakette kein einziger Hinweis auf Gott und die katholische Religion zu sehen sei. Genau deswegen müsse man anstelle des stehenden Paares eines abbilden, dass knieend die Hände zum Gebet gefaltet hält.

Auch im benachbarten Kanada sorgte das Pioneer-10-Artefakt für erhebliches Aufsehen, wie Frank Drake bestätigt: „Bei der kanadischen Fernsehgesellschaft entstand eine regelrechte Krise, als ich die Bildplatte anlässlich einer

Vormittagstalkshow beschrieb. Nie zuvor hatte das kanadische Fernsehen Bilder nackter Menschen gezeigt."

Tatsächlich meldeten sich damals viele Kommentatoren zu Wort, die sich in den Rollen der entsetzten viktorianischen Sittenrichter und kritikfreudigen Hobbywissenschaftler gefielen. Natürlich entzündete sich auch eingedenk der ethnischen Merkmale der beiden Figuren auf der Bildplatte eine neue Debatte. Mal bemängelten Weiße, die Personen auf der eingeätzten Radierung seien zu weiß, ein anderes Mal warfen Afro-Amerikaner ein, sie sähen zu schwarz aus. Die Mehrheit befand die beiden Gestalten als zu hellhäutig und zu blond. So druckte das linksliberale kalifornische Wochenmagazin *Berkeley Barb* die Plakette auf ihre Cover-Seite mit der ironisch-satirischen Bemerkung: „Hello. We're from Orange County." Zu erwähnen sei hier, dass in Orange County, einem Bezirk in Südkalifornien, Anfang der 1970er-Jahre mehr als 86 Prozent Menschen hellhäutiger Herkunft waren. „Offensichtlich war es so, dass sich Vertreter aller Rassen in der Darstellung wiedererkannten und etwas gegen ihr Aussehen einzuwenden hatten", kritisiert Drake das Tohuwabohu rund um die Bildplatte.

Dabei hatten sich Drake ebenso wie Linda Salzmann und Carl Sagan seinerzeit beim Entwurf der Bildplatte redlich bemüht, eine solche Debatte zu vermeiden. Laut eigenem Bekunden hatten sie versucht, die wichtigsten drei „Menschenrassen" zu berücksichtigen. Doch alle Anstrengungen fruchteten nicht. Schon zog der nächste Kritiker mit einer eigentümlichen Interpretation die Aufmerksamkeit auf sich. Er warnte davor, dass Außerirdische die erhobene rechte Hand des Mannes als Hitlergruß fehlinterpretieren könnten. Die Extraterrestren könnte als Folge dieser missverständlichen Geste zu dem Glauben verleitet werden, der Zweite Weltkrieg sei von der falschen Seite gewonnen worden. Sie könnten deshalb eine Strafexpedition starten, um den Schaden wieder zu reparieren. Dass insbesondere Carl Sagan über diese irrwitzige Bemerkung erbost war, mag man ihm kaum verübeln: „Solche Briefe drücken eher den Geisteszustand ihrer Verfasser als den von eventuell extraterrestrischen Empfängern aus. (...) Die erhobene leere rechte Hand drückt eine friedliche Absicht aus – man kommt ohne Waffe."

Obwohl die Urheber der kosmischen Plakette niemanden autorisiert hatten, diese zu einem Merchandisingprodukt hochzustilisieren, druckten gewiefte Geschäftsleute zeitnah das Design der kosmischen Botschaft auf T-Shirts, Kaffeetassen, Wandteppiche und andere Accessoires. Sie kopierten sogar die Aluminiumplatte maßstabsgetreu und kommerzialisierten das Produkt marketinggerecht bis aufs Äußerste.

Trotz all dieser wenig erfreulichen Reaktionen, die genug Stoff für einen Schauerroman böten, mischten sich auch heitere Stimmen in den Chor der ET-Misanthropen – wie etwa ein Korrespondent vom *Natural History*, der nüchtern kommentierte: „Ich bin mir sicher, dass Aliens in 1000 Jahren genug daraus lesen können, um zu wissen, dass es irgendwo im Weltraum eine Nudistenkolonie gibt." Auch Cartoonisten parodierten das Geschehen auf ironische Weise. Ein Künstler etwa brachte in Anspielung auf die Adressaten der Pioneer-Botschaft seine Gedanken in einer Karikatur zum Ausdruck und zeichnete eine Gruppe kleiner grüner Menschen, die die Aluminiumplakette der Pioneer-Sonde vorfinden und studieren. Nach eingehender Analyse kommentiert ein Artgenosse das Gesehene mit einem nüchternen Satz. Während seine grünhäutigen Kollegen fragend dreinschauen, bemerkt er: „Ich stelle fest, dass die Erdlinge genau wie wir aussehen, bloß tragen sie keine Kleidung.“

4. Die Mär vom Fermi-Paradoxon

Das Ende einer Legende

But where is everybody?
Enrico Fermi, 1950

Der Genius und sein Cafeteria-Small-Talk

Er war seiner Zeit voraus. Es schien, als hätte ihn die Natur mit der Gabe gesegnet, aus dem Zeitstrom für einen Moment aufzutauchen, den ewig dahinfliegenden Zeitpfeil für einen Augenblick anzuhalten, um die Gegenwart auszudehnen und diese noch intensiver wahrzunehmen. Oder auch nur, um den zarten Atem der Vergänglichkeit zu spüren und vielleicht sogar ein wenig am nagenden Zahn der Zeit zu ziehen, um das wahre Wesen von Neutronen besser zu verstehen.

Einer seiner Biografen, der seinen Lebensweg akribisch verfolgte, entschied sich nicht ohne Grund für den Buchtitel *Der letzte Mann, der alles wusste*. Ein anderer Autor, der seine privaten und wissenschaftlichen Stationen ebenfalls detailliert herausarbeitete, bezeichnete ihn auf seinem Buchcover als „gehorsames Genie".

Selbst der begnadete spätere Physik-Nobelpreisträger Richard Feynman (1918–1988), dessen unbescheidene Art legendär war, zeigte sich nach seiner ersten Begegnung mit Fermi von dessen Esprit tief beeindruckt. „Er war so viel weiter als ich, wie ich es gegenüber bei vielen anderen Menschen war. Ich erinnere mich sehr deutlich daran, dass er ein sehr klar denkender Mann war."

In der Tat, es dürfte wohl kaum ein Zweifel darüber bestehen, dass Enrico Fermi (Abb. 4.1), der renommierte italienische Kernphysiker und Physik-Nobelpreisträger von 1938, über besondere Fähigkeiten verfügte, die ihm aber fatalerweise dabei halfen, am Bau der ersten Atombombe maßgeblich mitzuwirken. „Enrico Fermi war der vielfältigste Physiker des letzten Jahrhunderts – ein Weltklassetheoretiker, der auf höchstem Niveau experimentierte", urteilt der Astrophysiker Stephen Webb von der Universität in Bristol (England), der sich mit dem *Fermi-Paradoxon* sehr intensiv auseinandergesetzt hat.

Abb. 4.1 Enrico Fermi (1901–1954). Wie viele andere Augenzeugen des Trinity-Tests in New Mexico am 16. Juli 1945, der ersten Explosion einer Atombombe, starb auch Fermi infolge der hohen Strahlenbelastung verfrüht an einem Krebsleiden. Credit: © mauritius images/Len Collection/Alamy/Alamy Stock Photos

Dass Enrico Fermi in vielerlei Hinsicht seiner Zeit voraus war, bewies er 1950, als er eine aus damaliger Sicht wahrlich *außerirdische* Frage spontan aufwarf, die noch heute fälschlicherweise als Paradoxon gefeiert wird und nicht nur in SETI-Kreisen unverständlicherweise nach wie vor Kultstatus genießt.

Dabei hatte Fermi völlig unbeabsichtigt im Sommer 1950 während eines Dinners in der Fuller Lodge, einer Kantine und Bar des Los Alamos National Laboratory in New

Mexico (USA), den Grundstein für das später nach ihm benannte *Paradoxon* gelegt. Just in einem hochgeheimen Areal, in dem damals das nationale Kernforschungszentrum der USA lag, wo das Atomwaffenprogramm gegründet und im Zuge des Manhattan-Projekts die erste Atombombe gebaut und am 16. Juli 1945 im Rahmen des Trinity-Tests gezündet wurde. An diesem geschichtsträchtigen Ort diskutierten bei einem Mittagessen Enrico Fermi und drei weitere Wissenschaftler direkt über interstellare Raumfahrt, indirekt über extraterrestrische Intelligenz. Sie hielten sich dort anlässlich eines Veteranentreffens von Atomwissenschaftlern des Manhattan-Projekts auf, wobei Fermi zu dieser Zeit in Los Alamos auch als Berater eines laufenden Laborexperiments fungierte. Neben Enrico Fermi war der Bekannteste unter den „Altgedienten" der ungarisch-amerikanische Physiker Edward Teller (1908–2003). Dieser sollte sich nach dem ersten erfolgreichen Nukleartest der von ihm entwickelten Wasserstoffbombe zwei Jahre später als ihr Vater in den dunklen Annalen der Wissenschaftsgeschichte verewigen.

Angefangen hatte der *extraterrestrische* Small Talk auf dem Weg zum Kasino. Irgendwann Anfang Juni 1950 fabulierten Enrico Fermi, Edward Teller und der US-Physiker Emil Konopinski (1911–1990) während des kurzen Spaziergangs über das Phänomen der fliegenden Untertassen, die seit 1947 durch die Medien geisterten und immer stärker die Schlagzeilen beherrschten. Der Zufall wollte es, dass Konopinski nur wenige Tage zuvor in dem angesehenen Magazin *The New Yorker* einen lustigen Cartoon gesehen hatte, der auf aktuelle, höchst befremdliche Vorgänge in New York anspielte. Seit dem Frühjahr 1950 verschwanden in den Straßen von New York City aus unerklärlichen Gründen auffallend viele öffentliche

Abfalleimer spurlos. Wie von Geisterhand schienen sich diese in Luft aufzulösen. Die Medien in der Großmetropole berichteten regelmäßig über die seltsamen Vorfälle. Für den Künstler Alan Dunn war diese amüsante und zugleich mysteriöse Gegebenheit Inspiration genug, das Mülleimermysterium in einer Karikatur zu verarbeiten. Er verknüpfte das Geschehen im „Big Apple" mit der seit Ende der 1940er-Jahre beobachteten Zunahme von UFO-Berichten in den USA fantasievoll (siehe Abb. 4.2).

Als Konopinski seinen Begleitern von dem Cartoon erzählte, antwortete Fermi lapidar und mit ironischem Unterton, dass Dunns Folgerung eigentlich vollkommen logisch sei, habe dieser doch nur eine nachvollziehbare Theorie aufgestellt, indem er zwei voneinander unabhängige geheimnisvolle Vorkommnisse miteinander verwoben und dafür eine plausible Erklärung gefunden habe.

Abb. 4.2 Letzten Endes waren es also doch unsere grau-grünen Freunde, wenn auch in 2-D, die den Anstoß zum *Fermi-Paradoxon* gaben ... (Cartoon erschien am 20. Mai 1950).
Credit: The New Yorker Collection 1950. Alan Dunn © Cartoon Bank/Condé Nast

Die Cafeteria, die sie betraten, versprühte atmosphärisch einen gewissen Charme. Sie erinnerte ein wenig an eine skandinavische, große Holzhütte. Mittendrin massive Holzpfeiler, einfache Holzstühle und schnörkellose Holztische – und ein Steinkamin vom Allerfeinsten. Eine gute Küche mit einer ordentlichen Speisekarte und schmackhaften Menüs sorgte stets dafür, dass sich die Gäste in der Fuller-Lodge-Kantine entspannen und ihren Gedanken nachhängen – oder diese sogar in der Bar bei einem Drink vertiefen konnten.

Als die drei Physiker zu Tisch saßen, gesellte sich noch Herbert F. York (1921–2009) hinzu, ein Kernphysiker aus Kalifornien. Schnell entwickelte sich ein Gespräch, in dem das Forscherquartett diverse alltägliche Themen in Kürze abhandelte. Irgendwann kamen sie erneut auf das Problem der fliegenden Untertassen zu sprechen. Sie hinterfragten, ob Raumschiffe überhaupt jemals annähernd mit Lichtgeschwindigkeit fliegen könnten. Dabei konfrontierte Fermi seinen Kollegen Teller mit der Frage: „Edward, was denkst du. Wie wahrscheinlich ist es, dass wir innerhalb der nächsten zehn Jahre eindeutige Beweise für ein materielles Objekt haben, das schneller als das Licht fliegt?" In seinen 2001 veröffentlichten Memoiren geht Edward Teller tatsächlich auf diesen Small Talk ein und erinnert sich sogar noch an seine Antwort: „Ich antwortete mit viel Augenzwinkern: ‚Ungefähr eins zu einer Million.' Fermi widersprach mir: ‚Das ist viel zu niedrig. Die Wahrscheinlichkeit liegt eher bei zehn Prozent.'"

Die Frage

Inmitten der leidenschaftlich, aber thematisch oberflächlich geführten Diskussion überraschte Fermi die anwesenden

Physiker dann plötzlich mit der Frage: „But where is everybody?" „Es war die Art, wie er sie stellte, die uns zum Lachen brachte", schrieb Emil Konopinski Jahre später. Auch wenn Fermis spontaner Einwurf zur allgemeinen Erheiterung beitrug, registrierten seine Kollegen dennoch sofort, dass er auf die offenkundige Abwesenheit außerirdischer Intelligenz anspielte. „Habt ihr euch denn noch nie gefragt, wo die alle sind?", wunderte sich Fermi.

Nunmehr spielte Fermi seine Vorliebe für rhetorische Fragen vollends aus und verstrickte seine Gesprächspartner in eine verzwickte Debatte. Während er alles von verschiedenen Seiten aus beleuchtete und berechnete, bereicherte er die Diskussion mit Aperçus und führte sie abrupt in eine völlig neue Richtung, um nachher seinen eigenen Standpunkt deutlich kundzutun. Hierbei kam ihm sicherlich seine Begabung zugute, die Ergebnisse von physikalischen Rechenaufgaben ohne Bleistift, Papier oder Lehrbücher extrapolieren zu können, und diese allein mithilfe von Alltagswissen und persönlichen Erfahrungswerten abzuschätzen. Einige signifikante Aufgaben, mit denen er seine Studenten gern kitzelte, klangen etwa so: „Schätzen Sie die Anzahl der vorhandenen Sandkörner, die an den Stränden der Erde liegen! Wie viele sind es? Wie viele Klavierstimmer leben zurzeit in Chicago? Wie viele Atome, die einst ein Teil von Julius Caesar waren, nehmen Sie mit dem nächsten Atemzug auf?" Für diese Fähigkeit wurde Fermi von vielen Studenten und Kollegen auf liebevolle Weise gefürchtet.

Jetzt war Fermi ganz in seinem Element und verlor sich in spekulativen Gedanken. Wenn es Außerirdische gäbe, so sein Einwurf, warum habe man denn noch nichts von deren Anwesenheit bemerkt? Existierten erdnahe oder ferne intelligente

Zivilisationen in diesem gewaltigen Universum, dann müssten darunter weitaus ältere Kulturen sein, die wahrscheinlich Jahrmillionen vor dem Erscheinen der Menschheit eine interstellare Raumfahrt ausgebildet und die Erde in der Vergangenheit mehrfach besucht hätten.

Völlig unklar seien auch die Bedingungen, unter denen sich eine hochentwickelte Zivilisation im All ausbilden könne. Und wie viel Zeit würde eine solche benötigen, um eine interstellare Raumfahrt zu entwickeln? Wie lange könnte eine solche Technologie überhaupt überleben? Wie könnte sie verhindern, sich nicht selbst zu vernichten? Fragen über Fragen. Fermi vertiefte diesen Aspekt als Einziger und sinnierte gleichzeitig darüber, wie hoch wohl die Wahrscheinlichkeit von intelligentem Leben und die der Existenz erdähnlicher Welten im Universum sein könnte. „Wir können uns ganz gut vorstellen, wie sein Gedankengang lief. Er wird zuerst die Anzahl der ET-Zivilisationen in der Milchstraße geschätzt haben, die, wenn nicht zu interstellaren Reisen, dann zumindest zu einer fernmündlichen Kontaktaufnahme in der Lage sind. (…) Schließlich ist die Frage ‚Wie viele interstellar kommunizierende extraterrestrische Zivilisationen gibt es in einer Galaxie?‘ eine typische Fermi-Frage“, vermutet Stephen Webb.

Fermi folgerte weiter, dass der Grund, warum wir von Außerirdischen noch nicht besucht wurden, damit zusammenhängen könne, dass eine interstellare Raumfahrt undurchführbar sei, weil der Raum einfach zu groß sei, um andere technische Zivilisationen zu erreichen. Vielleicht entscheiden sich ferne Kulturen auch gegen einen Raumflug, weil dieser zu teuer und aufwändig sei. Oder sie leben schlichtweg nicht lange genug, um solche Technologien zu entwickeln.

Im Orwell-Jahr kam die Gewissheit

So berühmt das *Fermi-Paradoxon* heute auch sein mag und sogar in der Popkultur seine Spuren hinterlassen hat, letzten Endes war es nicht mehr als das Produkt eines zwanglosen Kantinengesprächs, eines von jenen, die sich rund um den Globus tagtäglich ereignen und die erfahrungsgemäß höchst selten aufgezeichnet, archiviert oder publiziert werden. Denn entgegen vielen Darstellungen, die suggerieren, Fermi hätte seinen Einwand zum Gegenstand einer These oder Publikation gemacht, hat dieser seine vielzitierte Frage nicht publizistisch aufgearbeitet und weiterverfolgt. Keiner schrieb seinem Monolog aus dem Jahr 1950 eine besondere Bedeutung zu – selbst Fermi nicht. Ansonsten hätte wohl wenigstens einer der Anwesenden seine Überlegungen dem Papier anvertraut.

Tatsächlich schenkte Fermi seiner scheinbar belanglosen Frage nach dem Fernbleiben unserer kosmischen Brüder und Schwestern in seinen letzten vier verbliebenen Lebensjahren keine weitere Beachtung mehr. Er nahm in keinem Artikel, Fachaufsatz oder Buch hierzu nochmals (offiziell) Stellung – weder zum Problem interstellarer Reisen noch zu außerirdischem Leben generell.

So avancierte das originelle Fermi'sche Tischgespräch in den 1950er-Jahren zu einem Gerücht, das einige Ohrenzeugen nur flüchtig vom Hörensagen kannten. Auch eine Dekade später blieb es nebulös. „Während der 1960er- und frühen 1970er-Jahre war Fermis Frage größtenteils vergessen – oder sie wurde ignoriert“, konstatierte der New Yorker Astrophysiker und SETI-Experte Benjamin Michael Zuckerman bereits 1980.

Fermis Anwandlungen wären vielleicht für immer in Vergessenheit geraten, hätte nicht der unverwüstliche Carl Sagan von dem Kantinengespräch in Los Alamos irgendwie Wind bekommen und Fermis Frage Anfang 1963 als Erster in einer wissenschaftlichen Abhandlung erwähnt. Wenngleich auch nur in einer Fußnote versteckt, erinnerte Sagan daran, dass Enrico Fermi „bei einem mittlerweile sehr bekannten Tischgespräch in Los Alamos während des Zweiten Weltkriegs" die Frage aufgeworfen hatte, ob nicht in der Vergangenheit außerirdische Besucher den Planeten Erde aufgesucht und mit den Bewohnern einen ersten Kontakt hergestellt haben könnten. Dabei habe Fermi die Anwesenden mit der Frage „Wo sind sie?" überrascht. Drei Jahre später stellte Carl Sagan Fermis Frage in seinem Buch *Intelligent Life in the Universe* erstmals einer größeren Leserschaft vor. Da Sagan jedoch Fermis Ausführungen wie viele andere Wissenschaftler nur von privaten Erzählungen kannte, verschätzte er sich in der Chronologie der Ereignisse gleich um sieben Jahre und datierte das Cafeteria-Zitat fälschlicherweise auf das Jahr 1943. Wann und wo genau Enrico Fermi seine originelle Frage und seine flüchtigen Gedanken über die Extraterrestren verbreitet hatte, konnte Sagan angesichts fehlender Quellen damals nur erraten. 1973 war er sich immer noch nicht sicher, ob Fermis Frage auf einer Legende beruhte oder einst tatsächlich so artikuliert worden war. Seine Version der Geschichte, die ihm irgendwann zu Ohren gekommen war, dokumentiert eindrucksvoll, dass Fermis Worte in Fachkreisen zwar populär, deren Quelle und Wahrheitsgehalt aber selbst mehr als zwei Dekaden danach immer noch völlig unbekannt waren: „Gemäß einer vielzitierten, aber zweifelhaften Anekdote soll der Nuklearphysiker Enrico Fermi während eines Gespräches anlässlich eines Mittagessens in Los Alamos Mitte der 1940er-Jahre gefragt haben: ‚Aber wo sind sie?'", schreibt Carl Sagan. „Wenn es eine große Anzahl von Wesen gäbe, die weiterentwickelt sind als wir, fuhr er fort, dann müsse man sich fragen, warum man von ihnen eigentlich noch nichts zu Gesicht bekommen habe – beispielsweise, indem sie der Erde einen Besuch abstatteten."

Der Oral-History-Effekt rund um Fermis Aussagen von 1950 war derart stark, dass nach Carl Sagans Anmerkungen etliche andere Autoren die Geschichte um den italienischen Physiker lancierten, ohne dabei genau zu wissen, wie hoch der Faktizitätsfaktor seiner damaligen Worte überhaupt war. In Verkennung der historischen Hintergründe und Fakten zitierten und datierten selbst gestandene Physiker und Exobiologen ins Blaue hinein. Historisch gesichert ist, dass Fermis Frage einerseits erst 1975 mit einem Paradoxon in Verbindung gebracht, andererseits die Wortkombination *Fermi-Paradoxon* erstmals im März 1977 in einer wissenschaftlichen Studie aufgeführt wurde, auch wenn viele Wissenschaftler schon seit Ende 1975 das ganze Phänomen hinter vorgehaltener Hand längst als *Fermi-Paradoxon* bezeichneten. Aber erst nach 1977 fand sich das Zitat des Nobelpreisträgers, kombiniert mit dem Terminus *Fermi-Paradoxon*, in zahlreichen Büchern, Schriften, Aufsätzen, Dokumentarfilmen und Diskussionen wieder. So verwundert es nicht, dass Fermis rhetorische Frage im Verlauf der Jahre missverstanden und zuweilen auch mystifiziert wurde. Letztlich hatte Fermi, der angebliche Vater des Paradoxons, seine „Wo sind sie?"-Frage zu Lebzeiten nicht mehr wiederholt oder jemals in die Nähe eines Paradoxons gerückt. Dennoch eroberte sie den Science-Fiction-Kosmos, die Welt der Exobiologie sowie die des SETI-Universums und nahm einige der zentralen Punkte der Green-Bank-Gleichung vorweg, die Frank Drake in völliger Unkenntnis der Fermi'schen Überlegungen elf Jahre später frohen Mutes kreieren und aufstellen sollte

(S. 117 ff.). Tatsächlich antizipierte Fermi in seinen Überlegungen nachweislich einige wichtige zentrale Punkte der Drake-Formel, worüber Herbert York im Nachhinein leicht indigniert war: „Wenn ich über die Drake-Gleichung lese, ärgere ich mich immer ein wenig. Ich kannte Drake auch, aber Fermi war Drake um zehn Jahre voraus. Er hatte die gleiche Gleichung, aber er hat sie nie veröffentlicht, er hat nur darüber gesprochen."

Erst im Jahr 1984 räumte ein engagierter Forscher in der Gerüchteküche gründlich auf. Eric M. Jones, ein US-Physiker in Los Alamos, war auf der Suche nach echten aussagekräftigen zeitgenössischen Quellen, um die damaligen Ereignisse rund um Fermi historisch korrekt zu rekonstruieren. Dafür stellte er Anfang 1984 eine detektivische Recherche an und konnte die drei zuvor aufgeführten überlebenden Zeitzeugen namentlich ermitteln und zeitnah anschreiben. Dass sich nach 34 Jahren alle drei Protagonisten noch so detailliert an den Tag im Sommer 1950 erinnern konnten, spricht Bände und belegt den starken Eindruck, den Fermi mit seiner kleinen Showeinlage seinerzeit hinterlassen hatte.

Doch abgesehen von Edward Teller, der in seinen Memoiren das spezielle Erlebnis mit Fermi immerhin mit zwölf Zeilen würdigte, erwähnten weder Emil Konopinski noch Herbert York den Vorfall in der Fuller Lodge in irgendeiner Publikation mit einem Wort.

Paradoxie des Fermi-Paradoxons

Unter einem Paradoxon versteht man in der Regel eine in sich widersprüchliche Aussage oder ein scheinbar logisches Argument, das zu einem Widerspruch führt, und der Widerspruch deutet darauf hin, dass etwas in sich nicht stimmig ist.

Wer vor allem in der Wissenschaft ein solches in die Welt setzt und dieses obendrein in schöne und geistreiche Worte kleidet, darf mit der Aufmerksamkeit, Neugierde, aber auch mit der Renitenz der Science-Community rechnen. Viele empfinden ein Paradoxon zwar als Herausforderung, die nach einer schnell formulierten zufriedenstellenden Lösung schreit, andere jedoch als unnötige Unterbrechung des wissenschaftlichen Routinebetriebs oder Diskurses.

Ersteres trifft insbesondere dann zu, wenn dem Urheber ein guter Ruf als Wissenschaftler vorauseilt und sein beschriebenes Paradoxon ein Themenfeld streift, das eher spekulativen als seriösen Charakter hat. Gelangt fraglicher Forscher zudem in seinem Fachbereich zu höchsten akademischen Ehren, gewinnt dadurch seine wissenschaftliche Meinung sakrosankten Charakter. Daher können seine philosophischen Ansichten, Theorien oder Kommentare noch so metaphysisch und abgehoben sein – seine Worte werden stets Gehör und in der Regel ein interessiertes Forum finden.

Bei Enrico Fermi brauchte es 27 Jahre, bis sein vermeintliches Paradoxon als solches tituliert wurde, und weitere sieben Jahre, bis es auf einem wissenschaftshistorischen Fundament stand und eine breite Leserschaft fand.

Und dennoch handelt es sich bei Fermis Aussagen keineswegs um ein Paradoxon. Das Paradoxe an dem angedichteten Paradoxon ist, dass Fermis Überlegungen nichts mit seiner Einstellung zum Vorhandensein extraterrestrischer Intelligenz im Universum zu tun hatten. Er ging – das ergibt sich aus dem Kontext – fraglos von der Existenz intelligenter Lebensformen außerhalb der Erde aus. Diesen Aspekt erwähnte er im Juni 1950 gleichwohl nur am Rande. Vordergründig interessierte er sich aber vielmehr für die Frage, wie es eine fremde Technologie bewerkstelligen könnte, eine interstellare Raumfahrt zu entwickeln und diese zu etablieren. Eine weiterführende und tiefergehende Debatte über die Anderen, die quellenmäßig überliefert ist, führte Fermi zu keinem Zeitpunkt seines Lebens – auch 1950 nicht. Allenfalls schnitt er dieses Sujet nur peripher an, folgerte aber keineswegs daraus, dass die Abwesenheit außerirdischer Intelligenz auf unserem Planeten gleichbedeutend mit der Abwesenheit außerirdischer Intelligenz kosmosweit sei. Eine solche These hat Fermi weder privat noch öffentlich verbreitet. Niemals hat er das ihm oft zugeschriebene Paradoxon heraufbeschworen, indem er sagte: „Sie sind bislang noch nicht da gewesen, daher gibt es sie nicht!"

Ob bewusst oder unbewusst als Fehlinformation lanciert, ob als Anekdote oder einfach nur als Gerücht tradiert – Fermis Worte und Gedanken wurden ihm einfach in den Mund gelegt, weswegen wir hier in aller Deutlichkeit nochmals nachdrücklich darauf hinweisen, dass der oft angeführte Begriff *Fermi-Paradoxon* wissenschaftshistorisch gesehen falsch und irreführend ist.

„Fermis Frage müsste genau genommen als ‚*Fermis Frage nach der Durchführbarkeit von interstellaren Reisen*' lauten", fordert auch der US-Physiker und Kenner der Materie Robert H. Gray vollkommen zu Recht. Schließlich habe keiner der von Eric M. Jones befragten Zeitzeugen bestätigt, dass Fermi die mögliche Existenz von Außerirdischen in Frage gestellt und angesichts fehlender außerirdischer Besucher auf der Erde jemals von einem Paradoxon gesprochen habe.

Das Hart-Tipler-Paradoxon

Auf der Suche nach dem geistigen Vater der Fermi'schen Frage stoßen wir – folgen wir der Zeitlinie zurück – auf einen der Großen seines Fachs, dessen Name mit der Geschichte der russischen Raumfahrt untrennbar verknüpft ist: Konstantin E. Ciolkovskij (1857–1935). Er beschrieb schon 1903 die theoretischen Grundlagen für den Raumflug und war ein überzeugter Befürworter einer bemannten Raumfahrt. Bereits Anfang der 1930er-Jahre setzte er sich mit der Idee auseinander, ob hochbetagte außerirdische Kulturen existieren könnten, die uns in puncto Technik um Millionen von Jahren voraus sind. Wenn es sie gäbe, spekulierte Ciolkovskij, müssten sie ähnlich expansiv sein wie wir – oder inzwischen sogar in Erdnähe existieren. Sie könnten uns längst kontaktiert und auf unserem Planeten Kolonien errichtet haben. Ciolkovskijs Erklärung, warum dies bislang noch nicht geschehen sei: Hochstehende Kulturen und Superintelligenzen hätten sich bewusst und gezielt nicht mit uns in Verbindung gesetzt, weil wir noch nicht das Stadium der kosmischen Reife erlangt hätten!

Einer der Ersten, der Fermis Frage berücksichtigte, namentlich erwähnte und diese in einer wissenschaftlichen Abhandlung vertiefte, war der US-Physiker David Viewing, der die Problematik im November 1975 sehr präzise beschrieb: „Dies ist dann das Paradoxon: All unsere Logik, all unser Anti-Isozentrismus bestätigen uns, dass wir nicht einzigartig sind – dass es sie geben muss. Und doch sehen wir sie nicht."

Erstmals ins Rollen kam die wissenschaftliche Debatte um das *Fermi-Paradoxon* bereits einige Monate zuvor, als der US-Astronom Michael Hart – ohne dabei auf Enrico Fermi Bezug zu nehmen – in einem kurzen Aufsatz skizzierte, dass intelligente außerirdische Technologien zwangsläufig die gesamte

Galaxis kolonisieren müssten. Hätten sich solche entwickelt, wären sie schon längst bei uns. Hart offeriert vier Erklärungen, warum diese es offenbar noch nicht geschafft hatten, mit uns direkt in Kontakt zu treten:

- Die Extraterrestren konnten die physikalischen, astronomischen, technischen und biologischen Hürden nicht überwinden, um eine interstellare Raumfahrt zu verwirklichen (physikalisches Argument).
- Infolge uns unbekannter gesellschaftlicher, religiöser, kriegerischer Probleme oder fehlender Motivation sehen außerirdische Gesellschaften vom Raumflug zu anderen Sternsystemen ab (soziologisches Argument).
- Sie haben schlichtweg noch nicht die Zeit gefunden oder die technische Reife erlangt, in die Tiefen des Alls vorzudringen (temporales Argument).
- Sie könnten längst auf der Erde gewesen sein oder dort noch herumgeistern. Nur haben wir die Spuren, die sie hinterlassen oder versteckt haben, noch nicht entdeckt (Non-First-Contact-Argument).

Da der letzte Beweis eines außerirdischen Artefakts fehle und bislang auch keine extraterrestrischen Funksignale bei uns eingegangen seien, folgert Hart, dass der Homo sapiens höchstwahrscheinlich die einzige intelligente Lebensform in der Milchstraße sei. Deshalb sei eine weitere Suche nach intelligenten Radiobotschaften von anderen Zivilisationen nichts anderes als eine „Verschwendung von Zeit und Geld“.

Wen mag es bei einer solch steilen These noch verwundern, dass Harts Beweisführung viele Kritiker und Befürworter fand. Einer von ihnen war der US-Physiker Frank Tipler, der ab 1980 die Fachwelt mit einer noch gewagteren These überraschte, die sich auf die Bracewell-von-Neumann-Sonden-Theorie stützte, die bereits Jahre zuvor aufgestellt und diskutiert wurde.

Tiplers Ansatz zufolge würde eine hochstehende außerirdische Technologie eine Armada von sich selbst replizierenden und reparierenden Forschungssonden in die Galaxis entsenden: mit dem Auftrag, nach anderen Lebensformen oder Rohstoffen zu suchen. Diese würden sodann von Sternsystem zu Sternsystem, von Planet zu Planet pilgern und sich parallel ständig vermehren. Selbst wenn die Sonden nur mit einem Bruchteil der Lichtgeschwindigkeit (0,025 c) zielgerichtet durch die Milchstraße flögen, könnte die Galaxis binnen vier Millionen Jahren vollkommen kolonisiert sein. Eine solche Armada wäre sogar eine relativ preiswerte Option. Sollten einige Zivilisationen diesen Weg gewählt haben, müssten ihre Apparaturen, unsere Heimatgalaxie geradezu überschwemmen, was gleichwohl noch nicht geschehen sei. Wo sind sie?

Als der US-Physiker Frank Tipler diese Fragen aufwarf und 1980 und 1981 in drei Fachaufsätzen diskutierte, bekam das *Fermi-Paradoxon* plötzlich eine neue Note. Erstmals folgerte ein anerkannter Wissenschaftler offen aus dem Nichtvorhandensein fremder Raumsonden in unserem Sonnensystem generell das Nichtvorhandensein außerirdischer Intelligenz – kosmosweit. Da sich bei uns noch keine autarken Sonden eingefunden hätten, was aufgrund des hohen Alters des Universums längst hätte geschehen müssen, sei die Menschheit die *einzige* technologische Zivilisation im Universum, so Tipler. Genau deshalb sei die Arbeit der SETI-Radioastronomen der Mühe nicht wert, deren Erfolgsaussichten gleich null ...

Bei genauerer Betrachtung und eingedenk der historischen Fakten müssen wir nüchtern konstatieren, dass das *Fermi-Paradoxon* in der Tat seinen Namen alles andere als verdient. Es ist so, wie es der englische Astrobiologe und SETI-Forscher Duncan H. Forgan mit drastischen Worten zum Ausdruck bringt: „Es existiert eine hässliche Wahrheit über das Fermi-Paradoxon – denn im Grunde genommen gehört es nicht zu Fermi (...) und ist formal kein Paradoxon."

Wir schlagen daher vor, dass *Fermi-Paradoxon* fortan nur noch als „Hart-Tipler-Paradoxon" zu bezeichnen. Schließlich waren es allein Michael Hart und Frank Tipler, die 1975 und 1980/81 am konsequentesten und radikalsten aus dem Fernbleiben extraterrestrischer Intelligenz von der Erde direkt folgerten, dass wir möglicherweise allein im Universum sind. Nicht Konstantin E. Ciolkovskij, David Viewing oder Enrico Fermi, sondern Hart und Tipler befeuerten die Debatte und stilisierten die „Where are they?"-Frage zum Paradoxon hoch. Ihr Veto gegen ET & Co. hatte den größten Einfluss auf die sich anschließende Paradoxon-Diskussion, die vor allem die SETI-Gemeinde in ernsthafte Erklärungsnöte bringen sollte. Denn Harts und Tiplers Schwarzseherei führte die Optimisten der ambitionierten SETI-Suchprogramme nach fremden Funksignalen in eine regelrechte Sinn- und Identitätskrise, wie der NASA-Historiker Steven J. Dick bestätigt: „Diese Krise unterminierte die Grundlagen der SETI-Bemühungen und stellte die Logik des Paradigmas der Radiosuche infrage. Es wurde behauptet, dass alle Suchprogramme im elektromagnetischen Spektrum möglicherweise erfolglos bleiben würden."

Der große Schock für SETI sollte aber erst noch kommen. Ein übereifriger demokratischer Senator aus Wisconsin namens Edward William Proxmire versuchte 1981 mit großer

Verve, dem staatlich geförderten NASA-SETI-Programm den Geldhahn zuzudrehen, einen kompletten Finanzierungsstopp für das junge Projekt zu erwirken. In seiner Begründung vor dem Kongressausschuss stellte der übereifrige Senator, der dafür bekannt war, mutigen Projekten Subventionsgelder zu entziehen, den US-Physiker Tipler namentlich vor und zitierte dessen pessimistisches Statement betreffend ET & Co., um mit den Worten abzuschließen: „Daher gibt es fraglos nicht den geringsten Beweis für die Existenz intelligenten Lebens außerhalb unseres Sonnensystems."

Auch wenn Carl Sagan dank seiner guten Kontakte, seines hohen Renommees und großen Einsatzes den Senator im letzten Moment noch umstimmen konnte, saß der Schock bei SETI tief, wie Frank Drake bezeugt: „Proxmire lenkte völlig unbeeindruckt alle Lacher direkt auf SETI. Er erschien wie ein Volksheld, der ein abstruses Unterfangen anprangerte. Das Projekt, das sich einen guten Ruf bei der NASA erkämpft hatte, lief nun Gefahr, aus der Budgetplanung geworfen zu werden. Meine Sorge war wohlbegründet, wie sich später herausstellte."

5. Die Pseudo-Formel
100 Millionen Kulturen in der Galaxis?

Schon aus philosophischen Gründen kann man keinen Gefallen an dem Gedanken finden, dass von all den Sternen in der Galaxis nur unser Stern ‚Sonne' über einem bewohnten Planeten leuchtet.
Isaac Asimov, 1979

Wenn Champagnerkorken knallen

Nur ein Jahr nach dem märchenhaften Ozma-Abenteuer, bei dem Frank Drake mit dem Abhorchen der beiden Sterne Epsilon Eridani und Tau Ceti die erste wissenschaftliche Suche nach außerirdischer Intelligenz einleitete, schlug SETI eine weitere Seite im Buch ihrer jungen Geschichte auf.

In Würdigung des Ozma-Projekts machte J. Peter Pearman, ein Manager der National Academy of Sciences, den Vorschlag, eine Konferenz in Green Bank auf die Beine zu stellen, an der neben Drake noch weitere ausgewählte Spezialisten teilnehmen und das erste Mal gezielt über die Existenzwahrscheinlichkeit von intelligenten außerirdischen Lebensformen philosophieren und diskutieren sollten. Im besten Oxford-Englisch teilte der eloquente Brite, der laut Drake mit seinem „schmalen Gesicht und seiner Adlernase" wie ein Sherlock-Holmes-Darsteller ausgesehen haben soll, dem sichtlich überraschten US-Radioastronomen telefonisch mit, dass er seinen Ozma-Suchlauf eingehend verfolgt habe und seitdem in Regierungskreisen nach Verantwortlichen Ausschau halte, welche die Suche nach extraterrestrischer Intelligenz unterstützen. Er halte eine baldige Einberufung einer Konferenz für unbedingt notwendig, um zu klären, wie groß das Forschungspotenzial auf diesem neuen Terrain sei, so Pearman.

Drake, der für dieses Vorhaben sofort Feuer und Flamme war und auch seinen Chef, Otto Struve, hierfür begeistern konnte, begann postwendend mit der Planung der Sitzung. Während Pearman sich schwerpunktmäßig um die logistischen und organisatorischen Dinge rund um den kleinen Kongress kümmerte, formulierte Drake die wissenschaftlichen Inhalte und Themen des angedachten Meetings. Eine gut strukturierte Tagesordnung mit einer übersichtlichen und logischen Reihenfolge der zu besprechenden Inhalte musste her; eine, die eine substanzielle Debatte garantierte. Nachdem Drake einige wichtige Diskussionspunkte notiert hatte, klärte er die Abfolge der Themen. Da die Tagesordnungspunkte alle von gleicher Wichtigkeit waren und zueinander eigentlich in keinem direkten Verhältnis standen, zog Drake die einzelnen Faktoren einfach zu einer Formel zusammen, die aus simplen Faktoren bestand. Diese sollten die Anzahl hochentwickelter und kommunikationsbereiter Zivilisationen im All bestimmen. Indem Drake jedem Tagesordnungspunkt ein mathematisches Symbol gab, konnte er die gesamte Agenda für die Konferenz in einer einzigen Zeile zusammenfassen. „Selbstverständlich besaß ich keine echten Werte für die meisten Faktoren“, gestand Drake Jahrzehnte später.

Äußerlich sah sein Resultat wie eine kryptisch anmutende Buchstabenfolge aus, die in der astrobiologischen Forschung und SETI-Szene heute zwar Kult ist, allenfalls aber symbolischen

Charakter hat, auch wenn der Schriftzeichensalat von mathematischer Einfachheit sowie logischer Stringenz ist.

$$\mathbf{N = R^{*} f_p n_e f_l f_i f_c L}$$

Von genauso großer Tragweite wie das Themenspektrum war die Auswahl der Gäste, die wohlüberlegt sein musste. Schließlich packte Drake mit seiner Agenda ein heißes Eisen an, das vor ihm noch keiner so beherzt angefasst hatte. Nach einigen Überlegungen setzten Drake und Pearman ausschließlich Wissenschaftler auf die Liste, die sich auf ihrem Gebiet einen Namen gemacht hatten und von denen bekannt war, dass sie sich wenigstens schon einmal mit der Suche nach außerirdischem Leben wissenschaftlich auseinandergesetzt hatten.

Halloween war gerade einige Stunden alt, als sich am 1. November 1961, einem Mittwochmorgen, die geladenen Gäste Dana Atchley (Radioamateur und Elektronikunternehmer), Melvin Calvin (Chemiker), Su-Shu Huang (Astronom), John C. Lilly (Neurowissenschaftler), Philip Morrison (Physiker), Barney Oliver (Erfinder und Forschungsmagnat von Hewlett-Packard), Carl Sagan (Astronom) und Otto Struve (Radioastronom und Direktor des National Radio Astronomy Observatory) in einem kleinen Konferenzzimmer des Gästehauses in Green Bank einfanden. Viele kannten sich bereits von früheren Begegnungen.

Angesichts des delikaten Themas schottete sich die kleine Gruppe ab und verzichtete darauf, die Medien über die Tagung in Kenntnis zu setzen. Das Sujet war einfach zu fantastisch und nicht gerade karrierefördernd. „Diese Männer waren sich klar darüber, dass einige ihrer Kollegen spötteln würden, wenn sie von der Diskussion erführen“, merkt Walter

Sullivan von der *New York Times* an, der von allen Journalisten den engsten Draht zu Drake und den anderen Teilnehmern der Konferenz hatte. Aber auch er war wie seine Kollegen eine Zeit lang ein unerwünschter Gast, obgleich Drake und Pearman wussten, dass die Chancen recht hoch waren, früher oder später von Medienvertretern belagert zu werden. Verantwortlich hierfür war Melvin Calvin (1911–1997), der wegen seiner Arbeiten über die Photosynthese für den Chemie-Nobelpreis nominiert war und große Chancen hatte, mit einem Anruf aus Stockholm über vier Zeitzonen hinweg in aller Herrgottsfrühe geweckt zu werden. Um für den Fall der Fälle nicht mit leeren Gläsern dazustehen, schmuggelten Drake, Pearman, aber auch Carl Sagan (Abb. 5.1) flaschenweise Champagner in die Unterkünfte. Nach Drakes Worten sei diese Aktion im halbtrockenen Staat West Virginia ein echter Kraftakt gewesen, da es zu dieser Zeit in jedem Verwaltungsbezirk nur einen staatlichen Spirituosenladen gab.

Nach dem ersten Konferenztag platzte um 4 Uhr morgens die Bombe, woraufhin die Korken knallten. Calvin feierte den größten Erfolg seiner Karriere relativ gelassen, während der Champagner in Strömen floss. Dabei soll es während der Sitzungen „zu Tumulten" gekommen sein, erzählt Sullivan, ohne näher auf die Ereignisse einzugehen. Ob hier noch Restalkohol im Spiel war oder anlässlich Calvins Ehrung anstelle des Frühstücks ein „Frühschoppen" den neuen Tag einleitete, sei einmal dahingestellt. Wir können nur mutmaßen!

Ohne Kenntnis von dem wunderlichen Thema der Sitzung zu haben, stürzte sich jedenfalls am Tag darauf die amerikanische Presse auf Calvin, von dem aber kein Außerstehender wusste, dass er dem erlesenen Zirkel der auserwählten Wissenschaftler des ersten SETI-Treffens angehörte. Für einige

Stunden musste die Konferenz ruhen, wurde doch Calvin von Telefonanrufen, Telegrammen und Interviewanfragen überschüttet. Dabei kam es zu der kuriosen Situation, dass die Presse damals zwar unzählige Bilder von dem frisch ernannten Nobelpreis-Laureaten vor Ort aufnahm, die zehn Konferenzteilnehmer es aber versäumten, selbst ein Erinnerungsfoto der illustren Runde zu schießen. Kein Teilnehmer antizipierte damals die wissenschaftshistorische Bedeutung der Zusammenkunft in Green Bank für die Nachwelt. Keiner fertigte ein Sitzungsprotokoll an oder nahm die tiefsinnigen Gespräche mit einem Tonbandgerät auf. Nur Initiator und Organisator Pearman selbst sollte zwei Jahre später über den Inhalt und die Ergebnisse der Sitzung einen sechseinhalb Seiten kurzen Bericht schreiben, der mehr als dürftig war und von der Forschung und den Medien gänzlich ignoriert wurde.

Nachdem das Blitzlichtgewitter vorbei war, widmeten sich die Wissenschaftler den ersten Faktoren der Gleichung, die Drake auf die Tafel geschrieben hatte. Schnell entbrannte eine engagierte Debatte. Ein lebhafter Gedankenaustausch entzündete sich, der, anstatt abzuebben, stetig zunahm. Alles drehte sich um den Buchstaben N, der auf der linken Seite der Gleichung thronte und die Anzahl jener Zivilisationen in der Milchstraße repräsentierte, die in der Lage und willens waren, mit anderen Intelligenzen in Kontakt zu treten.

Während des zweitägigen Seminars nutzte die multidisziplinäre Runde praktisch jede Gelegenheit, um über außerirdische Intelligenzen zu debattieren. Drake erinnert sich: „Es war ein Diskussionsmarathon, und wenn wir nicht gerade im Konferenzraum miteinander sprachen, dann redeten wir in der Cafeteria oder in kleinen Gruppen beim Spaziergang um das Observatorium und in die nahe gelegene Umgebung miteinander. Unsere Gespräche begannen stets frühmorgens und endeten immer spät in der Nacht."

So einzigartig das Treffen der zehn Wissenschaftler in West Virginia Anfang November 1961 auch war – bereits Jahre zuvor räsonierten honorige Wissenschaftler vom Schlage eines Fred Hoyle, Harlow Shapley oder Ronald N. Bracewell über extraterrestrische Kulturen im All. Harlow Shapley (1885–1972) etwa, der frühere Direktor des Harvard-Observatoriums, nahm in seinem 1958 erschienenen Buch *Of Stars and Men* Bezug auf die Häufigkeit intelligenter Lebensformen im Universum, ohne dabei einen Zusammenhang zur interstellaren Kommunikation herzustellen. Obgleich Shapley die Anzahl der Planetensysteme in der Galaxis auf 10^6 bis 10^9 veranschlagte, vermutete er seltsamerweise in keinem davon intelligente Lebensformen. Später überraschte er mit einer Schätzung, der zufolge jeder millionste Stern in seinem System intelligentes Leben beherbergen könnte.

Der US-Radioastronom und Ingenieur Ronald N. Bracewell (1921–2007) hingegen ließ in diversen Diskussionen und Vorträgen durchblicken, dass er die Existenz fortgeschrittener Zivilisationen in der Galaxis für möglich halte, wobei er aber seine Überlegungen nur als Grafiken und nicht etwa mit Formeln präsentierte. Fred Hoyle (1915–2001), fraglos einer der größten Astronomen des 20. Jahrhunderts, verarbeitete seinen Standpunkt hierzu auf belletristischer Ebene. Er war von der Existenz und Gefahr außerirdischer Intelligenz derart überzeugt, dass er hierüber 1957 sogar den Science-Fiction-Roman *The Black Cloud* veröffentlichte, einen SF-Klassiker, in dem er den „First Contact" mit einer anorganischen, amorphen und schwarmintelligenten Plasmawolke beschreibt, der in einem Kommunikationsdesaster endet.

Das Lachen von Captain Kirk

Als bei dem Meeting in West Virginia die von Drake konzipierten sieben Leitfragen zur Disposition standen, waren Shapley, Bracewell und Hoyle jedoch nicht zugegen. Sie konnten nicht dabei helfen, N zu bestimmen und dabei klären, wie viele außerirdische Intelligenzen zurzeit senden oder bereit sind, Nachrichten zu empfangen. Dies galt im Besonderen für die Fragen: Wie viele langlebige Sterne entstehen pro Jahr in der Galaxis (R*)? Wie viele Sterne entlassen Planeten als ihre Sprösslinge und behalten diese (f_p)? Wie viele bewohnbare, möglichst erdähnliche Planeten umkreisen ihren Stern in einer habitablen Zone, haben also den richtigen Abstand zum Muttergestirn, um flüssiges Wasser zu konservieren (n_e)? Auf wie vielen Welten entwickelt sich tatsächlich Leben (f_l)? Welche davon besitzen intelligente Lebensformen (f_i)? Wie viele Kulturen verfügen über die Technologie und sind motiviert, eine interplanetare Kommunikation zu etablieren (f_c)? Wie lange lebt eine technologische Zivilisation? Wie groß ist der Zeitraum, die Zeitdauer, in der ET auf Sendung ist (L)?

Abb. 5.1 Carl Sagan (1934–1996)
Credit: © NASA - Michael Okoniewski

Es ist wohl kaum überraschend, dass sich die Forschergruppe damals nur beim ersten Faktor R auf einen astronomisch gesicherten Wert einigen konnte: auf den Wert 1. Denn schon 1961 konnten Astronomen aus den Beobachtungsdaten schließen, dass jährlich mindestens ein neuer Stern in der Milchstraße aufblüht (wobei diese Zahl heute bis auf 10 nach oben korrigiert wurde).

Doch bei allen anderen Werten mussten Drake und seine männlichen Mitstreiter seinerzeit ins Blaue hineinraten. Über den realen Wert der kosmischen, biologischen, technologischen und auch sozialen Faktoren konnten die Diskutanten nur spekulieren. „Über Jahrzehnte hinweg hat man vergeblich versucht, die verschiedenen Faktoren mit Zahlenwerten zu versehen", konstatierte der französische Astronom und SETI-Kenner Jean Heidmann bereits 1994. Knapp zehn Jahre später bestätigte der SETI-Theoretiker Sebastian von Hoerner die Misere. Die Schätzung der Anzahl außerirdischer Intelligenzen sei seit 1961 mehrfach wiederholt worden. Verschiedene Teams kamen dabei zu völlig unterschiedlichen Ergebnissen, so von Hoerner.

Da die Drake-Gleichung nach wie vor nichts von ihrem kryptischen Nimbus verloren hat, wollen wir an dieser Stelle nicht allzu sehr mit Spekulationen und Zahlen langweilen, vor allem nicht mit dem „Diskussionsmarathon" von 1961. Wir ersparen uns die einzelnen Streitpunkte und Argumente von Drake und seinem Team, die vor 62 Jahren einen hitzigen Schlagabtausch von Ideen und fantasievollen Eingebungen entfachten. Schließlich kauten die Protagonisten damals die Drake'sche Formel Faktor für Faktor durch, bestimmten fiktive Zahlenwerte und stellten Hochrechnungen an, deren Richtigkeit sich auch heute selbst mithilfe des gewieftesten Science-Fiction-Autors (wir stellen Ihnen gleich einen klugen davon vor) weder beweisen noch widerlegen lässt.

Um nicht allzu tief ins Land der Fantasie einzutauchen, ist zu bedenken, dass die Green-Bank-Gleichung immer zu völlig verschiedenen Ergebnissen führt. Optimisten garantiert sie stets schöne Zahlen, weil hoffnungsvolle Frohnaturen bekanntlich die Größe der einzelnen Faktoren viel freigiebiger berechnen und großzügiger interpretieren als notorische Pessimisten, die naturgemäß ein eher negativeres Ergebnis erwarten und auch erhalten. Wer N bestimmen will, müsste im Gedankenexperiment zunächst einmal alle Größen imaginär abschätzen, wohl wissend, dass die einzelnen Faktoren nicht zu klein sein dürfen. Welche Zahl als Multiplikator jedoch zu wählen ist, bleibt im Endeffekt dem Gutdünken jedes Einzelnen überlassen. Letzten Endes ist es nämlich immer auch eine perspektivische Frage, ob beispielsweise der Faktor f_i, also die Anzahl der Planeten mit intelligenten Lebewesen, hoch oder gering veranschlagt werden soll.

Gleichwohl genießt der Faktor n_e eine Sonderstellung, wurden doch mittlerweile schon etliche erdähnliche Planeten entdeckt, die ihren Stern in einer habitablen Zone umkreisen. Und der stetig wachsende Katalog von Exoplaneten nährt die Hoffnung, dass mehr kommunikationsfähige Zivilisationen im All leben, als wir uns ausmalen können. Bis auf den heutigen Tag detektierten Planetenjäger rund um den Globus mit unterschiedlichen Observationstechniken sowie Boden- und Weltraumobservatorien (Stand: Januar 2023) bereits 5297 Exoplaneten (Abb. 5.2). Zahlreiche Computerexperimente und Simulationen deuten zudem darauf hin, dass allein in der Milchstraße viele Milliarden erdähnliche Planeten in habitablen Zonen beheimatet sein könnten. Und in den Tiefen und Weiten des schätzungsweise 93 Milliarden Lichtjahre Durchmesser großen Universums treiben noch mindestens 200 Milliarden weitere galaktische Welteninseln durch den kosmischen Meta-Ozean.

Neuerdings vermuten daher fast alle Planetenjäger in nahezu jedem Sternsystem erdähnliche Planeten, von denen viele in habitablen Zonen liegen. Die heutigen Extrapolationen und Modelle bestätigen genau das, was der schweizerische Astronom Michel Mayor, der für die Entdeckung des ersten Exoplaneten um eine Sonne im Jahr 1995 mit dem Nobelpreis für Physik geadelt wurde, schon 2010 postulierte. Seine Worte spiegeln den Paradigmenwechsel in der Astrobiologie wider: „Die meisten Sterne dürften jeweils ein planetares System hervorgebracht haben. Fast 100 Prozent, aber nicht ganz 100 Prozent aller Sonnen besitzen eigene Planeten. (...) Ich gehe sogar davon aus, dass in fast allen Sternsystemen erdähnliche Welten vorhanden sind – in manchen sogar mehrere."

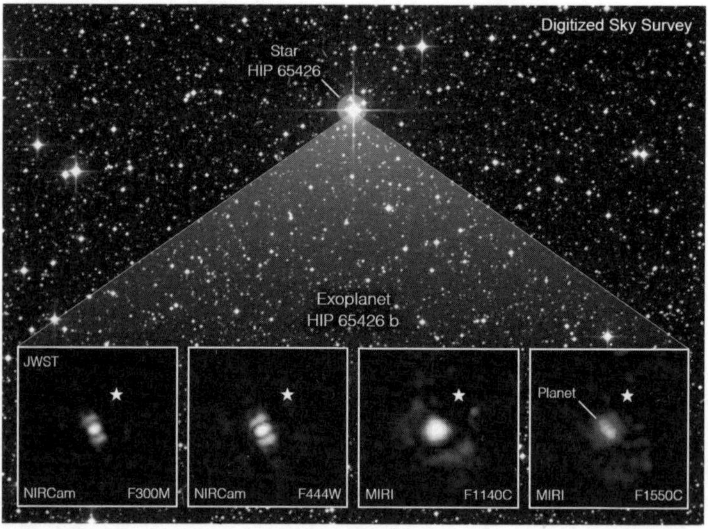

Abb. 5.2 Im September 2022 schoss das JWST sein erstes Foto eines Exoplaneten. Der Gasriese HIP 65426 b hat die sechs- bis zwölffache Masse des Jupiters und ist erst 20 Millionen Jahre alt.
Credit: © NASA, ESA, CSA, Alyssa Pagan (STScI)

Viele Planetenjäger teilen inzwischen seinen Optimismus und gehen felsenfest davon aus, dass Felsenplaneten – wie die Erde – in der Galaxis millionen- bis milliardenfach vertreten sind.

Dennoch sollte sich keiner der Hoffnung hingeben, von Drakes Gleichung jemals eine zuverlässige, richtungweisende Antwort über die Häufigkeit des Vorhandenseins von Intelligenz im Universum zu erhalten. Tatsächlich steht seine Formel fast schon sinnbildlich für den bis auf den heutigen Tag gescheiterten Versuch, mit mathematischen Gleichungen, Computersimulationen oder mit philosophischen Überlegungen die Wahrscheinlichkeit und Häufigkeit von Intelligenz im Kosmos jenseits der Erde zu bestimmen. Weder diese noch eine andere *Weltformel* könnte die Anzahl der Hochkulturen in der Milchstraße mathematisch oder mithilfe von Raumfahrtmissionen auch nur annähernd ermitteln. Kein irdisches Genie, kein Supercomputer, kein Cyborg und mit Sicherheit auch nicht die fortgeschrittenste Megaintelligenz unserer Galaxis kann das ...

Daher ist davon abzuraten, die Sisyphusarbeit auf sich zu nehmen, die Faktoren der Drake-Formel immer wieder aufs Neue durchzudiskutieren und zu verändern. Zahlreiche Autoren und Wissenschaftler haben dies in der Vergangenheit bis zum Exzess getan, ohne dabei einen wissenschaftlichen Ertrag zu erwirtschaften. Wir empfehlen stattdessen, den Formelsalat mit Genuss spielerisch zu konsumieren. Wie das? Nun – man nehme einfach die Faktoren selbst in die Hand und wende diese direkt auf Drakes Kreation an! Das einzige Werkzeug, das hierfür benötigt wird, ist online unter „Drake Equation Calculator“ zu finden:
http://www.as.utexas.edu/astronomy/education/drake/drake.html-old

Hier kann die geneigte Leserin bzw. der geneigte Leser nach Belieben schalten und walten und im Selbstexperiment erfahren, wie leicht es ist, die Anzahl sendebereiter Zivilisationen in der Galaxis (N) auf willkürliche, aber irgendwie wissenschaftlich anmutende Weise zu ermitteln. Egal, welcher Wert bei der Berechnung auftaucht – kein Wert ist weniger oder mehr wert als der andere.

Nach diesem Selbstversuch wird schnell klar, dass die als Agenda konzipierte Drake-Formel fürwahr eine naive Gleichung ohne Wert ist. Sie ist ein „Kompositum von Unsicherheiten", wie es Drake einmal selbst formulierte. Eine Ansammlung von Unbekannten, die deshalb exotisch sind, weil sie erstens nicht bestimmbar sind und zweitens einfach zu viel Raum für Spekulation und Interpretation lassen. Drakes wundersame Formel ist ein imaginäres Denkgebäude ohne Fundament, das samt und sonders allein auf persönlichem Glauben fußt.

Umso erstaunlicher ist, dass der Drake'schen Formel nach wie vor eine so große Bedeutung zugeschrieben wird, dass mancher SETI-Anhänger sie idealisiert und von ihr Wundersames erwartet. Dabei zeigte sich ihr geistiger Vater über die nachhaltige Wirkung seiner Schöpfung am meisten erstaunt: „Es überrascht mich immer wieder, dass diese Gleichung als eine der großen Ikonen der Wissenschaft betrachtet wird, da sie mir weder großartige intellektuelle Anstrengungen noch Einblicke abverlangt hatte."

Trotz allem präsentierte das Team 1961 unter Einbeziehung von Drakes Agenda-Formel einen mutigen Wert für N. Nach einer intensiven Debatte, in der die Diskutanten alle Punkte der Formel multiperspektivisch analysierten, kristallisierte sich nach etlichen Kontroversen am Ende des Meetings eine

Zahl für N heraus. Sie war zwar verschwommen, vermittelte damals dafür aber immerhin einen zeitgenössischen Eindruck davon, wie viele intelligente Zivilisationen nach Ansicht einiger ausgewählter irdischer Wissenschaftler der 1960er-Jahre in der Milchstraße beheimatet sein könnten. Unter Anwendung der neuen Gleichung kam der exklusive Kreis seinerzeit auf eine Zahl von mindestens 1000 bis maximal 100 Millionen höherstehende Zivilisationen in der Galaxis.

Fünf Jahre später konkretisierte Carl Sagan besagten Wert. Er folgerte, dass – wenn nur ein Prozent der Zivilisationen ihre technologische Jugendzeit übersteht und am kritischen historischen Scheideweg den richtigen Pfad einschlägt – allein in unserer Milchstraße eine Million davon überleben müssten. Eine Million Zivilisationen, die allein in der Galaxis in den letzten fünf Milliarden Jahren aufgeblüht sind und gestern existiert haben, heute existieren sowie morgen existieren werden. Ein Zahlenwert, den der deutsche Astrophysiker Peter Ulmschneider 2009 auf zwei Millionen Kulturen nach oben korrigierte. Und damit meinten beide nur die Spitze der Spitze des riesigen galaktischen Eisbergs (Abb. 5.3), der im Ozean des Universums treibt. Schließlich beziehen sich alle Faktoren der Green-Bank-Gleichung ausschließlich auf unsere Galaxis, auf unsere in jeder Hinsicht durchschnittliche Welteninsel. Da jedoch die Drake-Formel theoretisch natürlich auch für alle im Universum treibenden Materieoasen gilt, kursieren noch zahlreiche andere *fantastische* Hochrechnungen von Wissenschaftlern, Science-Fiction-Autoren oder Hobbyastrobiologen, über deren irrealen Zahlenwerte Captain James T. Kirk vom Raumschiff Enterprise, der mit vielfältigen Lebensformen bestens vertraut ist, wahrscheinlich nur herzhaft lachen würde.

Abb. 5.3 Eine von vielen Welten unter fremder, ferner Sonne. Allein unsere Milchstraße könnte einer Studie zufolge mehr als sechs Milliarden erdähnliche Planeten beherbergen.
Credit: © ESO/M. Kornmesser

Ein vermutlich *irrealer* Zahlenwert wurde vor drei Jahren in England ausgebrütet. Um festzustellen, wie viele außerirdische Technologien in der Milchstraße kommunikationsfähig sein und unsere Signale auffangen könnten, observierten die englischen Astronomen Christopher Conselice und Tom Westby von der Universität in Nottingham sonnenähnliche Sterne, in deren habitablen Zone erdähnliche Exoplaneten nachgewiesen worden waren. Sie berücksichtigten die Historie der Sternentstehung in der Galaxis und die Verteilung von Metall in den jeweiligen Systemen. Dabei setzten sie als mittlere Lebensdauer einer kommunikationsbereiten Zivilisation den Mindestwert von 100 Jahren an. Ungefähr so lange nutzt die Menschheit Funktechnik. „Die Idee ist, die Evolution im kosmischen Maßstab zu betrachten", verdeutlicht Conselice. „Nehmen wir an, dass es auf anderen Planeten, wie auf der Erde, rund fünf Milliarden

Jahre dauerte, bis sich intelligentes Leben entwickelte, dann sollte es zumindest ein paar Dutzend aktive Zivilisationen in unserer Galaxie geben." Ihre Berechnungen und Simulationen ergaben einen konkreten Wert: In der Galaxis existierten möglicherweise „nur" 36 radioaffine Zivilisationen, die sich in einer mittleren Entfernung von 17 000 Lichtjahren zu der jeweils nächsten Technologie befänden, was einen effektiven Datenaustausch erheblich erschwere, so die Forscher. Von Nachteil sei auch, dass die meisten Exoplaneten von massearmen M-Zwergsternen beherbergt würden, was einen interstellaren Kontakt über Radiowellen fast unmöglich mache. M-Zwerge seien nicht stabil genug, um über lange Zeiträume Planeten zu halten, auf denen sich Leben entfalten könne.

L-Faktor – Im Schatten des Kalten Krieges

Am stärksten ins Blickfeld rückte bei der Green-Bank-Konferenz der letzte Faktor der Gleichung, den Drake mit dem Buchstaben L versehen hatte und der für die Langlebigkeit einer Kultur steht, weshalb ihn Carl Sagan Jahre später einmal als den „Hauptunsicherheitsfaktor" schlechthin bezeichnen sollte. Genau genommen definiert L die zeitliche Lebensspanne einer technischen Zivilisation, die das Interesse und die Fähigkeit für eine interstellare Kommunikation mitbringt. „Der letzte Faktor L beschreibt die Lebensdauer einer technologischen Zivilisation, die Zeitdauer, in der ET ‚auf Sendung' ist", verdeutlicht SETI-Astronom Seth Shostak, einer der führenden Köpfe in der Branche nach Frank Drake. „L legt fest, wie viele Jahre zwischen der Erfindung des Radios und der Selbstzerstörung oder dem Untergang der Zivilisation liegen."

Letzten Endes drehte sich damals hierbei alles um die Frage, wie lange eine außerirdische Zivilisation, die im Besitz von Nuklearwaffen ist, interplanetare Botschaften per Radiosignal austauschen kann. Könnten höherentwickelte extraterrestrische Technologien nicht ebenfalls in Versuchung geraten, Atom- oder Wasserstoffbomben zu bauen und diese schlimmstenfalls als Vernichtungswaffen bei kriegerischen Auseinandersetzungen einzusetzen? Wie lange kann eine erdähnliche Zivilisation, die auf unserem technologischen Niveau ist und mittels elektromagnetischer Strahlung interplanetare Botschaften senden kann, trotz der Nutzung von Atomkraft die kritischste Phase ihrer Existenz überwinden? Ist der Exitus einer fortgeschrittenen Technologie programmiert, sobald sie die Fähigkeit erlangt hat, Atom- oder Wasserstoffbomben zu entwickeln?

Angesichts des sich *aufheizenden* Kalten Krieges im Jahr 1961 vermag es nicht zu verwundern, dass die Diskussion gerade bei der Frage nach der Langlebigkeit von intelligenten Zivilisationen höchst leidenschaftlich geführt wurde. Der Zeitgeist prägte das Klima, das Zeitgeschehen die Debattenkultur. Als nämlich die Teilnehmer der Green-Bank-Konferenz über die Möglichkeit grübelten, ob nicht technisch hochstehende, mit Massenvernichtungswaffen bestückte außerirdische Kulturen automatisch Gefahr liefen, in einen finalen Krieg zu schlittern und sich dabei gegenseitig völlig zu vernichten, war es um den Frieden auf Mutter Erde selbst nicht gut bestellt. „Als die Tagungsteilnehmer im November 1961 um ihren Tisch herumsaßen, waren sie sich klar darüber, dass sich ihr Land und die Sowjetunion tatsächlich die Atompistolen gegenseitig an die Schläfe hielten“, so der Zeitzeuge und Wissenschaftsjournalist Walter Sullivan.

Tatsächlich steuerten zu dieser Zeit die beiden Supermächte USA und Sowjetunion geradewegs auf einen militärischen Konflikt zu, der die Menschheit ein Jahr später bis an den Rand des Abgrunds führte. Hätten Politiker und Diplomaten im Oktober 1962 der Kubakrise nicht rechtzeitig Einhalt geboten und die militärische Eskalation eine Minute vor zwölf entschärft, wäre der Faktor L der Drake-Gleichung zu einem tragischen Fanal der Menschheitsgeschichte verkommen.

Ja, es wirkt wie eine Ironie der Geschichte, dass Drake und seine Kollegen just zu einem Zeitpunkt über die Lebensdauer von Zivilisationen im All fabulierten, als die Ära des Kalten Krieges noch nicht einmal ihren Höhepunkt erreicht hatte. Und es mutet sogar wie ein schlechter Treppenwitz der Weltgeschichte an, dass ausgerechnet einige wichtige Vorreiter der SETI-Idee am Bau der Atombombe direkt oder indirekt involviert waren. Es verwundert doch sehr, dass jene Akteure, die so gern über interstellare Raumfahrt und außerirdische Intelligenz theoretisierten, am Bau der Atombombe so effektiv mitwirkten. Enrico Fermi etwa hat die Suche nach außerirdischer Intelligenz zwar nicht bewusst forciert, war aber indirekt für die Pioniere der SETI-Forschung und andere Enthusiasten eine Art Katalysator und Motivator; er hat somit kausal gesehen Drake & Co. inspiriert. Als er mit seinen Freunden und Bekannten über die Langlebigkeit von Zivilisationen im All fabulierte, war er längst der geistige Vater und Mitkonstrukteur der Atombombe und trug somit seinen Anteil dazu bei, dass die kriegslüsterne Spezies Mensch eines Tages selbst als kurzlebige Kultur enden könnte. Alle Teilnehmer des legendären Dinners in Fuller Lodge haben das potenzielle atomare Inferno mit in Gang gesetzt, wobei Edward Teller, der

Vater der Wasserstoffbombe, den imaginären Weltenbrand am stärksten entzündet hat.

Aus dem SETI-Kanon gestrichen werden darf ebenfalls nicht die Tatsache, dass ein Teilnehmer der historischen Green-Bank-Konferenz den Bau der beiden Atombomben maßgeblich vorangetrieben hat, die über den japanischen Städten Hiroshima und Nagasaki abgeworfen wurden. Kein Geringerer als Philip Morrison stellte „Little Boy" scharf und ermöglichte somit den Abwurf der fußballgroßen Atombombe, die am 6. August 1945 das Schicksal der Hafenstadt Hiroshima besiegelte. Drei Tage später bereitete er mit einigen Kollegen auf der Pazifikinsel Tinian die kleinere Nuklearbombe „Fat Man" für den Einsatz über Nagasaki vor. Mehr als 100 000 Menschen verglühten bei den beiden Atombombenexplosionen sofort – über 200 000 kamen größtenteils als Folge der Druckwelle und des Fallouts ums Leben; nicht zuletzt starben viele in den Jahren darauf qualvoll aufgrund der hohen radioaktiven Strahlung. Vierzehn Jahre später schrieb Morrison mit seinem Kollegen Giuseppe Cocconi den berühmten *Nature*-Artikel, in dem beide Autoren ihr legendäres SETI-Plädoyer für eine systematische Observation von Radiowellen mit leistungsstarken Schüsseln zum Besten gaben ...

Gewiss mag es ein zufälliges Zusammentreffen sein, dass das Aufkommen der Radioastronomie, das des Fernsehers, die Entdeckung des Lasers, das Aufblühen der SETI-Idee und der Beginn des Atomzeitalters zeitlich (fast) zusammenfielen. Auf anderen Welten könnte die technologische Evolution entweder völlig anders oder – was Drake und seine Mitstreiter für wahrscheinlicher hielten – ähnlich wie auf der Erde verlaufen sein. In solchen Fällen würden fremde Zivilisationen wie wir einst am selben Scheideweg und vor derselben Frage stehen, wie der Einsatz von selbstproduzierten Massenvernichtungswaffen verhindert werden kann. Der für seinen Optimismus fast schon bewundernswerte Carl Sagan glaubte diesbezüglich sogar, dass einige Zivilisationen, bevor diese überhaupt planetare selbstzerstörerische Waffen entwickelten, bereits auf technischer und moralischer Ebene sehr gefestigt sein könnten. Würden solche Kulturen diese heikle Phase mindestens 100 Jahre lang überleben, hätten sie gute Chancen, dasselbe Alter wie das ihrer Sonne zu erreichen.

Green Bank und die wirren Folgen

Dass man mit etwas Fantasie und Kombinationsgabe die Drake-Formel um weitere Faktoren bereichern kann, bewies der renommierte Science-Fiction-Autor und promovierte Astrophysiker David Brin 1983, als er die Green-Bank-Gleichung beherzt um drei Faktoren ergänzte.

Brin ging dabei in die Vollen. Gleich sein erster Faktor n_j beschreibt die interstellare Migration einer außerirdischen Superzivilisation, ob in biologischer oder robotischer Gestalt. Extraterrestrische Kulturen könnten sich seiner Ansicht nach sukzessive verbreiten. Vielleicht nur wenige oder viele Lichtjahre von ihrer Heimatwelt entfernt, könnten diese Hunderte Kolonien errichtet haben, auf denen auch elektromagnetische Wellen zur interstellaren Kommunikation eingesetzt werden, die wiederum andere Zivilisationen zufällig detektieren könnten. Brins zweiter neuer Faktor A_j sollte näher präzisieren, ob fortgeschrittene Zivilisationen überhaupt bereit sind, zu senden.

Geht die klassische Drake-Gleichung noch davon aus, dass alle außerirdischen sendefähigen Zivilisationen auch wirklich permanent funken, berücksichtigt dieser Faktor dagegen zudem jene hochentwickelten Technologien, die sich aus diversen Gründen entschlossen haben zu schweigen und die daher von keiner anderen Spezies wahrgenommen werden können. Zu guter Letzt repräsentiert der Faktor N* die Anzahl der infrage kommenden bewohnten Welten innerhalb der Zonen im All, die im Rahmen von Suchprogrammen abgetastet wurden.

Drakes Formel in allen Ehren – aber auch wir sind wie David Brin der Meinung, dass die Green-Bank-Gleichung alles andere als ausgereift ist – und ihr ein weiterer Faktor gut zu Gesicht stünde. Um hier Abhilfe zu schaffen, haben wir einen entscheidenden Parameter vor unserem geistigen Auge, einen politisch gefärbten, der in der Vergangenheit dem staatlich geförderten SETI-Suchprogramm tatsächlich den Todesstoß versetzte.

Wir wollen ihn PB nennen, wobei P für Politician (Politiker) und B für Bigotry (Engstirnigkeit/blinder Eifer) steht. Nicht aus gutem Grund repräsentieren beide Lettern auch die jeweils ersten Buchstaben der Nachnamen zweier US-Senatoren, die sich in der SETI-Szene einen zweifelhaften Namen erworben haben: Richard Bryan aus dem Bundesstaat Nevada und der bereits erwähnte William Proxmire aus Wisconsin.

Beide demokratischen Politiker versuchten ehemals mit großer Verve, dem staatlich geförderten SETI-Programm den Geldhahn zuzudrehen. Während Proxmires Vorstoß 1982 noch im letzten Moment abgeblockt werden konnte, brachte Senator Bryan das NASA-SETI-Projekt elf Jahre später gänzlich zu Fall. Nach einer Vorbereitungszeit von 15 Jahren und investierten 60 Millionen Dollar strich der amerikanische Kongress 501 Jahre nach der Wiederentdeckung Amerikas durch Christoph Kolumbus alle angedachten finanziellen Zuschüsse – irreversibel und kompromisslos.

Das auf zehn Jahre angelegte Suchprogramm segnete bereits nach einjähriger Observationsphase wieder das Zeitliche. Damals wie heute glaubte man, die Steuergelder besser in Panzer, Kampfflugzeuge und Nuklearwaffen investieren zu müssen. Kurz vor der Abstimmung im Kongress frohlockte Richard Bryan noch voller Häme, dass die große Jagd nach Marsmenschen aus gutem Grund endlich zu einem Ende kommen werde: „Bis heute wurden dafür Millionen ausgegeben, und wir haben immer noch nicht einen einzigen kleinen grünen Kerl eingefangen. Nicht ein einziger Marsmensch hat gesagt: Bringt mich zu eurem Präsidenten (...)." Jahre zuvor, Anno Domini 1978, hatte Senator Proxmire, immerhin der mächtigste Mann im Bewilligungsausschuss des Senats, ähnlich niveauvoll gegen SETI gewettert und das Forschungsprojekt bewusst ins Lächerliche gezogen. Er diskreditierte Drakes Arbeit sogar öffentlich, ohne dessen Namen direkt zu erwähnen. Anstatt mit fundierten Argumenten zu überzeugen, polemisierte Proxmire auf höchst billige Weise gegen das NASA-SETI-Suchprogramm. In Verkennung der astronomischen Gegebenheit, dass ein Lichtjahr eigentlich kein Zeitmaß ist, forderte der exaltierte Senator, das Projekt „für einige Millionen Lichtjahre" zurückzustellen.

Wenn wir einmal die genaueren Hintergründe und Nebenschauplätze dieser beiden wenig erquicklichen politischen Possen außer Acht lassen und uns deren gemeinsamen Kern näher anschauen, wird schnell deutlich, dass dem Faktor PB eine ebenso schicksalhafte Bedeutung zukommt wie dem

L-Multiplikator. Wir haben uns auf Mutter Erde längst daran gewöhnt, dass in Politik, Wirtschaft, Industrie und Bankenwesen mathematisch gesprochen der Faktor Kurzsichtigkeit die größte Bekannte und der Faktor Weitsicht die größte Unbekannte ist. Wo eigentlich Weitblick gefragt ist – nur mit einem solchen lassen sich erfahrungsgemäß neue Horizonte erblicken –, steht das Denken und Handeln der Mächtigen vielmehr im unsichtbaren Sternzeichen Pecunia. Auf dem von unserem Heimatstern aus gesehen dritten Planeten des Sonnensystems scheitert die Suche nach außerirdischer Intelligenz weniger an fehlendem technischen Know-how, sondern vielmehr an finanziellen Engpässen, mithin an der geringen Bereitschaft, Zeit und Geduld zu investieren, ohne dabei sofort einen Ertrag erwirtschaften zu müssen.

Was sich – Walt Disney sei Dank – in Dagobert Ducks Augen in der 2-D-Welt so gern widerspiegelt, trübt den Blick der im 3-D-Kosmos *spekulierenden* Verantwortungsträger. Dollarscheine ihr Gesichtsfeld verengend, bringen diese für Grundlagenforschung keinerlei Verständnis auf, weil eine solche in ihren Augen keine schnellen Ergebnisse und folglich keinen lukrativen Gewinn garantiert. Im Besonderen gilt dies für die SETI-Programme, mit denen im Grunde genommen auch Grundlagenforschung betrieben wird.

Sollten nun auf fernen Planeten ähnliche Zustände wie auf unserer materialistischen Welt herrschen und kurzsichtige, in Legislaturperioden denkende Verantwortungsträger à la Proxmire und Bryan ihre Suchprogramme nach fremden Technologien absägen, dann lautet die Rechnung: PB = 0, woraus wiederum folgt, dass N = 0 ist. In diesem zugebenermaßen extremen Fall gäbe es keine exosolaren kommunikationsbereiten Intelligenzen im Weltraum, da die Erfahrung uns lehrt, dass man nur einen einzigen Bryan und Proxmire benötigt, um eine Kultur mit Blick auf jegliche SETI-Aktivitäten mundtot zu machen. Das laute Schweigen im Raum könnte demnach auch exopolitische Ursachen haben, weil irgendwo da draußen in den Tiefen und Weiten der endlichen Unendlichkeit der PB-Faktor den Unterschied macht.

Rückblickend war das Green-Bank-Treffen ohne Frage der erste wissenschaftliche Versuch, außerirdische Technologien systematisch zu quantifizieren. Erstmals verabredeten sich Forscher aus den unterschiedlichsten Disziplinen, um über ferne Hochkulturen im Universum nachzudenken. „Der Zweck der Diskussion war es, vom derzeitigen Stand des Wissens ausgehend zu untersuchen, welche Aussichten bestehen, dass in unserer Milchstraße noch andere Lebensformen existieren, mit denen man in Verbindung treten könnte", erklärte der ausgebildete Biologe Pearman in seinem halboffiziellen Bericht noch nüchtern und trocken. Carl Sagan hingegen schwärmte freudetrunken von dem Ereignis mit überschwänglichen Worten: „Es war wunderbar. All diese guten Wissenschaftler verdeutlichten, dass es keineswegs Unsinn ist, sich über das Thema Gedanken zu machen. (...) die Tatsache, dass sie kamen, belegt, dass sie das Ganze nicht für ausgemachten Humbug hielten. (...) Es war wie eine 180-Grad-Wende von diesem dunklen und peinlichen Geheimnis."

Dass nach dem Green-Bank-Meeting etwas völlig Neues in der Luft lag, imponierte auch Frank Drake, der das Gefühl hatte, endlich einmal mit Kollegen aus verschiedenen Fachdisziplinen über ein heikles Thema reden zu können, ohne dabei seltsame Blicke zu ernten. „Was uns vereinte, war unsere außergewöhnliche und starke Überzeugung, dass das Universum über und über bevölkert sein musste. In Gegenwart dieser Menschen konnte man sich, ohne zu zögern, ohne in Verlegenheit zu geraten oder sich gar lächerlich zu machen, in engagierte Diskussionen über außerirdisches Leben einlassen", so Drakes Resümee.

Wenngleich wir Drakes Agenda-Gleichung in historischen Ehren halten wollen, so ist doch der wissenschaftliche Wert seiner Formel eher dürftig und allenfalls symbolischer Natur. Seine wissenschaftshistorische Bedeutung gleicht sehr der des Hart-Tipler-Paradoxons. Der Erkenntnisgewinn ist fraglich. Diese Gleichung ist keine Zauberformel, die uns alle in diesem Buch dazu befähigt, die Anzahl ferner Intelligenzen seriös abzuschätzen.

Dennoch animierte sie viele Nachwuchsforscher und angehende SETI-Astronomen, sich verstärkt astrobiologischen Fragen zuzuwenden, aus denen eine wie ein Fels in der Brandung herausragt. Eine, die schon jedem einmal über die Lippen gegangen ist: Wenn es die Anderen gibt, warum schweigen sie so beharrlich?

Die Liste der kosmischen, (exo)geologischen sowie (exo) biologisch tödlichen Fallen, die auch uns zu Fall bringen könnten, ist lang und auch ein wenig beängstigend. Nicht zuletzt deshalb, da uns der L-Faktor der Green-Bank-Gleichung, der einzige soziologische unter den naturwissenschaftlichen Parametern, gnadenlos vor Augen hält, wie schnell das kosmische Intermezzo der Menschheit oder das anderer Zivilisationen als Randnotiz in der ungeschriebenen galaktischen Enzyklopädie in Vergessenheit geraten könnte.

Daher sollten wir uns darüber im Klaren sein: Das Schweigen der Extraterrestren könnte nur ein Vorgeschmack auf das sein, was uns eines Tages noch so alles blüht. Vielleicht erleben wir gerade nur die Ruhe vor dem großen Sturm. Angesichts der labilen weltpolitischen Lage könnte dieser jederzeit über uns wüten …

6. Stellares Trojanisches Pferd
Heiße Debatte um die Gefahren eines Erstkontakts

Es ist eine Unterstellung, dass sie friedliebend sein werden – eine gefährliche Unterstellung.
Sir Bernard Lovell, 1987

Der Zorn des königlichen Hofastronomen

Wie konnte er nur? Was um alles in dieser Welt ist bloß in ihn gefahren? Wie konnte er eine solch naive Aktion gutheißen und diese als Projektleiter in die Tat umsetzen? Warum hat er die Konsequenzen seines Handelns nicht besser überdacht? Dann hätte er vielleicht von seinem wahnwitzigen Vorhaben Abstand genommen …

Mit leicht zitternden Händen griff Sir Martin Ryle nach einem antik aussehenden und kunstvoll verzierten Füllfederhalter, der auf einem wuchtigen Barockschreibtisch eine Armlänge von ihm entfernt lag. Doch bevor Ryles Finger das Schreibgerät umklammern konnten, hielt er plötzlich inne, lehnte sich zurück, versank in seinem Stuhl für einige Sekunden regungslos und starrte kurz auf die vor ihm liegende Zeitung. Er atmete mehrfach tief durch. Noch einmal versuchte er sich ein Bild von dieser bizarren Geschichte zu machen, sich gedanklich vorzustellen, was sich da vor einigen Tagen in Puerto Rico Tausende Kilometer vom englischen Cambridge entfernt zugetragen haben soll. Hatte dieser amerikanische SETI-Astronom tatsächlich ein dreiminütiges starkes Radiosignal an den 25 000 Lichtjahre entfernten Kugelsternhaufen M13 gefunkt? Hatte dieser Frank Drake, wie in dem Artikel berichtet, im November 1974 wirklich die Chuzpe gehabt, eine interstellare Flaschenpost ins All zu pulsen, eine Piktogrammnachricht für außerirdische Intelligenzen in den Kosmos zu entlassen?

Ryle schüttelte den Kopf und versuchte, seine Aufregung abzulegen. Nein, er musste jetzt handeln. Als Radioastronom, als Mitglied der Royal Society und britischer königlicher Hofastronom sowie als aktueller Nobelpreisträger in Physik musste er seinen Namen einbringen und dem bunten Treiben da drüben Einhalt gebieten. Die Situation war ernst, sehr ernst. Ryle erhob sich und ging in den Nebenraum. Er steuerte auf einen kleinen Arbeitstisch zu, auf dem eine mit Staub bedeckte Schreibmaschine lag. Eine, die er nur für besondere Anlässe nutzte. Und dieser war fraglos einer. Voller Inbrunst und aus tiefster Überzeugung ging Ryle in die Offensive. Von Angriffslust getrieben, verschwand das nervöse Zittern. Seine Finger tanzten mit spielerischer Leichtigkeit über die Tastatur. Die Buchstaben verdichteten sich zu Worten, die Worte erhoben sich zu Sätzen. Und die Sätze komponierten eine Information, der es an Schärfe nicht fehlte. Der Adressat war der damalige Präsident der Internationalen Astronomischen Union (IAU), der weltweit größten Vereinigung von Astronomen mit Hauptsitz in Paris. Der Vorwurf, den der IAU-Vorsitzende Leo Goldberg zu lesen bekam, war brisant und in der Wissenschaftsgeschichte bis dahin einmalig. In seinem Schreiben hielt der

Hofastronom Frank Drake *interstellare Naivität* vor, weil er mit seiner Arecibo-Botschaft möglicherweise außerirdische Horcher geweckt habe. Schließlich habe er die Position unseres Planeten mit dem energiestarken Funkimpuls verraten. Dank Drakes Transmission habe nunmehr die gesamte Galaxis davon Kenntnis, in welchem Sonnensystem unsere Art beheimatet sei. Eine aggressive außerirdische Spezies könnte die Signale als Einladung fehldeuten und die Erde mitsamt Menschheit vernichten. „Wir können nie wissen, ob es dort draußen feindselige oder hungrige Geschöpfe gibt, und wenn sie von uns erfahren, könnten sie vielleicht kommen und uns angreifen oder auffressen", so Ryle. Daher verlange er von der IAU die Verabschiedung einer Resolution, in der Drakes Aktion in aller Deutlichkeit offiziell verurteilt werde und weitere eigenmächtige Funkbotschaften wie diese unterbunden würden.

Da Ryle in astronomischen Kreisen schon zu Lebzeiten der Ruf vorauseilte, höchst exzentrisch zu sein, und da sein Ansinnen auf sein Umfeld desgleichen exzentrisch wirkte, nimmt es nicht wunder, dass die IAU bis auf den heutigen Tag kein Verbot für *aktive* interstellare Nachrichten erlassen hat. Bis heute darf jeder Bewohner unseres Planeten, der über das technische Equipment, über das Know-how und über eine Amateurfunklizenz verfügt, nach Belieben Funk- oder Laserbotschaften auf die Reise schicken. Die schriftliche Botschaft des bekennenden Funkamateurs verpuffte vollends.

Ganz ohne Widerhall blieben Ryles Worte allerdings nicht, fand doch seine Skepsis letztlich (indirekt) Niederschlag im Paragrafen 8 der Deklaration der „International Academy of Astronautics" (IAA), wo es für den Fall eines detektierten Signals unmissverständlich heißt: „Es sollte keine Antwort auf ein Signal oder andere Hinweise auf außerirdische Intelligenz gesendet werden, bevor nicht entsprechende internationale Konsultationen stattgefunden haben. Die Verfahren für solche Konsultationen werden Gegenstand eines gesonderten Abkommens, einer Erklärung oder einer Vereinbarung sein."

Zugegeben, unser Einstieg in dieses Kapitel ist aus dramaturgischen Gründen natürlich höchst fiktiver Natur. Wir wissen aber, dass Martin Ryles (Abb. 6.1) Entschluss, das kontroverse Schreiben aufzusetzen, mit Sicherheit nicht das Produkt einer spontanen Eingebung, sondern wohlüberlegt und durchdacht war. Und es war sicherlich auch keine Menschenseele zugegen, als Ryle seinen *einsamen* Brief tippte und an die IAU sandte. Zumindest schweigen die Quellen hierzu ...

Abb. 6.1 Martin Ryle (1918–1984)
Credit: © Keystone / Staff - GettyImages-

Dabei versuchte Frank Drake den extravaganten Engländer noch zu beruhigen und schrieb ihn einige Woche später mehrfach an, um seinen Standpunkt darzulegen. Es sei bereits zu spät, sich zu sorgen, dass wir die Position unserer Welt verraten hätten, erklärte Drake. Dies sei in der Vergangenheit bereits mehrfach geschehen. Mit jeder weiteren Fernseh- und Radioübertragung, mit jedem Radarsignal und bei jedem Raumflug (Sprechfunk) gäben wir mehr und mehr

Geheimnisse von uns preis. Außerdem seien außerirdische Zivilisationen einfach zu weit entfernt, um für uns zu einer Gefahr zu werden. „Ich denke, dass feindlich gesinnte, zum Krieg entschlossene Arten – seien sie nun irdischer oder außerirdischer Herkunft – sich mit ihren eigenen Waffen vernichten, lange bevor sie auch nur über interstellare Reiseversuche nachdenken." Die friedliebenden Kulturen, die sich der Wissenschaft verschrieben und vielleicht sogar das Geheimnis der Unsterblichkeit gelüftet haben, würden ihre kritischen Phasen eher überstehen und sich in Zurückhaltung üben, mithin weniger kontaktfreudig sein.

Da Drake von Sir Martin Ryle nichts mehr hörte und die IAU nicht reagierte, schien vorerst wieder Ruhe eingekehrt zu sein. Er hatte, so Drakes Folgerung, nunmehr „grünes Licht für weitere Versuche". Doch die von Ryle losgetretene Diskussion verselbständigte sich. Die große Debatte war eröffnet!

Das Aufblühen der METI-Kritik

So exaltiert Sir Martin Ryle auch immer gewesen sein mag – seine damalige Intervention ermutigte die Kritiker der METI-Idee (METI=Messaging to Extra-Terrestrial Intelligence), Flagge zu zeigen und noch energischer gegen das allzu sorglose Versenden von irdischen Funkbotschaften ins All zu protestieren.

Das Akronym METI, das viele Radioastronomen lieber mit dem Begriff „Active SETI" ersetzen, steht für jene SETI-Philosophie, bei der ausschließlich *wir* aktiv senden und unsere kosmische Visitenkarte mitsamt Koordinaten unserer Welt gezielt zu fernen Planetensystemen schicken. Das Kürzel geht zurück auf den russischen Radioastronomen Alexander

L. Zaitsev (1945–2021), der in der Vergangenheit mehrere interplanetare Datenpakete ins All entließ, wenngleich die Sendeleistung seiner interstellaren Post deutlich schwächer war als die des Arecibo-Signals. Immerhin konnte Zaitsev eine Zeit lang auf das Evpatoria Planetary Radar (EPR) zurückgreifen, eine 70 Meter große Schüssel auf der Krim.

Bei METI-Gegnern genoss Zaitsev allerdings einen zweifelhaften Ruf, war doch weltweit kein anderer Wissenschaftler von dem Gedanken derart besessen, im Auftrag der Menschheit laut ins All zu rufen. Der streitbare Russe geizte bei der konventionellen SETI-Suchmethode selbst jedoch keineswegs mit Kritik. Die Situation, dass die weltweit verstreuten Radioastronomen den Himmel ausschließlich passiv nach extraterrestrischen Funksignalen abtasten und von aktiven Sendungen bewusst absehen, dabei aber auch stillschweigend voraussetzen, dass andere Zivilisationen fleißig senden, bezeichnete Zaitsev als SETI-Paradoxon. Wenn wir *nur* suchten, von uns jedoch nichts hören ließen, von den Anderen freilich eine genau gegenteilige Philosophie, Haltung und Vorgehensweise erwarteten, sei jeglicher Kontakt völlig illusorisch, so Zaitsev.

Zaitsevs Sendewut hat viele Gegner auf den Plan gerufen, die sich von einer Kardinalfrage leiten lassen. Es ist eine, ganz im Sinne von Ryle, die das gesamte Spektrum der im Science-Fiction-Genre lancierten xenophobischen Ängste widerspiegelt: Wie hoch ist das Risiko, dass wir feindlich gesinnten Zivilisationen via Kosmogramm nicht nur die Position der Erde verraten, sondern von uns selbst vorschnell Informationen preisgeben, die bei einer oder mehreren angriffslustigen Spezies Neugierde wecken oder eine halbwegs neutrale Zivilisation dazu ermuntern könnte, unser Wissen ohne eine Gegenantwort einfach zu inkorporieren?

Mit den Jahren erweiterte sich der Fragenkatalog der METI-Skeptiker. Diskutiert wurde etwa, wie interstellare Botschaften an ferne Technologien im Idealfall aussehen könnten. Und weitere Fragen drängten sich auf: Welche Informationen sollten diese enthalten? Wer sollte diese formulieren? Wer soll für die Erde sprechen? Welche weiteren Risiken würden mit einer aktiven Suche einhergehen?

So richtig an Fahrt nahm die Debatte genau zwei Jahre nach Ryles Vorstoß auf, als ein Journalist der *New York Times* in einem Beitrag die Bedenken des Nobelpreisträgers in aller Deutlichkeit zurückwies. „Soll die Menschheit sich in einer dunklen Ecke eines kleinen Sonnensystems verstecken, das im Griff einer kleinen Sonne steht?", so die rhetorische Frage des unbekannten Verfassers der Zeilen. Leben bedeute nun einmal, sich Gefahren zu stellen. Außerdem gebe es nicht den geringsten Hinweis darauf, dass außerirdisches Leben in unmittelbarer Nähe der Erde existiere. Eher lebten andere Zivilisationen fernab der Erde: mehrere Hundert bis Tausend Lichtjahre von uns entfernt. Das Universum sei viel zu reich, als dass sich intelligente Hochkulturen dazu genötigt fühlen müssten, den spärlichen Schatz der Erde mit hungrigen Blicken zu beneiden. Es gebe keinen Grund anzunehmen, dass außerirdische Technologien feindselig und kriegerisch seien. Ja, die menschliche Existenz könne sogar von außerirdischen Botschaften und Informationen profitieren. „Sir Martins Eminenz in allen Ehren, es gibt gleichwohl keinen Grund anzunehmen, dass außerirdische Intelligenz im Kosmos feindlich oder räuberisch sein muss", so der anonyme Autor, dessen Argumentation, Stil und Dynamik sehr stark an Frank Drake erinnern. Ob er den Text selbst geschrieben hat?

Anonym war auch der Verfasser eines sehr ungewöhnlichen Artikels, der ebenfalls in einer hochangesehenen Publikation erschien und die Fachwelt aufschreckte. 30 Jahre später, fast auf den Monat genau nach dem *New-York-Times*-Beitrag, meldete sich das *Nature*-Magazin zur Active-SETI-Diskussion zu Wort. Nicht irgendwo versteckt im Mittel- oder Schlussteil des Magazins, sondern für jedermann gut sicht- und lesbar im Editorial sprach der unbekannte *Nature*-Autor die Risiken der METI-Variante an und nahm die verantwortlichen Wissenschaftler unmissverständlich und mit Nachdruck in die Pflicht: „(...) die von ‚Active SETI' ausgehende Gefahr ist real. Es ist nicht ersichtlich, ob alle außerirdischen Zivilisationen freundlich sein werden oder dass sogar ein Kontakt mit einer friedliebenden Kultur keine Folgen für die Menschen auf der Erde haben wird. (...) Wenn die neuen Technologien uns radikal neue Möglichkeiten eröffnen, dann haben diejenigen, die das Privileg haben, damit zu spielen, die Pflicht, sich intensiv und breit über die Gefahren solcher Möglichkeiten auszutauschen."

Auch wenn sich bis heute zu diesen ungewöhnlichen Zeilen noch kein *Nature*-Mitarbeiter oder Freelancer bekannt hat, zeigen diese doch typische Merkmale der Handschrift von David Brin, der sich ja bereits so kreativ bei der Drake-Formel eingebracht hatte. Ob er den Text selbst geschrieben hat?

Gefährlicher Erstkontakt: Kassandras Epigonen

David Brin ist der vielleicht härteste Kritiker aller Active-SETI- und METI-Bestrebungen. Der 72-jährige Astrophysiker, der bereits 1983 einen in SETI-Kreisen vielbeachteten Aufsatz veröffentlicht hat, in dem seine Kritik an dem einseitig positiven Bild der Außerirdischen durchschimmerte, hält überhaupt nichts davon, irdische Botschaften überhastet ins All zu senden. Dass sich technologisch hochstehende fremde exoplanetare Kulturen automatisch durch hohe Moral und hehre Absichten auszeichnen oder sich aufgrund ihres höheren Zivilisationsalters weiser und freundlicher gerieren als wir, so wie es viele SETI-Astronomen mehrheitlich auch heute noch glauben, hält Brin für einen Trugschluss.

Das Schweigen im Äther sei zwar unüberhörbar. Es sei aber auch ein Indiz dafür, dass hochentwickelte technologische Zivilisationen ihre Signale höchst dosiert einsetzten. Die Außerirdischen übten sich offenbar in Zurückhaltung und könnten hierfür gute Gründe haben. Vielleicht wüssten diese um die Gefahren, die drohten, wenn man sich den Anderen zu schnell mitteilt. „Wenn Aliens wirklich so fortgeschritten und selbstlos sind und sich dennoch entschlossen haben, ruhig zu bleiben und nicht zu senden – sollten wir dann nicht in Betracht ziehen, ihrem Beispiel zu folgen, zumindest für eine Weile?“, fragt Brin.

Er warnt explizit davor, Datenpakete zu freizügig ins All zu senden; dies könnte den irreversiblen Verlust wertvollen Geistesguts nach sich ziehen. Wer maßlos und einseitig Botschaften ins kosmische Blaue hinein oder sogar den Inhalt des gesamten World Wide Web ins All pulse, verscherbele seine interstellare Handelsware freiwillig. Schließlich sei Information, so Brin, auf interstellarer Ebene das wichtigste Handelsgut. „Alles, was wir haben, sind wir selbst – unsere Kunst, unsere Musik, unsere Bücher und Dramen. Vergessen Sie die materiellen Güter! Der wahre Reichtum der Menschen liegt in ihrer Kultur. Mit ihr können wir Handel treiben. Sie ist unser kostbarstes Gut.“ Wir sollten daher mit den intellektuellen und kulturellen Ressourcen unserer Gesellschaft möglichst sparsam haushalten, mahnt

Brin. Was hätte unsere Kultur einer fremden Rasse später einmal noch zum Tausch anzubieten, beamte sie vorschnell ihr gesammeltes Wissen, ihre Musik, ihre Wissenschaft, ihre brillanten Erfindungen und ihre Bücher als Geschenk großzügig und unwiderruflich in den Kosmos?

Tatsächlich unterbreitete genau einen solchen Vorschlag Seniorastronom Seth Shostak (Abb. 6.2) vom SETI-Institut in Kalifornien. Ihm schwebte bereits 2009 vor, so viel Informationen wie nur irgend möglich ins All zu pulsen. Und hierfür böte sich das Internet an und das im World Wide Web konzentrierte Wissen. Per Radiosignal ließen sich die Bits und Bytes als kompakte Lieferung verschicken. Mittels eines Infrarot-Laserstrahls könnte die ganze Prozedur, so Shostak, innerhalb von nur zwei Tagen abgewickelt sein. „Ich persönlich bevorzuge, den Inhalt des kompletten Internets zu senden. Senden wir es! Denn wenn man eine Menge Information sendet, gibt es eine realistische Chance auf Erfolg."

Abb. 6.2 Seth Shostak, SETI-Senior Astronom am SETI-Institut in Kalifornien/Pasadena, hat schon des Öfteren über den Zeitpunkt eines First Contacts spekuliert ...
Credit: SETI Institute

Doch genau solch ein hemmungsloses einseitiges interplanetares Mitteilungsbedürfnis könnte sich später als größter Fehler aller Zeiten erweisen, betont Brin emphatisch. Keiner wisse, ob unsere Flaschenpost nicht in die Fangarme einer feindlich gesinnten außerirdischen Intelligenz gerate, die uns eines Tages als Antwortnachricht womöglich eine elektromagnetische oder materielle Büchse der Pandora schicke. Die Folgen eines solchen direkten Kontaktes seien offensichtlich. „Historiker können ihnen erzählen, dass eine Erstkontaktaufnahme zwischen einer industriellen Zivilisation und einer unterentwickelten nicht gut ausgeht", so David Brin. Die weniger entwickelten Kulturen zögen immer den Kürzeren.

Wie viele andere METI-Kritiker verweist auch Brin auf die blutige Geschichte der Menschheit. Zu allen Zeiten, in allen Kulturen raubten und plünderten militärisch hochgerüstete, strategisch versiertere und technisch höher entwickelte Zivilisationen oder Nationen die schwächeren Völker aus. Kriegsstrategisch unterlegene Kulturen seien systematisch misshandelt, versklavt und mitmunter sogar ausgemerzt, nicht zuletzt durch eingeschleppte Krankheiten auf natürliche Weise dezimiert worden.

In diesem Zusammenhang erinnern Brin und andere Active-SETI-Gegner oft an die Conquista in der Ära des Kolonialismus. Während der Conquista, dem mehr als ein Jahrhundert dauernden, von Spanien und Portugal in Gang gesetzten Prozess der Eroberung des mittel- und südamerikanischen Festlands ab 1492, fielen Scheinchristen und brutale Eroberer vom Schlage eines Hernán Cortés, Pedro de Alvarado oder Francisco Pizarro erbarmungslos über ahnungslose unschuldige Menschen her. Im Zeitalter des Hochimperialismus nahmen sich die europäischen Groß- und Mittelmächte – vom Eroberungswahn getrieben – die Freiheit heraus, Überseekolonien in Afrika und Asien zu errichten, um den dortigen Bewohnern im Namen des Christentums und mit missionarischem Eifer die Segnungen der Zivilisation in Gestalt von Mord und Totschlag zuteilwerden zu lassen.

Was wäre, wenn bösartige Kreaturen einer fortgeschrittenen Hochkultur und Superzivilisation ähnlich tickten wie wir und von Stern zu Stern, von Planet zu Planet wanderten, so wie jene fiktive aggressive, aber in puncto Software und Firewall ironischerweise höchst unterentwickelten Hightech-Kreaturen, die sich in dem SF-Film *Independence Day* von Roland Emmerich geradezu lächerlich machten? Auch wenn der SF-Kenner Brin ein derartiges Hollywood-Szenarium für wenig wahrscheinlich hält, kann seiner Meinung nach dennoch nicht ausgeschlossen werden, dass reise- und angriffslustige Arten mit ausgeprägtem Expansionsdrang nach dem Eintreffen und Entziffern eines irdischen Kosmogramms einen Eroberungsfeldzug starten könnten. „Die Arroganz, sich dem Kosmos mitzuteilen, ohne zuvor die Risiken geprüft und gewichtet zu haben, sprengt jede Vorstellungskraft", ärgert sich Brin.

Mittlerweile ist Brins Standpunkt radikaler geworden, wohl deshalb, weil die Anhängerschaft der Active-SETI-Methode immer größer wird und diese in puncto Sendebereitschaft immer offensiver werden.

An intelligenten Lebensformen im All zweifelt Brin nicht. Was die klassischen SETI-Suchprogramme seit mehr als 60 Jahren vorleben, hält er für elementar wichtig und richtig. Nur wertet er das große Schweigen im Äther als Indiz dafür, dass hochentwickelte technologische Zivilisationen ihre Signale ganz bewusst dosiert einsetzen und mit Informationen sparsam haushalten.

Einer, der ebenso das voreilige Versenden von Botschaften an Außerirdische kritisch sieht, ist der Pulitzer-Preisträger und Evolutionsbiologe Jared Diamond. Er hält die Arecibo-Flaschenpost nicht nur für tiefgreifend und weitreichend, sondern vor allem für eine „selbstmörderische Torheit". Die

Sendung von 1974 sei deshalb höchst einfältig und gefährlich gewesen, weil sie todbringende Neugierde und Begehrlichkeiten wecken könnte. Denn einstmals hätte auch der letzte Herrscher der Inkas, Atahualpa, den goldbesessenen spanischen Eroberern von den Reichtümern seiner Stadt erzählt, diese sogar noch zu den Schätzen geführt und damit die Spanier umso gieriger gemacht. Die Geschichte des Homo sapiens zeige, dass ein erster Kontakt und Austausch zwischen primitiven Völkern und hochstehenden Zivilisationen, die in unterschiedlichen Ökosystemen und Kulturen lebten, sehr oft mit der Vernichtung des technisch und wissenschaftlich Schwächeren ende. Auch die Erfahrung mit unseren Mitbewohnern der Tierwelt lehre, dass eine asymmetrische und direkte Begegnung für den technisch Unterlegenen stets tödlich ende. So hätten wir zum Beispiel als Homo sapiens zu keinem Zeitpunkt ernsthaft den Versuch unternommen, mit unseren einzigen beiden intelligenten Arten neben uns, den gewöhnlichen Schimpansen und den Zwergschimpansen, zu kommunizieren. Stattdessen würden diese gejagt und erschossen. Sie endeten ausgestopft als Trophäen, würden in den Laboren der Welt seziert oder zu Testzwecken gequält und zu guter Letzt in Zookäfige gesperrt. Warum sollte es uns anders ergehen, wenn fremde Intelligenzen uns lokalisierten? „Jeder Außerirdische, der die Menschheit entdeckte, würde uns gewiss ebenso behandeln", so Diamond. Daher sei es „wahnwitzig", dass die SETI-Astronomen noch nicht ernsthaft die naheliegendste Frage gestellt hätten: „Was geschähe eigentlich, wenn wir es fänden oder *wenn es uns fände*?"

Diamonds Resümee ist in Anspielung auf die Arecibo-Aktion hochgradig pessimistisch – seine Warnung kaum zu ignorieren: „Sollte es tatsächlich Zivilisationen mit Funk- und

Radiotechnik in Hörweite der Erde geben, sollten wir um Himmels Willen unsere Sender abschalten und versuchen, der Entdeckung zu entrinnen, oder uns droht der Untergang."

Abb. 6.3

San-Marino-Skala (2005)

Wert	**→**	**Potenzielle Gefahrenstufe**
10	→	außerordentlich hoch
9	→	außerordentlich
8	→	tiefgreifend und weitreichend
7	→	hoch
6	→	beachtlich
5	→	mittelhoch
4	→	mäßig
3	→	klein
2	→	sehr gering
1	→	unbedeutend, vernachlässigbar

Der ungarische Astronom Iván Almár und amerikanische SETI-Forscher Paul Shuch entwickelten die Skala während einer wissenschaftlichen Konferenz im März 2005 in San Marino. In Anlehnung an die Richterskala soll das San-Marino-System das theoretische Risiko einer aktiven Funkbotschaft abschätzen. Sinn und Zweck dieses Risikogradmessers besteht darin, ausschließlich abgesandte METI-Botschaften auf ihr Gefahrenpotenzial hin zu messen, unabhängig davon, ob es sich hierbei um einen einseitigen irdischen Kontaktversuch oder sogar um ein Antwortschreiben, also eine Replik auf ein außerirdisches Signal, handelt. Im Vordergrund der Skala stehen charakteristische Parameter wie die Stärke der Sendung (im Verhältnis zur natürlichen Hintergrundstrahlung der Erde), die Senderichtung und Sendedauer, der Inhalt der Nachricht, insbesondere die damit einhergehende Intention des Absenders. Das Bewertungsspektrum reicht von eins (keine Gefahr) bis zehn (außerordentlich hoch). Unter Anwendung des San Marino Scale Calculator lässt sich das Risiko jeder Sendung für die

Menschheit berechnen, wobei jede Kalkulation nicht frei von Willkür, persönlicher Sichtweise und Anthropozentrismus ist. [https://iaaseti.org/en/rio-scale-calculator/]

Es mag sein, dass Ryles, Brins und Diamonds Äußerungen auf viele Wissenschaftler seltsam wirken und von ihnen allenfalls mit einem Augurenlächeln quittiert wird – gefährlich war die Botschaft aus dem Regenwald laut der San-Marino-Skala (Abb. 6.3) jedoch allemal. Nimmt man diese nämlich zum Maßstab, dann war die Transmission der einst so hoffnungsvoll entsandten Arecibo-Flaschenpost fahrlässig und waghalsig. Tatsächlich stuften Frank Drake und einige andere Wissenschaftler seine eigene Nachricht als „tiefgreifend und weitreichend" ein und versahen diese mit dem hohen San-Marino-Skalenwert 8. Und dies, obwohl die Nachricht aus Puerto Rico das anvisierte Ziel, den Kugelsternhaufen M13, angeblich erst in 25 000 Jahren erreichen und somit eine Antwort frühestens in 50 000 Jahren vorliegen könnte.

Dass ausgerechnet der bekannte SETI-Radioastronom Seth Shostak der strittigen Active-SETI-Methode etwas Positives abgewinnen kann, obwohl sein Vorbild Frank Drake längst offiziell davon Abstand genommen hat, im Rahmen des SETI-Programms weitere irdische Botschaften ins All zu senden, spiegelt die ambivalente Haltung der SETI-Profis unserer Ära nur allzu deutlich wider. Zu diesem delikaten Thema gehen selbst in der SETI-Szene die Meinungen weit auseinander. Während der 1996 verstorbene Carl Sagan trotz seiner positiven Einschätzung der moralischen Qualitäten außerirdischer Gesellschaften davon abrät, kosmische Visitenkarten zu verteilen, und stattdessen empfiehlt, sich lieber für längere Zeit aufs Zuhören zu beschränken, plädiert Shostak heute noch – wie bereits erwähnt – für die Strategie: Horcht nach Funksignalen, sendet aber auch fleißig!

Geht es darum, überraschende Ideen zu präsentieren, nimmt der sympathische, konservative Advokat und weise Nestor der klassischen SETI-Suche selten ein Blatt vor den Mund und überrascht bisweilen mit *alternativen* Ideen. Dabei gelingt es ihm aber nicht immer, andere mit seinem Optimismus zu infizieren.

Abb. 6.4 Stephen Hawking (1943–2018)
Credit: © NASA/Paul Alers

Die Liste der Nichtinfizierten ist lang, sehr lang. Es sind ganz gewiss keine einsamen Rufer in der Wüste, die davon abraten, mit aktiven Botschaften in den kosmischen Einöden nach den Oasen des Lebens zu suchen, wo sich wissensdurstige Lebensformen um das *Wasserloch* (S. 268 f.) scharen könnten.

Nein, es sind honorige Nobelpreisträger, Wissenschaftler verschiedenster Couleur, Philosophen und Wissenschaftsjournalisten, die eindringlich vor dem inner- oder extragalaktischen Supergau warnen. Der bekannteste unter ihnen – interessanterweise kein Nobelpreisträger – ist der 2018 verstorbene ikonische englische Astrophysiker Stephen Hawking (Abb. 6.4). Um das bisherige Ausbleiben außerirdischer Besucher zu er- und verklären und die Gefahren eines Kontakts mit hochentwickelten Mega-Kulturen aus dem All zu verdeutlichen, bedient sich Hawking einer Insektenanalogie. Er glaubt, dass höherentwickelte Intelligenzen von unserer Existenz wissen, andererseits aber nicht im Geringsten an einem Dialog interessiert seien und uns lieber „in unseren primitiven Säften schmoren" ließen. Hawking zweifelt allerdings an der Generosität der Fremden. Wenn der Mensch sich nicht daran störe, wie viele Insekten und Würmer er tagtäglich unter seinen Fußsohlen zerquetsche, sei es nicht auszuschließen, dass Superzivilisationen genauso handelten. Kritisch äußert sich Hawking über die Plaketten der Pioneer 10 und 11 und die goldenen Schallplatten der Voyager-1- und -2-Sonden, die Kunde von unserer Welt gäben und zugleich die Position derselben verrieten. Dies könne uns eines Tages zum Nachteil gereichen, ja sogar zum Verhängnis werden. Denn der Besuch von Außerirdischen könne laut Hawking den Anfang vom Ende der Menschheit einleiten, weil solcherlei Überwesen tausendmal intelligenter und weiterentwickelter seien als wir und daher mit Sicherheit auch als nomadenhafte Supermacht unseren Planeten allein okkupieren und bewohnen wollten. „Wir sollten uns davor hüten zu antworten, wenigstens so lange, bis wir uns weiterentwickelt haben. Eine sehr fortgeschrittene Zivilisation zum jetzigen Zeitpunkt unserer Entwicklung zu kontaktieren, wäre ein wenig so, als würden wir als Ureinwohner Amerikas auf Kolumbus treffen. Ich glaube nicht, dass wir dann besser dran wären."

Wie gering die Wahrscheinlichkeit ist, dass kosmische Überflieger mit primitiven Zivilisationen jemals direkt in Kontakt treten und diesen pflegen würden, führt der renommierte, an der City University in New York (US-Bundesstaat New York) immer noch lehrende weltberühmte Physiker Michio Kaku vor Augen. Der Mitbegründer der Stringtheorie vermutet, dass die Einstellung außerirdischer Megaintelligenzen uns gegenüber der entsprechen könnte, die wir gegenüber einem Ameisenhaufen an den Tag legten. Anstatt vor diesem haltzumachen und niederzuknien und den Tierchen „Glasperlen und billigen Schmuck" anzubieten, werde die Mehrzahl der Menschen ihn eher ignorieren und ohne Zögern passieren. Selbst einen geplanten Feldzug gegen den Bau und seiner Insektenbewohner würden wir als sinnlos erachten, weil der *Gegner* weder eine Bedrohung darstelle noch eine besondere Bedeutung habe. Die einzige reale Gefahr, die den Ameisen durch uns drohe, bestehe darin, „im Weg zu sein und einfach niedergewalzt zu werden". Douglas Adams lässt grüßen ...

Skeptisch angehaucht sind auch Ronald N. Bracewell und Freeman Dyson, die in der SETI-Szene beinahe Kultstatus genießen. Während der US-Astronom Bracewell darauf hinweist, dass unsere Signale außerirdische Mächte anlocken könnten, deren Raumschiffe schwerbewaffnet sind, da auch andere Kulturen höchstwahrscheinlich keine interstellaren Reisen ohne eine angemessene Selbstverteidigung antreten würden, warnt US-Physiker Dyson 1964 in einem Leserbrief an *Scientific American* davor, in außerirdischer Intelligenz nur das Gute zu sehen. „Es ist genauso unwissenschaftlich, den von uns weit entfernten intelligenten Wesen Weisheit und Heiterkeit zuzuschreiben, wie ihnen irrationale und mörderische Absichten zu unterstellen. Wir müssen auf beide Möglichkeiten vorbereitet sein und unsere Suche entsprechend durchführen." Worte eines weisen Mannes, will man meinen. Doch einige Zeilen zuvor klingen diese um Nuancen schärfer, da Dyson darauf hinweist, dass Intelligenz auch ein „Krebsgeschwür an sinnloser technischer Ausbeutung" sein könne. Diese könne nämlich über eine Galaxie genauso hinwegfegen, wie sie über unseren eigenen Planeten hinweggefegt sei.

Die Natur des Universums könnte zwei Arten von hochstehenden Supermächten hervorgebracht haben, betont Dyson, nämlich friedliebende und eher an der Zunahme von Wissen und Weisheit interessierte Exophilosophen oder von Sonnensystem zu Sonnensystem ziehende, gewaltbereite Kreaturen, deren Ziel es sei, die gesamte Galaxis zu unterjochen.

Andere Schwarzmaler verlieren sich in ähnlich dystopischen Fantasien. So sieht Michael Archer, ein in Sydney forschender und lehrender australischer Paläontologe, größten Anlass zur Vorsicht, weil auch jede außerirdische Kreatur auf ihrem Planeten die Evolutionsleiter Sprosse für Sprosse mühsam habe erklimmen müssen. Wer diesen beschwerlichen Weg einmal gegangen sei und überstanden habe, müsse im höchsten Grad abgehärtet und kämpferisch sein. Daher würden auch andere außerirdische intelligente Sternenvölker nicht minder böse und durchtrieben sein als wir: „Jede Kreatur, zu der wir Kontakt aufnehmen, wird mit jeder Faser so bösartig sein wie wir", so Archer.

Auch der Nobelpreisträger für Medizin (1967), der Biochemiker George Wald (1906–1997) aus Cambridge (Massachusetts, USA) gesteht freimütig, dass der Kontakt mit hochentwickelten fernen Lebensformen für uns mit großen Gefahren verbunden sein könnte: „Ich kann mir keinen so schrecklichen Albtraum vorstellen wie das Zustandekommen einer Kommunikation mit einer sogenannten überlegenen Technologie im Weltraum.“ Sollte man einst wie „mit einer Nabelschnur“ an eine fortschrittlichere Zivilisation gebunden sein, käme dies einer „Degradierung des menschlichen Geistes“ gleich.

Wieder einmal schenkte die *New York Times* diesem delikaten Thema Aufmerksamkeit. 1982 schürte ein namentlich nicht aufgeführter Autor in einem Beitrag schon allein mit dem ersten Satz viele altbekannte Science-Fiction-Ängste: „In der Zeit, als Säbelzahntiger noch durch die Nacht streiften, entwickelten die Menschen einen gefährlichen Instinkt: die Angst vor der Dunkelheit. Astronomen, die dieser ererbten Weisheit knabenhaft trotzen, haben die dunklen Räume des Universums erneut nach Anzeichen für außerirdische Zivilisationen abgesucht. Was wäre, wenn sie sie finden würden?“

Da unsere Vergangenheit zeige, dass stets die rücksichtsloseren und stärkeren Nationen ihre unterlegenen Nachbarn angegriffen, ausgelöscht oder unterdrückt hätten, könnte ein Kontakt mit außerirdischen Zivilisationen hochgefährlich werden. Wie gefährlich wäre es für die Menschheit, wären solche hochtechnisierten interplanetaren Neuankömmlinge unfreundlich, hinterhältig oder sogar „kannibalistisch“ veranlagt? Die Frage sei nur, ob sich die Sterngucker dieser Gefahren bewusst seien. „Bei ihrer Suche in den dunklen Winkeln des Universums sollten die Astronomen darauf achten, dass sie keine extragalaktischen Tiger (…) aufscheuchen.“

Für den US-Astrophysiker Eric J. Chaisson von der Harvard University in Cambridge, Massachusetts stellt ein Kontakt mit den Fremden auf rein elektromagnetischer Basis, also via Funk- oder Lichtsignale, kein Problem dar. Ein kritischer Punkt hingegen sei dann erreicht, wenn es zu einem physischen Kontakt käme. Sollte Konkurrenzdenken im Universum ein weitverbreitetes Prinzip sein, dann würden *wir* die Leidtragenden sein. In diesem Fall würde uns die überlegenere Zivilisation dominieren und kontrollieren. Es käme, um in den Worten von Chaissons zu bleiben, zu einer „neodarwinistischen Unterwerfung“ unserer Kultur.

Auf vermeintliche Hochkulturen im Universum ist Robert Rood (1942–2011) von der University of Virginia in Charlottesville (USA) ebenso wenig gut zu sprechen. Der Astronom warnt davor, sich der Illusion hinzugeben, ein gutgemeinter Ruf ins All ziehe ausschließlich ein positives Echo nach sich. Eine solche Aktion ähnele vielmehr der eines urzeitlichen Hominiden, der von der Baumkrone aus mit Rufen eine Katze anzulocken versuche, in Wirklichkeit aber einen Säbelzahntiger aus der Höhle hole.

Ja, selbst der amerikanische Astrobiologe und Bestsellerautor David Grinspoon wurde 2003 mit Blick auf ETI besonders deutlich: „Wenn Lebewesen, die interstellare Entfernungen zurücklegen können, ihren Planeten verlassen wollen würden, würde dies weniger einem Krieg als vielmehr einem Ausrottungs- oder Umsiedlungsprogramm für Tiere ähneln.“

Dass von einer expansiven Spezies potenziell Gefahr ausgehen könnte, hatte sich schon Ende der 1970er-Jahre im US-Kongress herumgesprochen. In einem Report des Wissenschaftsdienstes des Kongresses für das Komitee für Wissenschaft und Technologie sprachen die Referenten, die sich mit dem Active-SETI-Problem beschäftigt hatten, Tacheles. Ja, der Gedanke, dass fortgeschrittene Zivilisationen den interstellaren Flug beherrschten und ihre kleinlichen innerplanetaren kriegstreibenden Differenzen überwunden hätten, sei verlockend. Dennoch könnten selbst solche friedliebenden Kulturen sich niemals sicher sein, ob unsere Art friedlich sein wird.

„Frühere Erfahrungen mit kriegerischen Völkern könnten sie davon überzeugt haben, gut bewaffnet und kampfbereit auf einem neuen Planeten anzukommen“, so deren Statement.

Auch Michael A. G. Michaud, der früher im US-Außenministerium gearbeitet und dem SETI-Team zeitweise sogar als Vorstandsmitglied angehörte hat, begegnete den Active-SETI-Bestrebungen stets mit Skepsis und kämpft schon seit Jahren gegen ein zu freimütiges Versenden von Funkbotschaften. In der Vergangenheit forderte er die METI-Akteure dazu auf, sich künftig so lange zurückzuhalten, bis die Konsequenzen ihrer Transmissionen gründlich bedacht worden seien, bis darüber en détail diskutiert und notfalls abgestimmt worden sei. Eingedenk der von den Verantwortlichen zu fällenden Entscheidungen nach einem ersten Kontakt mit extraterrestrischen Intelligenzen und den damit einhergehenden Risiken und Gefahren erstellte Michaud 2003 ein Diskussionspapier mit dem vielsagenden Titel *Zehn Entscheidungen, die die Welt verändern könnten*. In dem Dokument verlieh er unter anderem seiner Besorgnis Ausdruck, dass ETIs die empfangenen terrestrischen Signale zur Positionsbestimmung der Erde nutzen könnten. Nicht zuletzt vergrößere sich die Neugierde der Fremden durch jede von uns ausgesandte Botschaft. Insbesondere bei denjenigen Arten, die der interstellaren Raumfahrt längst mächtig seien, müsse man mit Besuchen rechnen: „Wir können nicht davon ausgehen, dass ein bewohntes Universum infolge der Entfernungen zwischen den Sternen von Natur aus sicher ist.“ Unser Schicksal könne in der Tat einzig und allein von dem ethischen und moralischen Selbstverständnis fremder Kulturen abhängen, so Michaud. „Selbst wenn keine Gewaltandrohung vorliegt, legt die Erfahrung der Menschen nahe, dass eine Ausweitung der Macht einer bestimmten

Zivilisation fast immer dazu führt, diese Macht auch zu nutzen, um die eigenen Werte, Lebensformen und Institutionen auf andere Gesellschaften zu übertragen."

Kaum nachzuvollziehen ist Michauds Ansicht nach, dass einige SETI-Protagonisten und Betreiber von Radar-, Radiosowie Fernsehstationen immer noch einfältig und nach Belieben wild drauflos sendeten, ohne zuvor die Konsequenzen bedacht zu haben, ohne zu wissen, was genau zu tun sei, wenn eines Tages wirklich ein Signal eintreffe. Noch heute sei völlig unklar, wohin die Active-SETI-Reise gehen solle, zumal sich die Hauptakteure immer noch auf keine offizielle Regelung, auf kein rechtsverbindliches Dokument oder keinen für alle Seiten bindenden Vertrag geeinigt hätten. Die aktive Suche, das Versenden von irdischen Daten ins kosmische Blaue hinein, gehe weiter – trotz aller denkbaren Risiken und Gefahren, die in der Tat nicht gleich null seien.

Wie so etwas enden kann, stellt uns Fred Hoyle vor – zehn Jahre nach seinem Klassiker *The Black Cloud*. In seiner düsteren Zukunftsvision *A wie Andromeda* schreibt er den Außerirdischen alles andere als altruistische Intentionen zu. Vielmehr skizziert er in seiner Geschichte, wie auf perfide Weise eine ganze planetare Kultur über Lichtjahre hinweg indoktriniert und unterjocht wird. Er stellt uns eine außerirdische, in der Andromeda-Galaxie (Abb. 6.5) lebende Intelligenz vor, die Pläne für den Bau eines Supercomputers gen Erde funkt, der die Erzeugung von Leben aus der Retorte ermöglicht. Schnell gewinnt der Computer, der menschliche Intelligenz für minderwertig hält, die Oberhand und dirigiert und manipuliert sein Umfeld. Mithilfe der von ihm gezüchteten Lebensformen will er den Planeten in eine neue Zukunft führen. Ein dystopisches Szenarium ...

Abb. 6.5 Die unten, leicht links von der Mitte zu sehende Andromeda-Galaxie (NGC 224) ist mit einem Radius von 110 000 Lichtjahren mehr als doppelt so groß wie unsere Milchstraße. Mit 2,5 Millionen Lichtjahren Entfernung ist sie zugleich die erdnächste große Galaxie.
Credit: © ESO/S. Brunier

Die Hoffnung auf die Overlords

In seinem SETI-Kultroman *Contact*, der in dem gleichnamigen sehenswerten Film mit Jodie Foster auch zu cineastischen Ehren gelangte, entwarf Carl Sagan in gewisser Weise die Antithese. Anders als Hoyle zeichnet Sagan in seinem Buch das Bild einer Gesellschaft, deren kosmisch-interkulturelle Annäherungstaktik darin besteht, zufällig oder absichtlich entsandte künstliche Signale aufzufangen, um den Absendern ein kryptisches Datenpaket zuzusenden, in dem in chiffrierter Form die Anleitung zum Bau eines interstellaren Raumschiffs deponiert ist. Wer den Code knackt, das nötige wissenschaftliche Verständnis sowie technisches Know-how mitbringt, um das Raumgefährt zu konstruieren, besteigt eine außerirdische

Apparatur, mit deren Hilfe er auf einer Wurmlochautobahn durch den Hyperraum geschleust und in eine simulierte Projektion – ähnlich dem Holodeck im Star-Trek-Universum – entlassen wird, in welcher der erste Kontakt stattfindet. Dabei verkündet die fortgeschrittene Hochkultur und Superzivilisation, dass sie um gute Beziehungen zu ihren Brüdern und Schwestern im All bemüht ist, die Bewohner des Planeten Erde aber lange noch nicht reif seien, dem galaktischen Club der Elite beizutreten.

Die positive Einstellung Arthur C. Clarkes (1917–2008) gegenüber fortgeschrittenen Intelligenzen ist spätestens seit der legendären Verfilmung *2001: A Space Odyssey* weithin bekannt. In seinem zwei Jahre später publizierten Roman *Childhood's End* (dt. Titel: *Die letzte Generation*) wird Clarke noch konkreter. In diesem erscheinen eines Tages gewaltige Raumschiffe über den Großstädten der Erde. Doch mit dem extrem aggressiven Habitus aus dem Film *Independence Day* haben die Overlords nichts gemein. Der Menschheit präsentieren sie sich vielmehr als friedliche und technisch sowie moralisch weit überlegene Spezies. Selbst im Dienst einer übergeordneten Macht stehend, führen die Overlords die menschliche Zivilisation in ein goldenes Zeitalter, auf eine neue Stufe ihrer Evolution; eine, die viele andere kosmische Kulturen längst erreicht haben.

Einer, der ähnlich gut über Außerirdische dachte, war der deutsche Astronom Sebastian von Hoerner. Er konnte sich beim besten Willen nicht vorstellen, dass ausgeprägt streitsüchtige außerirdische Gesellschaften eine sehr hohe Evolutionsstufe erreichen. Bösartige Wesen, die von Stern zu Stern, von Planet zu Planet reisen, um ihrer Streit- und Eroberungslust zu frönen, waren für ihn Produkte schlechter

Science-Fiction. Was von Hoerner in Büchern zu diesem Thema las und in Filmen sah, wertete er als Ausgeburten kranker Fantasien, die den Blick auf die Realität verwehrten.

Von den „Unsterblichen", wie er sie einmal nannte (S. 320 ff.), erwartet der unverwüstliche SETI-Pionier Frank Drake nur Gutes. Wenn eine aufgeklärte Zivilisation interstellare Entfernungen überbrücken kann, muss sie ihre kleinlichen Konflikte und Kriegslust überwunden haben. Nach menschlichen Maßstäben seien diese dann „wohlwollende Wesen", so Drake.

Denn die Entdeckung eines Signals bereichere die Menschheit auf unermessliche Weise. Ein Kontakt mit einer Superzivilisation zöge in wissenschaftlicher, technischer, kultureller und philosophischer Hinsicht zwangsläufig einen intellektuellen Sprung auf eine höhere Ebene nach sich. Dass ein Übermaß an Sendeaktivität die Invasion blutgieriger Monster bedingen könne, glaubt auch der italienische Mathematiker Claudio Maccone nicht. Seinem Dafürhalten nach werden wir Megaintelligenzen „ziemlich egal sein". Denn zwischen Menschen und Insekten (Insekten sind in diesen Kreisen das bevorzugte Analogie-Motiv) gebe es ja auf unserer Welt ebenfalls keinen Austausch.

Isaac Asimov (1920–1992), Science-Fiction-Autor par excellence, ist sich ebenfalls sicher, dass von Außerirdischen, die andere Planeten besiedeln, kaum Gefahr ausgeht. Denn nur Gesellschaften, die ihre Engstirnigkeit und Kampfeslust im Zaum zu halten vermögen, seien zu einer interstellaren Kolonisation fähig. Gemessen an unserer Entwicklung und unserem Verhalten müssten Geschöpfe, die ihre kritische Phase seit Langem überwunden haben, von gutwilliger Natur sein. Außerdem könnten wir auch deshalb jegliche Invasionsängste ad acta legen, so Asimov, weil eine außerirdische Okkupation weder in der frühen Geschichte noch in der jungen Vergangenheit, von der Gegenwart ganz zu schweigen, jemals stattgefunden habe. „Wenn wir so lange allein geblieben sind, sollte man meinen, dass sich das auch in Zukunft nicht ändert."

Kriegerische Kreaturen aus dem All haben in dem Weltbild des US-amerikanischen Geologen und Evolutionsforschers Stephen Jay Gould (1941–2002) desgleichen keinen Platz. Er vermutet, dass ein positives SETI-Signal eine neue Ära des Homo sapiens einläuten und das „umwälzendste Ereignis" in seiner „gesamten intellektuellen Geschichte" sein werde. Auf intellektueller Ebene könnte eine solche Entdeckung einen katalysatorischen Effekt haben.

Von intelligenten Lebensformen, die zu den Sternen reisen, geht auch nach Meinung des russischen Astronomen und aktiven SETI-Forschers Lev M. Gindilis mitnichten eine Bedrohung aus. Wir seien vor ihnen sicher, so Gindilis. Nicht etwa, weil sie von Natur aus freundlich und gutmütig seien, sondern weil sie an uns nicht das geringste Interesse haben. „Ich glaube, wir können dies mit Nachdruck garantieren."

Fehde im Tal des Siliciums

Doch der schon seit einigen Jahren unter den Wissenschaftlern latent gärende Disput über die Gefahr, eine irdische Flaschenpost ins Sternenmeer zu werfen, ist mittlerweile in einen Kleinkrieg gemündet, bei dem sich die beiden unversöhnlich gegenüberstehenden Lager mitunter harte Wortgefechte liefern.

Active-SETI-Befürworter versus METI-Gegner – wie sehr die Fronten beider Fraktionen verhärtet sind, zeigte sich auf dem Treffen der American Association for the Advancement of Science (AAAS) in San José im Juni 2015. Hier, in der sonnenverwöhnten kalifornischen Silicon-Valley-Millionenstadt, entzündete sich der bislang vielleicht emotionalste, wildeste und am hitzigsten geführte wissenschaftliche Disput aller bisherigen AAAS-Großkonferenzen, der in einem Pressemeeting gipfelte, an dem überraschend viele Medienvertreter teilnahmen. Die Triple-A-Konferenz ist das weltweit größte Treffen von Naturwissenschaftlern, das jedes Jahr in einer anderen Stadt stattfindet. Emotionen sind bei diesem Großevent zwar gang und gäbe, aber 2015 war das Interesse der Medien deshalb so groß, weil im Vorfeld durchsickerte, dass die Active-SETI-Gegner in San José ein deutliches Statement gegen METI veröffentlichen wollten. Dass selbst Zeitungen wie die *New York Times*, die *Washington Post*, die *Süddeutsche Zeitung*, aber auch Nachrichtendienste wie NBC News, BBC News oder die AAAS selbst über das fraglos delikate Thema berichteten, lag auch an der Gewichtung des Programms in San José. Denn erstmals berief man nicht nur eine Pressekonferenz ein, die Active SETI und METI zum Gegenstand hatte, sondern wertete das Thema auch mit fünf großen, sehr gut besuchten Vorträgen auf, die zudem von den drei entscheidenden Köpfen der Szene gehalten wurden.

Einer der Referenten, Seth Shostak, war von der Resonanz der Teilnehmer sichtlich beeindruckt: „Ich denke, dass es in der Tat das erste Mal war, dass dieser Gegenstand ein großes Forum hatte und vor vielen Besuchern diskutiert wurde und nicht zuletzt eine starke Medienpräsenz bedingte."

Natürlich war auch in San José die alles überlagernde Frage, welche unmittelbaren Konsequenzen ein Erstkontakt für die Menschheit haben könnte. Welchen Risiken sähe sich der Homo sapiens gegenüber, funkte er Botschaften ins All, die hochstehende fremde Zivilisationen empfangen können?

Douglas A. Vakoch, Direktor für interstellare Nachrichtengestaltung am kalifornischen SETI-Institut, hat prinzipiell nichts gegen einen Meinungsaustausch über die Gefahren von Active SETI und eine Diskussion über den Inhalt einer Botschaft. Dennoch sei hier seiner Meinung nach ein Konsens nur schwer zu erzielen. Deshalb könne die Streitfrage auch nach dem Absenden irdischer Botschaften an ET erörtert werden. „Wir sollten alle dazu ermutigen, eine Diskussion über Active SETI auch auf internationaler Ebene fortzuführen, auch nach dem Start von bereits laufenden Active-SETI Projekten“, zitiert *NBC News* den studierten Psychologen. „Entweder führen wir eine Diskussion auf internationaler Ebene, oder wir senden. Wir sollten meines Erachtens beides machen“, so Vakoch während seines einstündigen Vortrags auf der AAAS. Gegenüber einem Reporter der *New York Times* und anderen Journalisten wurde er noch deutlicher: „Es gibt keine Gefahr einer außerirdischen Invasion durch Active SETI.“

Genau hieran stört sich David Brin. Er hält solche Aussagen für deplatziert und plädiert für ein fünf- bis zehnjähriges Moratorium. In diesem Zeitfenster solle ein interdisziplinäres Wissenschaftlerteam die möglichen Risiken und Gefahren, vor allem aber die Inhalte weiterer Sendungen thematisieren und darüber Einigkeit erzielen, wer und wo mit welchem Inhalt etwas senden dürfe. Vor allem sei die Debatte auf internationaler Ebene zu führen und nicht allein innerhalb des SETI-Instituts. Es könne nicht sein, dass eine kleine Gruppe, die sich allenfalls sporadisch treffe und sich nur selbst kontrolliert, hierüber allein entscheide, kritisiert Brin.

Tatsächlich fand selbst am Rande der AAAS-Konferenz im nahegelegenen SETI-Institut in Mountain View eine Open Public Session statt, in der die Active-SETI-Problematik im

Blickpunkt stand. Geladen waren Astronomen, Anthropologen, Sozialwissenschaftler, Philosophen und Astrobiologen – fast ausschließlich Befürworter der Active-SETI-Bewegung, keine Gegner.

Demnach ist es nicht verwunderlich, dass fast zeitgleich zu dieser Veranstaltung die METI-Skeptiker auf der SETI@home-Website ein unmissverständliches Statement abgaben, das namhafte Wissenschaftler unterschrieben – wie etwa der ehemalige berühmte Exoplanetenforscher Geoffrey W. Marcy, der zu diesem Zeitpunkt kurz vor einer Physik-Nobelpreis-Nominierung stand, aber nur fünf Monate später wegen sexueller Belästigung von Studierenden die Karriereleiter wieder verlassen musste. Fernerhin unterzeichneten das Papier Paul Davies, Claudio Maccone, David Brin, Michael A. G. Michaud, Elon Musk und mehr als 20 weitere METI-Skeptiker. Alle sprechen sich in diesem Schreiben explizit gegen ein vorschnelles Entsenden von aktiven Botschaften ins All aus. „METI-Programme bringen unbekannte und denkbar gewaltige Implikationen und Konsequenzen mit sich. Wir denken, dass die Entscheidung, ob man sendet oder nicht, auf einem weltweiten Konsens beruhen sollte, nicht aber auf den Wünschen einiger weniger Menschen, die Zugang zu leistungsstarken Sendeanlagen haben“, so der Vorwurf der Autoren. Die Reaktionen von intelligenten außerirdischen Zivilisationen auf eine Nachricht von der Erde seien unvorhersehbar, da man deren gute oder böse Absichten sowie Fähigkeiten schlichtweg nicht kenne. Hinzu komme der Umstand, dass die Menschheit, gemessen an kosmischen Maßstäben, erst vor kurzem die technisch-elektronische Bühne betreten habe, weshalb uns andere Zivilisationen womöglich um eine Million Jahre in ihrer Entwicklung voraus sein könnten. Daher unterstütze man mit Nachdruck eine lebhafte internationale Debatte, durchgeführt von einem allgemein repräsentativ zusammengesetzten Gremium, bevor die Aktivitäten weiter fortgesetzt würden. „Das absichtliche Senden von Signalen an andere Zivilisationen in der Milchstraße löst bei allen Menschen auf der Erde Besorgnis aus, sowohl über die Botschaft als auch über die Folgen des Kontakts. Es muss eine weltweite wissenschaftliche, politische und humanitäre Diskussion stattfinden, bevor eine Botschaft gesendet wird", so die Unterzeichner.

Für Douglas A. Vakoch jedoch kann alles nicht schnell genug gehen. Sein Vorschlag: SETI sollte schon bald Datenpakete zu Hunderten von Sternen funken, die bis zu 82 Lichtjahre von der Erde entfernt seien. Bei den Transmissionen sollten nicht einmalige Signalfolgen wie bei der legendären Arecibo-Botschaft den Ton angeben. Nein, anders als in der Vergangenheit, als diverse Astronomen nur kurze nichtperiodische Botschaften ins All sandten, sollten in Zukunft die Funkinformationen rhythmisch wiederholt werden – wöchentlich, monatlich, jährlich. Vakoch wünscht sich zudem, mit der Flaschenpost wissenschaftliche Erkenntnisse zu übermitteln, mit denen sich die unbekannten Empfänger ein Bild von uns, unserer Kultur und Umwelt machen könnten.

Das Signal selbst müsse fokussiert, schmalbandig und energiereich sein und mit einem starken Radartransmitter ins All gepulst werden. Einmal im Zielgebiet angekommen, wären die Radiobotschaften millionenfach stärker als die bislang in alle Richtungen emittierten Zufallssignale. Denkbar sei auch, die Nachricht via Laser ins All zu pulsen. Das oft in der Debatte angeführte Argument, dass die Menschheit ihre Existenz und die Position der Erde durch unüberlegte, vorschnelle METI-Aktionen verrate, lässt Vakoch nicht gelten. „Jede Zivilisation, die in der Lage ist, zwischen den Sternen zu reisen, hat unsere zufällig emittierten Radio- und Fernsehsendungen längst aufgeschnappt.“ Ähnlich sieht dies sein Institutskollege Seth Shostak: „Wir haben bereits Signale ins All gesendet, die Außerirdische auf unsere Existenz aufmerksam machen werden – mit unseren Funkemissionen und dem Straßenlicht der letzten 80 Jahre.“

Ohnehin sei es zwingend logisch, dass eine hochstehende Technologie über weitaus empfindlichere Instrumente und Empfangsanlagen als die Menschheit verfüge und mit spielerischer Leichtigkeit auch das schwächste Funksignal noch registrieren könne. „Der Zug ist abgefahren, wir müssen ihn nunmehr aktiv steuern“, sagt Shostak.

Dieser Argumentation mag David Brin abermals nicht folgen. Er bezeichnet die von Vakoch und Shostak angeführte Erklärung, der zufolge sich der Homo sapiens bereits mit der ersten Radiosendung im Äther zu erkennen gegeben habe, als „barn door excuse“ („Scheunentor-Ausrede“).

Dass die Signale das Scheunentor, sprich die Erde, bereits verlassen und einige Technologien uns vielleicht schon lokalisiert haben, hält Brin für denkbar, aber für wenig wahrscheinlich. Denn selbst wenn eine höherentwickelte Intelligenz in unserer kosmischen Nähe den irdischen Radioverkehr und die früheren Fernsehsendungen oder die Existenz von industriellen Abgasen in der Atmosphäre detektiert haben sollte, sei ein solcher Nachweis dennoch weitaus schwerer zu führen, als bei einem gezielt gesendeten Radio- oder Lichtsignal von einem großen Teleskop. Je stärker und gebündelter die abgestrahlte Nachricht, desto größer sei die Wahrscheinlichkeit, dass eine Intelligenz im All diese registriere. „Die Fanatiker weigern sich, ihren methodischen Ansatz zu verändern. Sie sagen zwar, dass sie bereit sind, über METI zu diskutieren, zeitgleich aber senden sie Nachrichten ins All. Vor allem weigern sie sich, sich außerhalb von Konferenzen mit ihren Gegnern zu treffen."

Mittlerweile ist im Active-SETI-Universum wieder etwas Ruhe eingekehrt. Trotz der generösen, vom russisch-israelischen Milliardär Juri Milner injizierten Finanzspritze von stolzen 100 Millionen Dollar, die im Rahmen der 2015 ausgerufenen Breakthrough-Initiative für diverse SETI-Projekte vorgesehen sind, glänzen die Sterne am Firmament der METI-Fans längst nicht mehr nur hell.

Am deutlichsten brachte dies Milner selbst zum Ausdruck, als er einen auf eine Million Dollar prämierten internationalen Wettbewerb ausrief, der neben anderen Preisen immer noch ausgeschrieben ist. Der von ihm initiierte *Breakthrough-Message*-Preis soll die beste digitale Active-SETI-Botschaft würdigen. Ausgezeichnet werden soll jene Nachricht, die unseren Planeten am schönsten skizziert und die Menschheit am besten repräsentiert. Die Ausschreibung ist noch aktuell – die Siegesprämie noch nicht ausgezahlt. Jeder ist eingeladen, eine Nachricht zu kreieren. Und dabei braucht sich keiner vor einem zornigen David Brin oder vor dem bösen Geist von Sir Martin Ryle zu fürchten. Dies aus einem ganz profanen Grund: Die Botschaft des Preisträgers wird nämlich *nicht* ins All geschickt, unabhängig von ihrem Inhalt. Ein Schelm, wer Böses dabei denkt …

7. Wo sind sie alle? Das Schweigen der Superzivilisationen

Eine hochentwickelte Zivilisation, die in der Lage ist, die Galaxie zu bevölkern, hat mit Sicherheit auch die Möglichkeiten entwickelt, sich vor allen irdischen Einfaltspinseln zu verstecken.
John Silk, 2006

Die verlorene Megakultur

So richtig wohl fühlte sich Iosif Shklovsky (1916–1985) nicht in seiner Haut, als er vor dem angereisten Journalistentross im Presseraum des Sternberg-Instituts für Astronomie der Lomonossow-Universität in Moskau auf dem Podium Platz nahm. Die Korrespondenten, die sich vor ihm in dem spartanisch eingerichteten und kühlen kleinen Hörsaal drängten, kamen anscheinend aus allen Republiken der Sowjetunion und warteten ungeduldig auf den Beginn der kurzfristig anberaumten, teils improvisierten Veranstaltung.

Genau fünf Jahre nach Frank Drakes Ozma-Experiment wollte Moskau bei der Suche nach intelligentem Leben im All nunmehr selbst Wissenschaftsgeschichte schreiben. Die Bestätigung einer beispiellosen Entdeckung stand kurz bevor und sollte unser Weltbild ins Wanken bringen. Dieses Mal sollten sowjetische Wissenschaftler die Hauptrollen mimen und für ein kleineres Erdbeben sorgen. Amerikanische Gäste waren nicht geladen. Wurde hier etwa während des *Space Race*, dem Wettlauf zwischen den beiden Supernationen um die besten Plätze im All, ein neuer Wettbewerb ins Leben gerufen, getreu dem Motto: Wer findet den ersten klugen *grünen Kerl*?

Wie wichtig und bedeutsam diese Pressekonferenz für die sowjetische Science Community jedenfalls war, fasste Shklovsky Jahre später in seinen Memoiren mit dem unverwechselbaren Titel *Five Billion Vodka Bottles to the Moon* in einem Satz zusammen: „Der gesamte Innenhof des Instituts war mit luxuriösen ausländischen Autos vollgestopft, die etwa 150 der führenden akkreditierten Korrespondenten in Moskau gehörten."

Hier und heute – an diesem 12. April 1965 – konnten die drei verantwortlichen Radioastronomen die tags zuvor lancierte Verlautbarung der sowjetischen Nachrichtenagentur TASS endlich geraderücken, die Dynamik der Information zumindest abschwächen. Schließlich kam es nicht alle Tage vor, dass eine professionelle, wenngleich auch staatliche Presseagentur über die Köpfe ihrer Wissenschaftler hinweg vorschnell eine Sensationsmeldung kolportierte und dabei die Messdaten höchst eigenwillig interpretierte. Von den Zeitungen und Radiosendern wurde die reißerische Meldung mit Dankbarkeit aufgegriffen. Der Medienrummel war unerwartet groß. „Es gab einen großen Aufruhr darüber", so Shklovsky. Sogar der Institutsdirektor Dmitry Martynov sonnte sich im Rampenlicht, während sich die vermeintlichen Entdecker Iosif Shklovsky, Nikolai Semyonovich Kardashev und sein Kollege Gennady B. Sholomitsky zunächst in Zurückhaltung übten, dann aber irgendwie doch ins Blitzlichtgewitter eintauchten und merklich aufgeregt der erstaunten Weltöffentlichkeit freudig verkündeten: Wir haben das Signalfeuer einer hochintelligenten Superzivilisation gefunden!

Um die Dramatik dieses Moments richtig zu verstehen, müssen wir vorausschicken, dass der Projektleiter der Observation, Nikolai Kardashev (Abb. 7.1), trotz seiner jungen Jahre alles andere als ein Unbekannter in der Szene war. Als begabter Astronom initiierte er 1963 nach Frank Drake die zweite wissenschaftliche Suche nach extraterrestrischer Intelligenz und lud darüber hinaus ein Jahr später zur ersten Gesamtkonferenz für SETI ins Byurakan-Observatorium für Astrophysik nach Armenien ein. Genau zehn Jahre nach der Green-Bank-Konferenz sollte 1971 an gleicher Stelle das erste internationale SETI-Meeting folgen, dem auch Frank Drake, Carl Sagan und Philipp Morrison beiwohnten.

Abb. 7.1 Nikolai Kardashev (1932–2019)
Credit: © IAU - Nikolai Kardashov

Kardashev war die sowjetische Antwort auf Frank Drake – der erste SETI-Pionier außerhalb der amerikanischen Hemisphäre. Er kreierte zwar keine Formel auf dem Popularitätsniveau von Green Bank, entwickelte dafür aber kurz vor seinem ersten SETI-Abenteuer eine Skala, die 1963 in einem aufsehenerregenden Fachaufsatz die Gemüter erhitzte. Heute ist sie aus keinem exobiologischen oder SETI-Fachbuch mehr wegzudenken: die Kardashev-Skala. Sie kategorisiert als hypothetisches Modell die verschiedenen Entwicklungsniveaus außerirdischer Intelligenzen und Zivilisationen allein nach deren Energieverbrauch (S. 185 ff.).

Die CTA-102-Affäre nahm ihren Anfang, als der damals 31-jährige Kardashev im Caltech-Katalog der 1960 veröffentlichten registrierten Radioquellen zwei vielversprechende Anwärter ausmachte, die für eine Observation geeignet schienen. Aus den Kandidaten stachen CTA-21 und CTA-102 heraus.

Zusammen mit Gennady B. Sholomitsky belauschte er vom August 1964 bis Februar 1965 die beiden Zielregionen. Nach einem insgesamt 80-stündigen Suchlauf registrierten sie mit ihren acht Antennen, die jeweils einen Durchmesser von 16 Metern hatten, zu ihrer Verwunderung ein starkes Breitbandsignal. Die Instrumente waren nach Einschätzung von Frank Drake „von nicht sonderlich guter Qualität". Jedenfalls zeigte sich auf einer Frequenz von 920 Megahertz ein Puls mit einer sehr breiten Ausdehnung des Spektrums. Er oszillierte mit einer Periode von 100 Tagen sehr regelmäßig. Eine rhythmische Fluktuation! Da das Radiosignal langsam anstieg, danach aber wieder abfiel, erweckte es den Anschein, als versuche es, auf sich aufmerksam zu machen. Höchst suspekt! Die Emission war stark genug, um von einer hochgradig fortgeschrittenen Zivilisation zu stammen, die in unmittelbarer Umgebung von CTA-102 beheimatet ist. Doch trotz dieser fantastischen Aussichten kommentierte Iosif Shklovsky die Anomalie in einem Fachmagazin Ende Februar 1965 mit nüchternen und knappen Worten, ohne mögliche Superzivilisationen als Quelle ins Spiel zu bringen. Er, der selbst noch niemals nach außerirdischem Leben gesucht hatte, besaß als Manager und Drahtzieher im Hintergrund die nötige Distanz und Contenance, um angesichts des Phänomens nicht allzu enthusiastisch zu werden. Hierzu bestand eigentlich auch kein Grund, wies doch das Signal keine weiteren Merkmale von Intelligenz auf. Nur die TASS sprang auf den ET-Zug auf und teilte voller Inbrunst mit, dass sowjetische Astronomen endlich den ersten sicheren Beweis für die Existenz außerirdischer Intelligenz gefunden hätten. Die Neuigkeit wurde mit Pauken und Trompeten verbreitet – sie tickerte über die Agenturen und eilte rund um den Globus. Sie wurde, wie Frank Drake es mit ironischem Unterton bezeichnete, „mit Fanfarenklängen" derart überzeugend verkündet, dass selbst er – beeindruckt von dem scheinbaren Sensationsfund – spontan ein Telegramm nach Moskau sandte, in dem er dem Team gratulierte und um nähere Informationen bat. Einen Tag später nahm die *New York Times* Bezug auf die TASS-Meldung, erwähnte die Entdeckung sogar auf der Titelseite. Demnach habe die offizielle sowjetische Presseagentur bestätigt, dass dem Radioastronomen Gennady B. Sholomitsky ein „einzigartiger" Fund geglückt sei. Er habe bei CTA-102 eine kompakte Radioquelle ausgemacht, die stark fluktuierende Signale sendete, die sich alle 100 Tage wiederholten. Die Wissenschaftler seien zu dem Schluss gekommen, dass die Störsignale von einer intelligenten, hochentwickelten Zivilisation stammen. Nikolai Kardashev zufolge habe man „eine Superzivilisation entdeckt". Die von CTA-102 emittierte Strahlung sei laut TASS „eine der bedeutendsten Entdeckungen in der Radioastronomie", so die amerikanische Zeitung.

Doch Hochmut kommt bekanntlich vor dem Fall. Dass sich diese schöne Redewendung auch bei übereilt publizierten Verlautbarungen dieser Machart immer wieder bewahrheitet, bekamen die drei Wissenschaftler schnell zu spüren. Ihre hastig breitgetretene Sensationsmeldung sollte schon Stunden nach der ET-Presseparty in Moskau entzaubert werden. Kein Geringerer als der renommierte US-Wissenschaftsjournalist

Walter Sullivan stellte sich dem ganzen Hype um CTA-102 in einem Begleitartikel in der *New York Times* entgegen und schrieb trocken: „In Pasadena, Kalifornien, haben Astronomen des *California Institute of Technology* gestern betont, dass CTA-102 bereits zwei Monate zuvor als Quasar-Radioquelle eingestuft wurde, die auch Licht ausstrahlt." Die Ereignisse überschlugen sich. Am selben Tag telegrafierten Caltech-Wissenschaftler nach Moskau und relativierten die Entdeckung. Man habe bereits mit dem großen Mount-Palomar-Teleskop dieselben optischen Variationen beobachtet. Man habe ein sehr eigentümliches, blau leuchtendes Objekt lokalisiert, das mit der Position von CTA-102 korrespondiere. Die Objekte seien identisch. Der Ursprungsort der mysteriösen Strahlung sei zweifelsfrei ein Quasar außerhalb der Milchstraße, dessen ausgesandte Signale nur das Resultat von Änderungen des radioemittierenden Materials in seinem Kern seien. Gestützt werde diese Annahme auch durch die gemessene Rotverschiebung. Das vermeintliche extraterrestrische Signal stamme von einer Quelle, die sich mit einer Geschwindigkeit von 183 426 Kilometern in der Sekunde von uns fortbewege und 2,4 Milliarden Lichtjahre entfernt sei.

Das auf der so eilig arrangierten Pressekonferenz hochgepriesene starke Radiosignal entpuppte sich als Presseente. Es war in Wahrheit ein waschechter Quasar (Abb. 7.2), keineswegs das Überbleibsel einer außerirdischen Botschaft.

Quasare sind auch heute noch die mysteriösesten unbekannten Objekte, über deren wahre Natur Astrophysiker immer noch rätseln. Bei ihnen handelt es sich um sehr aktive Galaxien, in denen jeweils ein gigantisches Schwarzes Loch das Geschehen dominiert. Da sie aus einem Bereich, der kleiner als unser Sonnensystem ist, extrem viel Energie emittieren, überstrahlen sie die Wirtsgalaxie derart intensiv, dass sie im sichtbaren Spektralbereich des Lichts als punktförmiges Gebilde erscheinen. Nicht nur im weißen Licht, sondern über das gesamte elektromagnetische Spektrum, vom Radiowellen- bis hin zum Gammawellenbereich, strahlen Quasare so hell wie Tausende riesige Galaxien zusammengenommen. Beheimatet sind alle größtenteils im fernen Universum, in einem Abstand von mindestens mehreren Milliarden Lichtjahren zur Erde. Bisweilen wirkt es so, als hätten Quasare ihre Geheimnisse selbst mit in ihr Schwarzes Loch genommen. Obwohl nahezu 500 000 von ihnen bekannt sind, rätseln Astronomen weltweit über ihre Herkunft und wahre Natur.

Abb. 7.2 Der Quasar 3C 273 ist mit 2,5 Milliarden Lichtjahre Entfernung einer der erdnächsten.
Credit: © ESA/Hubble & NASA

1965 zerbrachen sich in Moskau zwar viele über die Natur von CTA-102 den Kopf, doch war der Schock über seine wahre Herkunft noch viel größer, vornehmlich bei jenen PR-Mitarbeitern, die sich noch kurz zuvor sicher gewesen waren, einen Scoop gelandet zu haben und die Neuigkeit so medienwirksam in die Welt hinausposaunt hatten. Der Boden, in dem viele Verantwortliche gerne versunken wären, hätte nicht tief genug sein können. Die so hoffnungsvoll angekündigte Megakultur verkam zur Farce. Dass Frank Drake derweil froh war, nicht in der Haut von Iosif Shklovsky und der seiner beiden Kollegen zu stecken, verraten seine Worte: „In Moskau herrschte große Verlegenheit. Ich fühlte mit meinem dortigen Kollegen und bekam eine Lektion erteilt, die ich nie vergessen werde: über die Torheit, derartige Entscheidungen voreilig zu veröffentlichen."

Nach einer mehrmonatigen heftigen amerikanisch-sowjetischen Kontroverse über die Echtheit der extraterrestrischen künstlichen Quelle nahmen selbst die beiden sowjetischen Astronomen Abschied von ihrem Favoriten. Was blieb, war ein 1967 komponierter Song der amerikanischen Popband *Byrds* mit dem Titel *CTA-102*, in dem es an einer Stelle heißt: „CTA-102, wir sind hier, wir hören euch. Signale sagen uns, dass ihr da seid!" Die Schadenfreude mag vielerorts groß gewesen sein, das dezente Gelächter unter vorgehaltener Hand ebenso, das Schmunzeln über den medialen Fauxpas vielleicht umso größer. Selbst der französische Staatspräsident Charles de Gaulle konnte sich einen Seitenhieb auf die sowjetische Meldung nicht verkneifen, als er 1965 das damals weltweit größte Radioteleskop in Nançay (Zentralfrankreich) einweihte. Eine seiner ersten Fragen an die Wissenschaftler war: „Sie wissen doch, dass die Russen kürzlich veröffentlicht haben, sie hätten Signale außerirdischen Ursprungs empfangen; können Sie da mit ihrer ‚Maschine' herausfinden, ob das nur ein Bluff ist?"

Der Einzige, der aus der CTA-102-Affäre etwas *Außerirdisches* mitnehmen konnte, war unser unverwüstlicher Freund

Frank Drake. Das Moskauer Intermezzo war gerade einmal zwei Jahre her, als Drake zufällig dem Leadgitarristen der Byrds begegnete, der ihn zu einer Hollywood-Party einlud. An diesem ausschweifenden Abend machte Drake selbst mit einem *außerirdischen* Geschöpf Bekanntschaft, das einige Monate später in dem erotischen Science-Fiction-Film *Barbarella* als Hauptdarstellerin immerhin cineastisch zu fernen Welten aufbrechen sollte. Drake begegnete der Schauspielerin Jane Fonda, die an diesem heißen Sommerabend höchst freizügig bekleidet gewesen sein und ein „fischnetzartiges Nichts" getragen haben soll, so Drake. Und eine ganze Reihe von anderen Leinwandgrößen, die dem bunten Treiben beiwohnten, präsentierten sich „in wilden Outfits". Drake indes kam sich in dieser illustren Runde mit seinem seriösen Anzug und seiner Krawatte etwas verloren vor, so als sei er auf einem anderen Planeten gelandet. Drakes Unbehagen war indes von dieser Welt: „Es war das erste Mal in meinen Leben, dass ich mich wie ein Außerirdischer fühlte."

Die Klassifikation außerirdischer Zivilisationen

Obwohl die zweite SETI-Observation der Wissenschaftsgeschichte den zweiten Fehlalarm auslöste, der im Gegensatz zu Ozma sogar internationale Wogen schlug, begaben sich nach Kardashevs Flop insgesamt zehn weitere Teams auf die Suche nach seinen Superzivilisationen vom Typ II und III. Manche Forscher konzentrierten sich dabei auf rein infrarotemittierende Dyson-Sphären, andere ganz allgemein auf sehr starke Strahlungsquellen. Das Zeitalter der Superzivilisationen nahm praktisch mit Beginn der ersten SETI-Observationen seinen Anfang. Von der Faszination ergriffen und vom Optimismus beflügelt, nach hochüberlegenen fremden Technologien im All zu jagen, richteten die Radioastronomen ihre Antennen primär auf Regionen, in denen sie Signale von Megakulturen erwarten konnten. Kein Wunder demnach, dass sich diese allesamt an der Skala orientierten, die Kardashev 1964 definierte und mit der er außerirdische Intelligenzen qualitativ in drei Klassen einteilte.

Die Idee, fremde Technologien allein nach ihrem Energieverbrauch zu kategorisieren war neu – vor allem der Ansatz, dass jede Kultur, die ihren Ressourcenverbrauch jährlich sukzessive erhöht, nach wenigen oder vielen Jahrtausenden unweigerlich die nächsthöhere Entwicklungsstufe erreicht. Der Russe gab den Astronomen einen Maßstab in die Hand, der höchst hypothetisch war und nur die Gesetze der Physik widerspiegelte. Die kulturellen, sprachlichen, gesellschaftlichen und politischen Differenzen, die fraglos zwischen den fernen Kulturen zu erwarten waren, erfuhren in seinem Bewertungssystem keine Berücksichtigung.

Nach Kardashev, der seine Theorie Jahre später weiter verfeinerte, gibt es drei Typen, die sich jeweils um den Faktor zehn Milliarden unterscheiden: So sind Typ-I-Zivilisationen (*KI*) rein planetar ausgerichtet und uns in puncto Technik noch leicht überlegen. Sie sind so weit gediehen, dass sie die Energieressourcen ihres Heimatplaneten, aber auch das eintreffende Licht ihrer Sonne, vollends ausschöpfen. Sie sind in der Lage, Energien von 4×10^{17} Watt zu kontrollieren und könnten Planeten umstrukturieren und die planetarische Umgebung verändern. Sie würden für eine interstellare Kommunikation primär Radio- und Lichtwellen nutzen. Allerdings sei eine solche Kultur im Radiowellenbereich über größere Entfernungen unsichtbar. Um sich bemerkbar zu machen, müssten diese schon die Energie von „100 Trillionen (10^{20}) Hundertwattbirnen“ in den

Radioteil des Spektrums lenken, gewissermaßen die gesamte Energie, die jährlich auf der Erde verbraucht wird *(Anm. der Autoren: Diese Aussage machte Sagan 1973)*. Während Carl Sagan den Homo sapiens auf dieser kosmischen Skala immerhin bei 0,7 sieht, also auf einem guten Weg hin zum Typ I, bewertet der US-Physiker Michio Kaku unsere Gesellschaft deutlich schlechter. „Entsprechend dieser Klassifikation gehört unsere gegenwärtige Zivilisation zum Typ 0. Wir werden auf dieser Skala noch nicht einmal eingestuft, weil wir unsere Energie aus toten Pflanzen, das heißt, aus Kohle und Öl, gewinnen." Aber wenn unsere Art ihren Energieverbrauch jährlich um ungefähr drei Prozent erhöhen würde, würden wir in 100 bis 200 Jahren die Stufe 1 der Skala erklommen, in einigen Tausend Jahren sogar das Niveau von Typ II erreicht haben. Doch frühestens in 100 000 bis zu eine Million Jahren würden wir erst zu einer *KIII*-Megaintelligenz reifen, glaubt Kaku.

Zu Typ-II-Zivilisationen (*KII*) hingegen zählen hochstehende Kulturen, die den gesamten Energie-Output ihres Muttergestirns nutzen. Alles, was ihr Heimatstern emittiert, können sie ohne Energieverlust verwerten. Sie könnten ihr Sonnensystem umstrukturieren und würden Energien von 4×10^{27} Watt kontrollieren, würden demnach zehn Milliarden Mal mehr Energie als eine Typ-I-Zivilisation verbrauchen. Kaku zählt die Planetenföderation in *Star Trek* zu dieser Kategorie. Wäre eine *KII*-Gesellschaft kommunikationsfreudig und würde sie 10^{26} Watt auf sehr schmalen Radiobändern in unsere Richtung senden, wäre sie sogar über große intergalaktische Distanzen zu erkennen. Nach Freeman Dyson würden sich solche Typ-II-Zivilisationen schnell über ihre Wärmestrahlung verraten. „Nach dem zweiten Hauptsatz der Thermodynamik muss eine Zivilisation, die die gesamte Energie eines Sterns nutzt, einen großen Teil dieser Energie in Form von Abwärme abstrahlen. Die Abwärme wird als Infrarotstrahlung in den Weltraum abgestrahlt, die Astronomen auf der Erde nachweisen können."

Über allem thronen zu guter Letzt Superzivilisationen vom Typ III (*KIII*). Sie sind galaktisch und verbrauchen die Energie von Milliarden Sternen, nutzen ihre gesamte Galaxie als Energielieferant und können dieselbige modulieren. Sie sind gewissermaßen die Lieblinge der SETI-Forscher, können sie doch Energien von 4×10^{34} Watt kontrollieren. Sie verbrauchen zehn Milliarden Mal mehr Energie als eine Typ-II-Zivilisation. „Das Imperium im *Krieg der Sterne* oder vielleicht die Borg in der Star-Trek-Serie könnten eine Typ-III-Zivilisation sein", vermutet Kaku. Beide hätten große Teile einer Galaxie und somit Milliarden Sonnensysteme kolonialisiert und den galaktischen Raum erobert. Sendete eine solche Technologie eine Botschaft an uns, würden wir diese empfangen und aufzeichnen können, egal woher sie stammt.

Nachdem Kardashev sein Klassifikationsmodell veröffentlicht hatte, entwickelten Dekaden später andere Physiker seinen konservativen Ansatz weiter und brachten auch weitere Energielevels ins Spiel, die bis Typ VI reichten. Was Kardashev gleichwohl als ein Ding der Unmöglichkeit erachtete, liegt für Michio Kaku im Bereich des Möglichen. Er spekuliert über die Möglichkeit einer *KIV*-Variante. Diese würde fast schon auf transzendente Weise extragalaktische Energiequellen anzapfen – wie etwa Dunkle Energie. Ein möglicher Kandidat für eine Typ-IV-Zivilisation wäre der „göttergleiche Q in *Star Trek*", der scheinbar keine Grenzen kennt, sich das ganze Universum untertan macht, die Gesetze der Physik ad libitum aushebeln kann und dessen Energiequelle extragalaktisch bis universell ist, so Kaku.

Noch bevor die fiktive Star-Trek-Figur Q die Bildschirme eroberte, beschrieb Carl Sagan das Phänomen so: „Für eine Typ-IV-Zivilisation – eine, die per definitionem nur mit sich selbst in Kommunikation tritt – gibt es keine festen Vorschriften."

Keine Frage, diese treffende Definition und noble Charakterisierung seiner selbst hätte auch von unserem eitlen und selbstverliebten Superstar Q stammen können …

Gefangen im galaktischen Zoo

Was wäre wohl, wenn sich in der Milchstraße zahlreiche *KII*- und *KIII*-Gesellschaften zu einem innergalaktischen, möglicherweise sogar intergalaktischen Netzwerk zusammengeschlossen hätten? Zu einem Bündnissystem, in dem jede einzelne Hochkultur in Absprache mit gleichgestellten Zivilisationen ihrer eigenen Philosophie oder Religion folgend – frei und souverän – einen ständigen interplanetaren Kontakt via Funk- oder Lichtwellen, mit manipulierten Neutrinos oder Gravitationswellen pflegt? Ja, sogar persönlichen Begegnungen nicht abgeneigt ist, da ihre Technik den überlichtschnellen Raumflug erlaubt und mithin einen direkten Kontakt ermöglicht? Würden solche Lebewesen nicht automatisch nur jenen Kulturen die Hand reichen, die ein bestimmtes technisches und geistiges Niveau erreicht haben? Würden diese einer Subkultur wie der unsrigen, die Michio Kaku und Carl Sagan noch weit unterhalb der Stufe I ansiedeln, überhaupt die Hand reichen, sofern sie noch so etwas wie biologische Körperlichkeit besitzen? Könnten die Außerirdischen im realen Kosmos einem Codex Galacticus folgen und in ihrem supragalaktischen Club nur die Besten der Besten willkommen heißen?

Sollten sie ausschließlich nur jene Welten in ihrem erlesenen Kreis aufnehmen, deren Bewohner den kosmischen „PISA-Test“ bestanden haben und deren Kosmopsychogramm garantiert, dass diese frei von Machtlust, Habgier, Gewalt- und Mordfantasien sind, brauchen wir uns über ihr Schweigen natürlich nicht zu wundern. Selbst dass sich Zivilisationen vom Typ I bei uns noch nicht gemeldet haben, sollte uns nicht überraschen. Sie könnten uns nämlich deshalb auf Distanz halten, weil wir aus deren Sicht für einen First Contact noch nicht reif genug sind. Oder sie könnten unsere aufgezeichneten Daten dahingehend manipuliert haben, dass wir beispielsweise ihren Funkabfall als solchen nicht erkennen – und diesen für natürliche Signale halten – wie im Fall CTA-102.

Hiermit sind wir schon mittendrin in der Diskussion über das berühmte Nichteinmischungsprinzip, die uns direkt zur legendären Zoo- und Embargohypothese führt, die Trekkies schon seit vielen Dekaden als „Prime Directive“ („Oberste Direktive“) kennen und schätzen. Im Zentrum steht die Philosophie, dass hochstehende Technologien den Kontakt zu Lebewesen auf jungen Welten, die noch am Anfang ihrer Evolution stehen, bewusst zu meiden haben. Ein Erstkontakt mit einer rückständigen Welt würde die kulturelle und geistige Entwicklung der dort lebenden *Primitiven* unterbrechen. Einer aufblühenden Zivilisation würde dadurch die Chance genommen, unabhängig von externen Einflüssen in aller Ruhe ihren Weg zu finden und zu gehen. Im Star-Trek-Kosmos kontaktiert die Vereinigte Föderation der Planeten nur jene Kulturen, die überlichtschnelle Raumschiffe besitzen …

Die erste wissenschaftliche Version des Zooszenarios stammt aus der Feder des renommierten Radioastronomen John Ball (1935–2019) vom MIT in Boston (Massachusetts).

Erdacht und 1973 zu Papier gebracht, geht diese Hypothese von der Prämisse aus, dass im Universum hochstehende Kulturen weit verbreitet sind. Von ihnen stehen einige kurz vor der Selbstzerstörung, andere verharren in einem Stadium der Stagnation, während ein kleinerer Anteil sich unentwegt weiterentwickelt – bis hin zu Megaintelligenzen. Letztere hätten ihre Galaxie durchforstet und wüssten somit, in welchen Regionen andere Lebensformen ihre kosmischen Nischen gefunden haben. Über kurz oder lang würden solche kosmischen Überflieger im galaktischen Konzert die erste Geige spielen, den stellaren Ton angeben und unterlegene Welten dirigieren. Sie würden über deren Schicksal entscheiden – diese entweder nur beobachten, fördern, zähmen oder schlimmstenfalls sogar vernichten.

John Ball glaubt, dass Hochkulturen die Erde längst auf dem Radar haben und unsere Spezies auf eine Weise beobachten und studieren, wie wir es als intelligenteste Lebensform auf unserer Welt derweil mit Giraffen, Löwen, Affen und Seerobben etc. in unseren Nationalparks und Tiergärten praktizieren. Sie würden die Erde wie ein Naturschutzgebiet oder einen Zoo managen und deren Bewohner bestenfalls dulden. Sie könnten unseren Planeten aber auch zu einem Großlabor, zu einer Spielwiese oder einem Experimentierfeld gemacht haben – wir mittendrin als Versuchskaninchen. Sie behielten alle bewohnten „zurückgebliebenen“ Welten im Auge, blieben dabei aber selbst völlig unsichtbar und mieden jeglichen direkten Kontakt mit den Bewohnern tunlichst. Wir seien in deren Augen, sofern vorhanden, vermutlich nicht mehr als ein weiteres Mitglied ihres *galaktischen Zoos*. Sie würden uns wie Safaritouristen beobachten, teils aus wissenschaftlichen Gründen, teils zur reinen Unterhaltung und Belustigung. Vielleicht erfreuten sie sich aber auch nur an unserer Welt und erachteten sie im Gegensatz zu ihren Bewohnern als prachtvolles und farbenfrohes Juwel, als ein Reservat, das unbedingt bewahrt und geschützt werden muss, zur Not auch vor uns. „Vielleicht sind wir nur ein obskurer Eintrag in ihrer Tabelle der bewohnten galaktischen Regionen“, befürchtet Ball.

In der Forschung wird Balls Hypothese gleichwohl kontrovers diskutiert, da sie sich weder belegen noch widerlegen lässt. Hinzu kommt ihr übertriebener anthropozentrischer Ansatz, der in der Frage mündet: Warum sollten sich beispielsweise kluge Köpfe von der Wega überhaupt für unsere Spezies explizit interessieren? Ist es nicht unserer eigenen Hybris geschuldet, uns für so wichtig zu nehmen? Zu glauben, dass Zivilisationen vom Typ II oder III mit uns unbedingt kommunizieren wollten? Könnte es nicht sein, dass der bekannte amerikanische Astronom und Bestsellerautor Neil deGrasse Tyson mit der Vermutung recht hat, hyperintelligente extraterrestrische Zivilisationen hätten die Erde längst als Zoo umfunktioniert und würden sich über unsere Art, insbesondere über unsere „bizarre“ Politik köstlich amüsieren? Der Äther würde von deren schallendem Gelächter nur so erzittern.

Da viele Abwandlungen der Zoohypothese miteinander konkurrieren, wollen wir Ihnen – stellvertretend für all die vielen anderen schönen Ideen – das eher unbekanntere *Verbotsszenario* vorstellen, das der englische Physiker und Geologe Martyn Fogg bereits 1987 entwickelt hat. Es zielt darauf ab, eine Erklärung dafür zu finden, warum die superklugen Mitglieder des galaktischen Clubs davon Abstand genommen haben, mit den *primitiven* Kulturen – zu denen wir uns zählen dürfen – in Kontakt zu treten, warum ein Umgang mit ihnen ein absolutes Tabu ist. Um seine steile These zu untermauern, kreierte Fogg ein Modell, das den Ursprung, die Ausbreitung und die Interaktionen von frühen galaktischen Zivilisationen berücksichtigt. In Foggs Computersimulation blühen im Universum viele Hochintelligenzen auf, deren Entwicklungsniveaus stark voneinander differieren. Einmal dominieren die großen „Imperien", ein anderes Mal verschiedene kleinere „Fürstentümer". Doch unabhängig davon, wie Fogg in seinen Extrapolationen die Ausgangsdaten veränderte – stets war die Milchstraße bereits durchkolonisiert, noch bevor unser Sonnensystem überhaupt entstanden war. Mit anderen Worten: Bevor der Mensch die große kosmische Bühne betrat, war die galaktische Kolonisierungsphase bereits längst beendet und fast jedes Sternsystem bevölkert. Zwangsläufig flaute der Drang nach Expansion ab. Eine Ära des *Steady State* begann. Eine Art Pax Galactica, eine Epoche des Friedens und der Kommunikation hielt Einzug, hatten doch alle Intelligenzen ihren Platz in der Milchstraße gefunden. In Foggs Modell begann diese utopisch klingende Ära bereits vor Milliarden von Jahren, weshalb die Erde eigentlich längst innerhalb der Einflusssphäre von mindestens einer Megaintelligenz stehen sollte. Hieraus ergibt sich die Frage, warum diese unsere Welt bis heute noch nicht übernommen hat. Warum überlassen sie uns unserem Schicksal? Fogg hat hierauf eine Antwort, die stark an David Brin erinnert. Denn auch Fogg glaubt, dass für diese Wesen *Wissen* und *Information* die wertvollsten Ressourcen sind. Aber anders als bei Brin, der *Wissen* und *Information* eher als interplanetare Handelsgüter sieht, würden die Fogg'schen Megakulturen unser Wissen ohne Gegenleistung früher oder später einfach inkorporieren. Da wir nämlich als unterentwickelte Spezies erst dabei sind, unseren Informationshorizont exponentiell zu erweitern, haben sich die fortgeschrittenen Technologien schon vor Jahrmilliarden darauf verständigt, unser Sonnensystem vorerst zur verbotenen Zone zu erklären. Seitdem werden wir studiert, beobachtet und analysiert – wie Tiere im Zoo. Aber nur so lange, bis wir einen Informationsschatz angehäuft haben, der es wert ist, geplündert zu werden …

Die perfekte virtuelle Illusion

Liebe Leser, falls die Gedankenwelt des Herrn Fogg möglicherweise ein wenig abgehoben anmutet, verweisen wir darauf, dass in der Vergangenheit im Chor der Meinungen zum Hart-Tipler-Paradoxon noch höhere, schillerndere Töne intoniert wurden. Denn um eine Antwort auf die Frage zu bekommen, warum die schlauen Außerirdischen sich über die offiziellen Kanäle noch nicht mitgeteilt haben, ziehen Wissenschaftler, Science-Fiction-Autoren und Hobbyforscher alle Register der Fantasie und Kunst, emotionalisieren das Thema leidenschaftlich und melden sich mitunter auch mit Verve zu Wort.

Wie ließe es sich sonst erklären, dass der in der SF-Szene hochpopuläre amerikanische Autor und Mathematiker Stephen Baxter 2001 eine scheinbar groteske Theorie ersonnen hat, die unter dem Namen Planetariumhypothese firmiert und die unsere Vorstellungskraft überstrapaziert. Baxter konfrontiert uns mit der Frage, ob es möglich sei, dass wir in einer speziell simulierten Welt leben. Ist der uns umgebende Kosmos, den wir mit unseren Instrumenten erforschen, nur das Produkt einer Simulation? Wurde das Universum von einem Computerprogramm geschaffen, als eine Art „Virtual-Reality-Planetarium“, erbaut von einer Superzivilisation vom Typ *KIII*, um uns vorzugaukeln, dass wir allein im All leben? Könnte es sein, dass eine fremde Intelligenz eine derart große Anstrengung unternimmt, nur um von uns nicht entdeckt zu werden? Baxter bejaht diese Fragen: „Eine mögliche Lösung des Fermi-Paradoxons ist, dass wir in einem künstlichen Universum leben, vielleicht in einer Art Virtual-Reality-Planetarium, das uns die Illusion vermitteln soll, dass das Universum leer ist.“ Zu einer solch immensen Illusion und Manipulation in galaktischem Ausmaß sei seiner Auffassung nach aber nur eine Zivilisation vom Typ III in der Lage. Eine solche müsste die Materie und Energie eines ganzen Planeten modulieren. Für Baxter besteht die Möglichkeit, dass wir deshalb noch keine Hinweise auf außerirdisches Leben gefunden haben, weil das Universum von jemandem genau so konstruiert und justiert wurde, dass wir keine Hinweise auf außerirdisches Leben finden können. Bei dem Versuch, eine simulierte Realität aufrechtzuerhalten, stoßen nach Ansicht Baxters aber selbst Superzivilisationen an ihre energetischen Grenzen. Bereits bei einer einzelnen Kultur, die im Weltall einen Raum von ungefähr 100 Lichtjahren Durchmesser einnehme, fiele deren fiktives Kartenhaus zusammen.

Daher versuchten Typ-III-Zivilisationen eher unsere Fähigkeit einzuschränken, das Universum zu explorieren. Dies könne durch manipulierte Modelle geschehen, die uns dahingehend täuschen, dass wir die physikalischen Gesetze und Grenzen anders interpretieren, als sie es de facto sind. Die Illusion könne so weit gehen, dass wir freiwillig davon Abstand nähmen, den Weltraum tiefergehend zu erkunden und zu kolonisieren, weil uns die uns indoktrinierte Spezielle und

Allgemeine Relativitätstheorie Grenzen auferlegt, die in Wirklichkeit hinter dem großen Vorhang gar nicht existieren. Auf diese Weise würden wir ganz im Sinne des Urhebers auf eine interstellare Raumfahrt verzichten (Abb. 7.3).

Abb. 7.3 Illustration eines fiktiven Raumschiffes mit Fusionsantrieb. In Baxters Vision würde uns eine Typ-III-Zivilisation von solchen Fantasien abhalten.
Credit: © University of Washington, MSNW

Es liegt in der Natur dieser leicht *exzentrischen* Theorie, dass von ihr noch verrücktere Unterarten kursieren. Eine davon beschreibt das absolut perfekte, von einer noch klügeren *KIII*-Zivilisation geschaffene Planetarium. Es befindet sich nicht dort, wo wir ein Planetarium gemeinhin vermuten würden, sondern werde von den Anderen direkt in unser Bewusstsein eingespeist und projiziert. In unserer Gedankenwelt entstehe ein Universum, in dem natürlich keine außerirdischen Intelligenzen vorkommen. Die Fremden könnten ebenso eine künstliche Welt erschaffen, in der wir als Kohlenstoffeinheiten zwar reale Lebewesen sind, die uns umgebenden Gegenstände jedoch, etwa unsere Teleskope und andere Beobachtungsinstrumente, allesamt visualisierte Holografien seien – wie auf dem Holodeck von Captain Jean-Luc Picards Enterprise.

Wir könnten aber ebenso gut alle umschlossen sein von einer riesigen Kuppel – wie in dem Hollywood-Blockbuster *Die Truman Show*. In dem Film aus dem Jahr 1998 dreht sich die Story um einen netten Durchschnittsamerikaner, den Versicherungsangestellten Truman Burbank, der in der idyllischen, kleinen, verschlafenen Küstenstadt Seahaven tagein, tagaus ein von Normalität und Alltag geprägtes Leben führt. Doch unwissentlich ist Burbank nur der Hauptdarsteller einer Fernsehserie und die Welt um ihn eine komplette Kulisse und Täuschung. Von frühesten Kindstagen an wird sein Leben 24 Stunden pro Tag und sieben Tage in der Woche live verfilmt – in Gegenwart von bezahlten Schauspielern und Komparsen, die vorgeben, seine Freunde, Bekannte, Nachbarn und seine Lebenspartnerin zu sein, dabei aber immer bemüht sind, die Fassade aufrechtzuerhalten. Eingeschlossen in einer Fake-Realität, über die eine große Kuppel gespannt ist, die selbst wiederum sogar den Himmel und die Sterne simuliert. Erst als nach 29 Jahren ein Scheinwerfer versehentlich direkt vor ihm auf dem Boden fällt und den Machern der fiktiven Serie weitere Fehler unterlaufen, bekommt die Fake-Realität erste Risse – und Burbanks anfängliche Zweifel wachsen zusehends, bis der Schwindel später komplett auffliegt.

Befinden wir uns vielleicht in einer ähnlichen Situation wie dieser sympathische Versicherungsangestellte? Sitzen wir zu guter Letzt alle im selben Boot mit Burbank? Könnte unser Sonnensystem desgleichen ein Fake sein? Besteht es aus *echter* Materie oder sind die Sterne und Galaxien da draußen vorgegaukelte Realität? Leben wir unter einer ultragroßen Kuppel, die unser Sonnensystem vollkommen umschließt? Noch abgedrehter: Sind wir alle nur unfreiwillige Schauspieler, Statisten und Komiker einer uns unbekannten außerirdischen 4D-Show, bei der sich beispielsweise Weganer über *unser Lebenswerk*, unsere Heimatwelt unbewohnbar zu machen, köstlich amüsieren oder hochgradig ärgern?

Das Nonplusultra wäre aber, wenn eine *KIII*-Intelligenz im Laborexperiment entweder absichtlich oder rein zufällig ein komplettes Universum erschaffen würde, sich gleichsam gottgleich als Schöpfer einer neuen Welt gerierte. Ein ähnliches Szenarium thematisierte der amerikanische Physiker und Science-Fiction-Autor Gregory Benford in seinem lesenswerten Roman *Cosm*. In seiner Fantasie sind die Schöpfer zwar „nur" Quantenphysiker, aber dennoch kreieren sie im Supercollider des Brookhaven National Laboratory in Long Island (US-Bundesstaat New York), dem damals größten Teilchenbeschleuniger der Welt, nach einem katastrophalen Zwischenfall zufällig ein kugelförmiges, opakes Gebilde, das unzerstörbar zu sein scheint. Mit Entsetzen und gleichzeitig großer Bewunderung sowie Faszination stellen die Physiker fest, dass es sich bei dieser Kugel um ein eigenständiges Universum handelt, das unserem aufs Haar gleicht: ein Subuniversum. Doch läuft für die externen Beobachter in diesem Kosmos die Zeit unfassbar schnell ab, sodass die Forscher ihr Altern im Zeitraffer genau studieren können. Dabei wird ihnen klar, dass in dieser Kugel auch Leben entsteht und vergeht – auch hochintelligente Lebensformen aufblühen, die selbst zwangsläufig irgendwann die Frage nach ihrem Schöpfer stellen würden. Könnte das gesamte Universum, in dem wir und andere Bewohner leben, daher nicht selbst das Produkt eines Laborversuchs sein? Das ganze Universum als Spielball in den Händen von metaphysischen *KIV*-Gottheiten – und wir ein unfassbar winziger Teil davon?

So schön abgedreht und futuristisch diese Ideen klingen, so wenig nachprüfbar sind sie leider auch. *Matrix*, der so tief ins popkulturelle Bewusstsein eingedrungene Hollywood-Blockbuster, mag hierfür exemplarisch stehen. Da sich weder Foggs noch Baxters Hypothesen eindeutig wider- noch belegen lassen, wabern sie in der wissenschaftlichen Grauzone, im Niemandsland des fiktiven Wissens. Vielleicht ist es daher besser, wenn man diese Fantastereien einfach ihrem Schicksal überlässt und zur Realität zurückkehrt, um sich zwei wichtigen Fragen zu widmen: Warum um alles in dieser Welt, warum um alles in diesem Universum, allen Parallelwelten und diesem Multiversum sollten hochintelligente Spezies ein solches Mammutprojekt überhaupt anregen und darauf so unfassbar viel Energie verschwenden, nur um für eine so unbedeutende Art wie der unsrigen ein solch komplexes und komplettes Universum zu erschaffen? Warum dieser exorbitant hohe Aufwand, nur um uns vorzuschwindeln, dass es sie nicht gibt? Und da wir beileibe nicht die einzige aufstrebende Technologie im Weltraum sind, die sich dem Typ-I-Status nähert, kämen unsere superklugen Brüder und Schwestern aus dem *Simulieren* nicht mehr heraus. Nach einem klugen Plan klingt das nicht. Klug sind unserer Ansicht nach nur jene, die bewusst Spuren und Artefakte hinterlassen und somit die planetare Spreu vom kosmischen Weizen getrennt haben …

Das Artefaktszenarium

Im fahlen Mondlicht kämpft ein flüchtiges metallisches Funkeln um Aufmerksamkeit. Es flackert kurz und zart auf. Ein blinkendes, aber mitnichten natürliches Licht. Sein Quell ist gerade einmal einen Kilometer entfernt. Gelegen auf einer benachbarten Anhöhe, in einer Gebirgsregion, die mit feinem weißgräulichem Pulver benetzt ist.

Als der Mondgeologe das Lichtphänomen näher in Augenschein nimmt, bemerkt er auf dem Kamm des sich vor ihm auftürmenden Bergs einen seltsamen hellen Lichtpunkt ohne Ausdehnung. Die Szenerie wirkte auf ihn so, als hätte eine der scharfkantigen lunaren Bergspitzen einen Stern vom

Firmament gekratzt. Was ist der Grund für diese seltsame Reflexion? Welche Gesteinsart spiegelt das Licht derart grell wider?

Getrieben von unbändiger Neugierde greift der Forscher zu einem Teleskop und observiert das glitzernde Etwas. Dabei fallen ihm die ungewöhnliche Symmetrie des Berggipfels und dessen seltsam flache Form auf. Merkwürdig! Eigentlich passt diese geologisch glatte Struktur so ganz und gar nicht in die karge, zerklüftete, von schmutzigem Staub bedeckte fremdartige Mondlandschaft. Wie mag diese Gesteinsformation aus nächster Nähe aussehen?

Nervös und eilig stülpt sich der Astronaut behände einen Raumanzug über und erklimmt mit einem Kollegen den fast vier Kilometer hohen Berg. Obwohl beide nur gegen ein Sechstel der Erdanziehung ankämpfen, gerät der Aufstieg zur Tortur. Auf den letzten Metern begleitet lautes Keuchen jeden Schritt. Völlig ahnungslos, was sie droben erwartet, erreichen die Lunanauten nach einem mehrstündigen Fußmarsch die Hochebene. Am Ziel angekommen, verfliegt mit einem Male alle Müdigkeit, zerstreuen sich alle Zweifel. Was zuvor noch quälende Ungewissheit war, wird zur Gewissheit, die faszinierender und aufregender nicht sein könnte. Ja, was sich den beiden Augenzeugen hier offenbart, was für sie plötzlich zum Greifen nah, aber auch auf irreale Weise real ist, hat keinen natürlichen Ursprung. Nein, dafür ist das Terrain, das sich vor ihnen ausbreitet, trotz seiner zahlreichen Kratzer und Risse – verursacht von Meteoriten, die über Jahrmillionen den Mond bombardiert hatten – viel zu eben und zu flach. Vor allem das rautenförmige Gebilde, das im Zentrum auf diesem unwirtlichen Plateau wie ein Smaragd funkelt, zieht sie in ihren Bann …

In der 1951 von Arthur C. Clarke (Abb. 7.4) veröffentlichten Kurzgeschichte *The Sentinel* (*Der Wächter*) treffen zwei seiner Romanfiguren auf ein pyramidenförmiges, zweimal mannshohes Objekt, das „wie ein gigantischer Edelstein mit vielen Facetten in den Felsen eingelassen war". Was war dieser Körper? Ein Überbleibsel einer hochstehenden ausgestorbenen Mondzivilisation? Wie dem Hauptprotagonisten der Handlung kurze Zeit später klar wird, handelt es sich bei der Kristallpyramide nicht allein um ein symbolisches Artefakt einer außerirdischen Macht. Vielmehr ist dieses Machwerk selbst eine aktive Maschine, die sich mit einem Kraftfeld vor zerstörerischen Einflüssen schützt und als eine Art Wachposten die Zeiten überdauert hat.

Abb. 7.4 Arthur C. Clarke (1917–2008). Das Bild wurde 1965 auf dem Filmset zu dem Streifen „2001 – Odyssee im Weltraum" aufgenommen. Credit: © mauritius images/Masheter Movie Archive/Alamy/Alamy Stock Photos

In grauer Vorzeit, als die Erde halb so alt war wie heute, muss irgendwann ein interstellares Mutterschiff das

Sonnensystem passiert und dabei eine Welt mit Leben registriert haben, auf der in ferner Zukunft Intelligenz aufblühen könnte. In der Hoffnung, dass diese einmal zu den Planeten und Sternen aufbrechen werde, versteckten sie eine Maschine auf dem Nachbarmond. „Also ließen sie einen Wächter zurück, einen von Millionen, die sie überall im Universum aussetzten, damit sie alle Welten beobachteten, auf denen man Leben erhoffen konnte", so Clarke. Und über die Jahrhunderte hinweg schwieg dieser kosmische Leuchtturm beharrlich ...

Kam Clarkes außerirdisches Objekt in seinem ersten Opus noch pyramidenförmig daher, so präsentierte sich das extraterrestrische Kunstwerk in seinem Roman *2001: A Space Odyssey* und in der gleichnamigen Verfilmung mit Stanley Kubrick (1928–1999) bekanntermaßen formvollendet als pechschwarzer Monolith. Ein perfekt ausgebildeter Quader, eingebettet in den Mondkrater Tycho (Abb. 7.5) und dort vergraben in sieben Metern Tiefe, erblickte nach drei Millionen Jahren wieder das lunare Licht, um seine interstellare Sinfonie anzustimmen. Mit einem ohrenbetäubenden Geräusch erwacht er und sendet seinen Konstrukteuren die frohe Kunde, dass der *Erstkontakt* vollbracht ist.

Abb. 7.5 Mondkrater Tycho. 108 Millionen Jahre alt. Durchmesser: 85 Kilometer. Tiefe: 4,8 Kilometer. Credit: © NASA

Bereits 1934 erzählte der englische Schriftsteller John Wyndham (1903–1969) in seiner Science-Fiction-Novelle *The*

Moon Devils in Form eines fiktionalen Reports von einer archäologischen Mission zum Mond. Dabei entdecken die Expeditionsteilnehmer einen Eingang zu einer Höhle, die zu einer unterirdischen Gruft führt, in der Mitglieder einer ausgestorbenen lunarischen Rasse dem Anschein nach begraben sind. Doch die Annahme, dass es sich hier nur um eine Grabstätte handelt, erweist sich auf tragische Weise als falsch. Die Lunarier, eher unabsichtlich aus dem Schlummer gerissen, beschließen, das Raumschiff der Eindringlinge zu erobern, um ihrer toten Welt zu entkommen …

Möglicherweise inspiriert von dieser Geschichte, griff Arthur C. Clarke zur Feder, vollendete seine legendäre Kurzgeschichte, stand Stanley Kubrick bei seinem cineastischen Sci-Fi-Meisterwerk als Berater zur Seite und verwertete im selben Jahr das Filmdrehbuch für einen Roman der Extraklasse. Er hatte damit die Tür zur SETA-Idee, auf die wir bereits im zweiten Kapitel eingegangen sind, weit aufgestoßen.

Zur Erinnerung: Im Rahmen zahlreicher SETA-Programme haben in der Vergangenheit diverse seriöse Astronomen mit wissenschaftlichen Methoden größtenteils im Sonnensystem nach außerirdischen Objekten gesucht: nach Raumsonden auf den Lagrange-Punkten 4 und 5, nach lunaren Artefakten, nach künstlichen Körpern im Asteroidengürtel. Die unverbesserlichen SETA-Optimisten hielten sogar Ausschau nach Raumschiffen mit Fusionsantrieben, die während des Flugs Gammastrahlen emittieren und das Abfallprodukt Tritium abgeben.

Dass sich die Suche nach außerirdischen Artefakten nicht allein auf Monolithen oder Skulpturen beschränkte, war Robert A. Freitas zu verdanken, dessen erfolglose SETA-Suchläufe wir bereits beschrieben haben. Seit 1983, als Freitas den Begriff *Artefakt* erstmals ausführlicher definierte, gehen die

SETA-Forscher davon aus, dass technologisch hochstehende extraterrestrische Gesellschaften Langzeitprogramme für die interstellare Erforschung etabliert haben könnten. Zu diesem Zweck könnten diese materiell-stoffliche sowie technische Gegenstände in ausgewählten Sternsystemen platziert haben.

Zu den klassischen passiven außerirdischen Artefakten zählen SETA-Forscher etwa Ruinen, Bauschutt, Trümmer und Abfälle, produziert und hinterlassen von extraterrestrischen Technologien, denen es offensichtlich an kosmo-umweltpolitischer Empathie mangelt. Auch kunstvoll geformte Denkmäler, Monolithen oder Skulpturen à la Clarke gehören zu dieser Klasse ebenso wie hochsensible Reflektoren, die jeden Lichtstrahl in Richtung seines Absenders zurückwerfen. Als aktive Artefakte hingegen gelten gemeinhin Bracewell-Sonden, die ihr Zielsystem aktiv überwachen, Kontakt zu ihrer Heimatwelt halten und im Fall der Fälle mit den Bewohnern des observierten Planeten Kontakt aufnehmen. Eine Stufe darüber stehen die sogenannten Von-Neumann-Sonden, die sich selbst reparieren und duplizieren können, oder Mischtypen von beiden. Das Nonplusultra aber sind gleichwohl Megastrukturen (Abb. 7.6), erschaffen von magischen Astroingenieuren, deren technisches Know-how unser Vorstellungsvermögen übersteigt. Hierunter fallen beispielsweise technisch manipulierte Himmelskörper – wie in dem Hollywood-Blockbuster *Moonfall* von Roland Emmerich, in dem er unseren Mond zum Megaartefakt hochstilisierte.

Das Clarke'sche Pyramiden- und Monolithen-Rätsel vor unserem geistigen Auge, die wissenschaftshistorischen und astronomischen Fakten im Gedächtnis, müssen wir uns nunmehr den entscheidenden Kardinalfragen dieses Buches stellen. Fangen wir damit an!

Abb. 7.6 Dieses vermeintliche Artefakt im Sonnensystem sieht fast so aus wie der „Death Star" aus dem „Star Wars"-Universum. Tatsächlich handelt es sich bei diesem Gebilde um den im Durchmesser 130 Kilometer kleinen Saturnmond Mimas. Denkbar ist, dass Asteroiden oder Kleinmonde wie Mimas künstlichen Ursprungs sein könnten.
Credit: © NASA

Wenn extraterrestrische Intelligenzen unser Sonnensystem und somit auch unseren Planeten vor Urzeiten exploriert haben – warum haben wir noch keine handfesten Beweise von deren Stippvisiten gefunden? Warum haben wir noch keinen glänzenden Monolithen ausgegraben oder ein verstaubtes Laserschwert gefunden, der bzw. das eindeutig extrasolarer Herkunft ist? Warum liegt trotz aller Bemühungen und großer Anstrengungen der SETI- und SETA-Wissenschaftler, der Paläo-SETI-Anhänger und der Erich-von-Däniken-Fans noch nichts Greifbares und sinnlich Erfassbares vor, das nachweislich nicht von dieser Welt stammt? Wo ist die *extraterrestrische Smoking Gun*, der von der Wissenschaft weltweit anerkannte Beweis? Wo ist dieser schlagende Beweis, der für die Öffentlichkeit, für die Medien, die YouTuber & Co., die Streamer, Influencer und alle anderen Neugierigen auf diesem Planeten den Unterschied macht?

Warum existiert kein außerirdisches Artefakt, das weltweit verfügbar wäre, von Labor zu Labor gereicht und dort wissenschaftlich untersucht werden könnte? Sollten fremde Zivilisationen uns in der Vergangenheit besucht haben oder uns immer noch die Aufwartung machen, warum haben sie keine Spuren hinterlassen – ob bewusst oder unbewusst? Wo ist die interstellare Flaschenpost? Warum üben sich die Außerirdischen in Schweigen? Wieso herrscht – seit wir über Funktechnik verfügen – zwischen uns im wahrsten Sinn des Wortes *Funkstille*? Warum zelebrieren die Außerirdischen nicht offiziell den First Contact – gerne auch mit einer Prise Theatralik gewürzt?

Gehen wir einmal in einem Gedankenexperiment davon aus, dass die Extraterrestren ganz im Clarke'schen Sinne unsere Welt vor Millionen von Jahren bereits aufgesucht und auf dem Mond einen Wächter zurückgelassen haben. Dieser würde erst dann aus seinem Dämmerschlaf erwachen, wenn die Menschheit einen Grad der Zivilisation und Technik erreicht hätte, der sie zur Raumfahrt befähigen und in die Lage versetzen würde, ihre irdische Wiege zu verlassen.

Nun, seien wir einmal ganz ehrlich! Das ist bis heute, Anno Domini 2023, bestenfalls in kleinem Rahmen nur sechs Mal geschehen. Sage und schreibe *nur* zwölf NASA-Astronauten (Abb. 7.7) haben während der Apollo-Missionen lediglich an einigen Stellen der Mondoberfläche gekratzt, einige Gesteinsproben eingetütet und diese zur Erde gebracht. Und die wenigen Forschungsroboter, die vom Mondorbit aus unseren Nachbarn kartografierten und fotografierten, haben zwar einige verdächtige Strukturen entdeckt, aber eben noch keine *Kristallpyramide* ausfindig machen können.

Abb. 7.7 Bislang wirbelten nur zwölf Menschen den Mondstaub auf.
Credit: © NASA

Dabei – und diese Variante halten wir für die wahrscheinlichste – könnten intelligente, raumfahrtbegeisterte und mitteilungsbedürftige Bewohner anderer Welten auf dem Erdmond durchaus einen intelligenten Wächter zurückgelassen haben. Ja, das klassischste und attraktivste Artefakt schlechthin wäre – wie die Pyramide in *The Sentinel* oder Clarkes Monolith in *2001: A Space Odyssey* – ein absichtlich vergrabenes oder gut geschütztes Kunstwerk mitsamt Nachricht, die nur eine intelligente, der Raumfahrt mächtigen Spezies zu entziffern in der Lage wäre. Ihr Absender würde auf diese Weise signalisieren, dass er gewillt ist, sein Wissen und seine Weisheit mit uns zu teilen. „Eine Botschaft würde sehr wahrscheinlich dergestalt deponiert sein, dass sie relativ leicht zu finden ist. Sie könnte auch mit einer Art Funksignal versehen sein, sodass Mondsatelliten sogar vergrabene Objekte finden könnten", erklärt der englische Astrophysiker und SETI-Kenner Paul Davies. Sollten die Anderen die Erde vor Tausenden von Jahren aufgesucht haben, hätten sie den Homo sapiens als aufstrebende Kultur einstufen und daher ungefähr abschätzen können, wann unsere Nachfahren den Mond erobern. Sie hätten dann die Nachricht entsprechend gestalten und verstecken können, vielleicht in Form einer Kapsel am Rande eines Mondkraters. Andererseits müsste eine Nachricht für ferne Zivilisationen, um eine Million Jahre zu überdauern, tiefer im Mondboden vergraben sein. Nach Davies' Meinung müsste in diesem Fall der Funkstrahl des Artefakts so stark sein, dass er mindestens mehrere Meter Regolithgestein durchdringt. Langwellige Radiostrahlen oder ein starkes Magnetfeld könnten uns zu dem Fundort des jeweiligen Artefakts führen. Potenzielle Fundorte könnten in den großen Kratern oder am Nord- oder Südpol des Mondes liegen. Eine fremde Technologie könnte auf dem Mond auch wissenschaftliches Gerät installiert haben, vielleicht Roboter, Laser, Sendeanlagen oder ein Radioteleskop auf der Rückseite des Erdtrabanten. „Solche Instrumente würden allerdings weitaus schwerer zu finden sein als eine Nachricht, weil Aliens kein Interesse daran haben, dass sie leicht aufzuspüren sind", so Davies. Ins Kalkül ziehen müsse man auch die Möglichkeit, dass sie nach ihrem Aufenthalt auf dem Mond schlichtweg Müll und Abfall oder nicht mehr brauchbare technische Instrumente abgelegt haben. Möglicherweise haben die Außerirdischen dabei nicht so verschwenderisch gehaushaltet wie die Apollo-Missionen, die das meiste Equipment einfach zurückgelassen haben, so Davies.

Irgendetwas könnten sie dennoch hinterlassen haben, vielleicht kleine Artefakte wie weggeworfene Werkzeuge. Solche zu finden, sei jedoch nahezu aussichtlos. Größere Strukturen wie etwa ein Habitat, eine Kuppel oder eine Solaranlage hingegen dürften noch Millionen Jahre später zu sehen sein.

Würde solch eine Anlage dem wilden Zeitstrom und anderen zerstörerischen Kräften trotzen, bekäme eine Kultur Millionen Jahre später zumindest theoretisch die Chance, das Relikt aufzuspüren – und sei es nur durch puren Zufall. Der von uns bereits erwähnte ukrainische Radioastronom Alexey V. Arkhipov, der das SAAM-Projekt initiierte, sieht dies ähnlich. „Es ist nachdrücklich zu betonen, dass die Landung auf dem Mond für extraterrestrische Intelligenzen keine Annehmlichkeit, sondern eine Notwendigkeit ist." Die Gründe hierfür liegen auf der Hand, da es auf dem Erdtrabanten im Gegensatz zur Erde aus selenologischer (mondgeologischer) Sicht vergleichsweise ruhig zugeht. Erosionen und Sedimentationen sind hier wahre Raritäten. Nur kleinere Meteoriten wirbeln etwas Staub und Regolith auf. Bereits während der Apollo-12-Mission ergaben seismologische Messungen, dass in einem Radius von 350 Kilometern im Schnitt nur einmal im Monat ein Gesteinsbrocken von der Größe einer Grapefruit auf dem Mondboden niedergeht. Vor allem aber erhöht die tektonische Inaktivität des Mondes die Überlebensrate von dort abgelegten Artefakten. Gebirgsverschiebungen, Erdbeben und Vulkanismus fallen als störende Quelle ebenso weg wie extreme Hitze, starke Magnetfelder oder Radioaktivität.

Trotzdem könnte der temporäre Faktor zum Problem werden. Denn selbst an einem auf der Rückseite des Mondes vergrabenen Artefakt nagt irgendwann einmal der lunare Zahn der Zeit. Im Verlauf von Jahrmillionen summieren sich früher oder später die vereinzelten Einschläge von Meteoriten. In einer Studie aus dem Jahr 2008 berechnete ein amerikanisches Team, dass selbst ein Artefakt mit einem Durchmesser von einigen zehn Metern zwangsläufig der lunaren Erosion zum Opfer fallen würde. Zwar vollzieht sich ein solcher Prozess über mehrere Hundertmillionen Jahre, dennoch würde ein künstliches Gebilde mit der Zeit immer tiefer in Staub und Regolith versinken, bis es gänzlich verschwindet.

Was Mutter Erde anbelangt, können wir natürlich nicht grundsätzlich ausschließen, dass auch hier außerirdische, mit einer Botschaft versehene Artefakte unbemerkt ihr Dasein fristen. Wir halten diesen Ansatz gleichwohl für weniger realistisch, weil die geologisch hochaktive Erde so ziemlich der schlechteste Ort ist, um Zeitkapseln für eine halbe Ewigkeit einzulagern. Vereisungen, tektonische dynamische Prozesse, Erdbeben und Vulkanismus sowie die omnipräsente irdische Erosion würden selbst dem robustesten metallischen Artefakt den Garaus machen. Nach Jahrmillionen würde auch ein solches dem Zeitpfeil Tribut zollen müssen.

Das Fernbleiben der Roboter

Wenn überhaupt, kämen unserer Meinung nach als aktive Artefakte nur Bracewell- und Von-Neumann-Sonden infrage respektive ein Mischtyp von beiden. Die Idee, dass fremde Technologien solche Gebilde in unserem Sonnensystem versteckt haben könnten, geht auf Ronald Bracewell zurück, der 1960 in einem vielbeachteten zweiseitigen *Nature*-Beitrag die hypothetische Frage aufwarf, welchen direkten Weg der Kontaktaufnahme eine außerirdische hochstehende Zivilisation bevorzugen würde, um einer fremden Kultur eine interplanetare Botschaft zuzustellen. Für ihn bildete die Radiomethode bei kurzen interstellaren Distanzen (bis zu 30 Lichtjahren) eine sinnvolle Variante, um miteinander in Kontakt zu treten. Doch je weiter der innergalaktische Nachbar entfernt sei, desto teurer und schwieriger die Suche, lägen doch innerhalb einer Kugel von 100 Lichtjahren bereits durchschnittlich 1000 Sterne. Es sei daher nach Bracewell unwahrscheinlich, dass eine Hochkultur mit 1000 Transmittern gleichzeitig mehrere Jahre lang unentwegt Botschaften zu 1000 Sternen funken oder parallel versuchen würde, von diesen Welten Signale aufzufangen. Hochtechnologien würden eher kleine, autonome Raumschiffe schwarmartig ins All entsenden, anstatt auf teure Radiowellen zu setzen. Diese würden innerhalb der Ökosphäre des Sternsystems parken oder den Mutterstern sowie dessen Planeten und Monde umrunden. Für die interstellar bewanderte Absenderwelt wären die Chancen auf einen Treffer umso größer, entließe sie Tausende oder gar Millionen solcher automatisierten Boten ins All, die sich – wenn erforderlich – für mehrere Millionen Jahre in fernen Sternsystemen einnisten würden. Verfeinern ließe sich diese Methode durch das gezielte Entsenden von Sonden in lebensfreundliche Sonnensysteme, von denen bekannt ist, dass auf ihnen schon erste organische Moleküle existieren. Ummantelt mit einer Panzerung, die vor Strahlung und Meteoriten schützt, und ausgerüstet mit starken Sendetransmittern sowie schnellen, völlig autark operierenden Computern, würden Roboter dieses Niveaus Energie aus dem Licht fremder Sonnen extrahieren. Solange der Zielstern lebt und strahlt, könnte der fremde Botschafter in einer habitablen Zone in Wartestellung gehen, simultan seine Antennen nach Radiostrahlung mit geringer Bandbreite ausstrecken und selbst Funksignale oder kodierte Datenpakete an die Planeten des Systems senden. Hätte der Roboter die Existenz einer anderen technisch begabten Spezies nachgewiesen, würde er die gesammelten Daten umgehend über Relaisstationen an seine Heimatwelt schicken, womöglich sogar mit den Lebewesen des observierten Planeten direkt in Kontakt treten.

Das erinnert doch ein wenig an Clarkes Kristallpyramide und an seine schwarzen Monolithen, die der Menschheit fast schon altruistisch den Weg auf ein nächsthöheres Level wiesen – ganz im Gegensatz zum bösen Pendant der Bracewell-Sonden: den sogenannten Berserkersonden, die uns noch im letzten Kapitel fesseln werden.

Jedenfalls plädierte Bracewell dafür, dass wir unsere Antennen spitzen: „Aus diesem Grund sollten wir besser in unserem Sonnensystem nach Anzeichen von Sonden suchen, die höher entwickelte Nachbarn entsandt haben."

Heute hat sich die Bracewell-Hypothese weiterentwickelt. Assoziierte man vor Dekaden noch mit Bracewell-Robotern Pkw-große automatisierte Boten, die als ständige Wächter in fernen Sternsystemen auf eine intelligente Reaktion warten oder senden, so könnten diese heute in ihrem Zielgebiet als hochentwickelte Sonnensegler in Erscheinung treten. Sie kreuzten die Planeten in der habitablen Zone mit Fly-by-Manövern und hielten dort Ausschau nach künstlicher elektromagnetischer Strahlung. Danach hätte die Sonde ihre Aufgabe erledigt und könnte weiter ihres Weges ziehen und das nächste System ansteuern.

Robotergehirne solcher Façon könnten durchaus die Größe eines menschlichen Kopfes oder Fußballs haben oder noch kleiner sein. Sollten derart winzige Objekte ins Sonnensystem eintauchen, dürften sie selbst mit dem besten Weltraumbeobachtungsprogramm und modernster Technik nicht aufzuspüren sein. Sollte aber dennoch eine außerirdische Sonde ins Fangnetz geraten, könnten wir entweder eine Rendezvousmission starten oder versuchen, mit dem Eindringling zu kommunizieren.

Noch vor Ronald Bracewell entwickelte der österreichisch-ungarische Mathematiker John von Neumann (1903–1957) ein Modell sich selbst reproduzierender Automaten, das allerdings erst posthum 1966 publiziert wurde. Obwohl von Neumann seinerzeit beim Theoretisieren nicht im Geringsten an eine Besiedlung unserer Galaxie durch solche Automaten dachte, griffen einige Science-Fiction-Autoren seine Idee auf und entwickelten sie weiter. Schnell wurden Von-Neumann-Sonden zu einem Synonym für sich autonom replizierende Maschinen bzw. Raumschiffe, die ohne externe Hilfe und Einflussnahme einer anderen Apparatur oder Lebensform eine exakte Kopie ihrer selbst herstellen können. Eine Kopie wohlgemerkt, die wiederum selbst in der Lage ist, von sich einen Doppelgänger zu konstruieren. Dabei würden sie den Reproduktionsvorgang nicht nur fortlaufend optimieren, sondern sich von Generation zu Generation in immer kleineren Maßstäben vervielfältigen – vielleicht bis hin zu Nanobots, die sodann unsere Sensoren nicht mehr erfassen können. Die einzigen Ingredienzen, die es hierfür benötige, seien einige Rohstoffe, die in dem jeweiligen Sonnensystem reichlich vorhanden seien. Bereits die Entsendung einer einzigen Von-Neumann-Sonde in ein fremdes Sonnensystem genügte, um eine galaktische Kettenreaktion in Gang zu setzen, die in der konsequenten Besiedlung der ganzen Milchstraße gipfeln könnte. Einmal in fernen Gefilden angekommen, würde der interstellare Gesandte als Vorbote eines expansiven Eroberungsfeldzugs einen Grundstein für ein galaxisweites Sondennetzwerk legen. Je nach einprogrammiertem Willen seiner Absender oder seinem eigenen Elektronengehirn folgend, könnte die Maschinenintelligenz entweder nach Gleichgesinnten oder biologischen Arten in anderen Systemen suchen und mit diesen in Kontakt treten – oder zuerst die eigene Heimatwelt über den Fund in Kenntnis setzen.

Dass es trotz aller Anstrengungen und Observationsüberstunden bekanntlich bis heute noch keinem Wissenschaftler gelungen ist, eines dieser *Dinger* im wahrsten Sinne des Wortes dingfest zu machen, überrascht den königlichen Hofastronomen, Sir Martin Rees, nicht: „Besuche von Außerirdischen, welche die Größe von Menschen haben, dürfen wir vielleicht ausschließen, aber falls eine extraterrestrische Zivilisation die Nanotechnologie gemeistert und ihre Intelligenz auf Maschinen übertragen haben sollte, könnte die ‚Invasion' in einem Schwarm mikroskopisch kleiner Sonden bestehen, die unserer Aufmerksamkeit möglicherweise entgangen sind."

Trotzdem sprechen die Beobachtungsdaten eine deutliche Sprache. Sie – die Bracewell-von-Neumann-Sonden – haben sich noch nicht zu erkennen gegeben. Wer allerdings aus ihrer Abwesenheit folgert, dass Megaintelligenzen nicht existieren, so wie Frank Tipler dies postuliert, denkt womöglich um eine Nuance zu anthropozentrisch. Oder eben auch nicht.

Letzteres dachten sich die beiden US-Astronomen Stuart Armstrong und Anders Sandberg aus Oxford, als sie vor zehn Jahren eine Studie vorlegten, in der sie aufführten, dass eine Megaintelligenz, die ihre eigene Galaxie mit Robotersonden kolonisiert hat, auch in der Lage sei, das gesamte relativistisch zugängliche Universum mit kleinen Raumschiffen zu überfluten. Angenommen, fortschrittliche Kulturen hätten vor einer Milliarde Jahren angefangen, Bracewell-von-Neumann-Sonden mit einer Geschwindigkeit von 0,8 Prozent des Lichts ins All zu entlassen, würden sich heute bei uns Außerirdische die Türklinken in die Hand geben. Theoretisch müssten bei solch einem Szenarium Repräsentanten aus mehr als einer Million

Galaxien vor unserer Haustür stehen. Hierzu der Hart-Tipler-Paradoxon-Experte Stephen Webb: „Wir dürfen nicht nur an unsere betuliche Milchstraße denken, wenn wir uns mit Fermis Frage beschäftigen – es gibt schließlich unzählige andere Galaxien."

Marsianer Gesichtsverlust – lunare Hoffnung

Im Bann lunarer und marsianer Artefakte stehen vor allem die Anhänger der vergleichsweise unbekannten SETA-Teildisziplinen die sich inoffiziell Mars SETA oder Lunar SETA nennen. Ihre Vertreter glauben, dass technologisch hochstehende extraterrestrische Kulturen zur Kontaktaufnahme materiellstoffliche Artefakte auf dem Mars und im grauweißen Mondsand abgestellt oder vergraben haben könnten. Um dies zu beweisen, haben Wissenschaftler in diversen Fotoarchiven recherchiert. Sie werteten die Daten, die Mars- und Mondorbiter gesendet hatten, von einem anderen Blickwinkel aus und fanden dabei laut eigenem Bekunden verdächtige Strukturen, die künstlichen Ursprungs sein könnten.

Der Erste, der auf der Suche nach fremden Artefakten eine satellitengestützte Observation des Mondbodens konsequent analysierte, war SAAM-Papst Alexey V. Arkhipov höchstpersönlich. Genauer gesagt durchforstete er mehr als 80 000 Fotos in Hochauflösung, die der US-Mondorbiter Clementine 1 im Jahr 1994 aufgenommen hatte. Ausgestattet mit einer Kamera, die im ultravioletten und sichtbaren Licht operierte, und einer weiteren Infrarotkamera nahm die Sonde binnen 360 Orbits beeindruckende 1,6 Millionen Bilder auf. Unter Anwendung bestimmter Algorithmen fokussierte sich Arkhipovs computergestützter Suchlauf auf möglichst auffällige rechteckige Muster in der Clementine-1-Bilderserie. Hierbei verzeichnete der Ukrainer 128 Treffer, von denen 47 in die engere Auswahl kamen. Nachdem er alle Fotos mit schlechter Auslösung ausgesiebt hatte, blieben einige interessante Kandidaten im Rennen, die suspekte Strukturen wie einem Dammbau ähnliche Gebilde, Vierecke, seltsame Erhöhungen oder Vertiefungen zeigten. In der Hoffnung auf eine baldige bemannte Mission zum Mond listete Arkhipov in seiner Studie alle vielversprechenden Fundstellen mitsamt deren Koordinaten auf. „Diese Funde erinnern an archäologische Fundstätten und moderne Entwürfe von Mondstationen. Es ist daher zu empfehlen, diese in situ auf potenzielle Artefakte hin zu untersuchen." Was sich auch immer später dabei herausstelle – letzten Endes seien all diese Erscheinungen eindrucksvolle Beispiele für eine ungewöhnliche lunare Geologie, so Arkhipov.

Die berühmteste nichtirdische suspekte Struktur ist uns noch allen in guter Erinnerung: das legendäre „Marsgesicht". Aufgenommen vom Marsorbiter Viking-1 am 25. Juli 1976, erinnerte diese geologische Struktur von oben betrachtet ein wenig an ein menschliches Gesicht, weshalb wohl die NASA fragliche Formation eine Woche später in einer Pressemitteilung als „einem menschlichen Kopf ähnlich" charakterisierte. Diese Äußerung und das Bild selbst beflügelten die Fantasien vieler Menschen. Auch die Medien beteiligten sich rege an den Spekulationen, die ihren Ausdruck in zahlreichen mehr oder weniger ernsthaften Zeitungsartikeln, in Werken der populärwissenschaftlichen und Science-Fiction-Literatur, in TV-Beiträgen und später auf vielen esoterisch gefärbten Paläo-SETI-Webseiten fanden. Ein Mythos war geboren. Und der Mythos lebt weiter – trotz aller entlarvenden Fotos der

Cydonia-Region, aufgenommen von den NASA-Marsorbitern Mars Global Surveyor (1998 und 2001) und Mars-Odyssey (2002). Er lebt weiter – ungeachtet der hochauflösenden 3D-Bilder, die der ESA-Forschungsroboter Mars Express im Juni 2006 mit einer bis dahin noch nicht dagewesenen Genauigkeit – 13,7 Meter pro Bildpunkt – zur Erde funkte.

Da verlor der Mars über die Jahre sein Gesicht, da erlitt der Rote Planet einen marsianen Gesichtsverlust – und dennoch versuchten viele hartnäckige Anhänger der Paläoastronautik ihr Gesicht zu wahren und rückten kein Jota von ihrem Glauben ab. Für sie lassen einige Bildausschnitte der von den US-Orbitern geschossenen Fotos nur einen Schluss zu: Was auf dem Mars in der Cydonia-Region (und nicht nur dort) zu sehen ist – Pyramiden, verlassene Siedlungen und verfallene Städte –, sind architektonische Relikte einer längst vergangenen hochstehenden Zivilisation. Es sind Artefakte einer intelligenten Kultur, die entweder auf dem Mars für längere Zeit gelebt oder den Roten Planeten einst als Basis genutzt hat.

Obwohl bizarre Strukturen auf dem Mars nichts Ungewöhnliches sind, sondern meist das Ergebnis exogeologischer Umwälzungen, und auch neueste Fotos der Marsoberfläche zeigen, dass die Geologie des jungen Mars seinerzeit wesentlich dynamischer war als bisher angenommen, sympathisieren bisweilen offensichtlich selbst prominente Persönlichkeiten mit der marsianen Artefaktthese. Selbst der große Arthur C. Clarke – und dies soll hier keineswegs verschwiegen werden – stimmte ausgerechnet im Jahr *2001* (oder gerade deswegen) in den Chor der Optimisten ein und sagte: „Ich bin davon überzeugt, dass wir auf dem Mars tatsächlich Leben gefunden haben. Es gibt einige unglaubliche Fotografien vom Jet Propulsion Laboratory [der NASA], die für mich ein ziemlich klarer Beweis für die Existenz fortgeschrittener Lebensformen auf dem Mars sind. Schauen Sie sich die Bilder an. Ich sehe hierfür keine andere Erklärung."

Die Begeisterung für SETA in Ehren – sich bei vermeintlichen Anomalien mit vorschnellen Interpretationen in Zurückhaltung zu üben, scheint in Anbetracht des heiklen Themas angebracht und ratsam. Es liegt nämlich in der delikaten Natur der Sache, dass hierzu im Internet unzählige unsinnige Fotointerpretationen und teilweise auch bewusste Fälschungen kursieren, die amateurhafte, bestenfalls semiprofessionelle Züge aufweisen. Selbsternannte Experten oder Amateurwissenschaftler nehmen undeutliche Pixel und bizarr aussehende Strukturen eben anderes war als professionell und wissenschaftlich geschulte Beobachter. So geschehen 1966, als vermeintlich pyramidenförmige und turmartige Strukturen („Blair Cuspids") auf dem Mond entdeckt wurden. Seinerzeit war die Aufregung groß. Inzwischen jedoch besagen wissenschaftliche Studien, dass es sich hierbei um ganz normales, gleichwohl relativ großes Vulkangestein handelt, das einst von einem Krater im Nordosten ausgeworfen wurde.

Jeder hat diesen Effekt, den Psychologen Pareidolie nennen, schon selbst er- und durchlebt. Sieht man am Himmel eine dichte Kumuluswolke und erkennt man darin – von der Fantasie getriggert – eine bekannte Form, ein vertrautes Muster, vielleicht ein menschliches Gesicht wie beim marsianen Pendant, taucht man in eine Parallelrealität ein. Trotz des offensichtlichen Schattenbildes assoziiert man mit dem Gesehenen automatisch und unterbewusst ein Wesen oder einen Gegenstand aus der Vergangenheit.

Vorerst also bleibt der schöne Traum vom Mann im Mond, besser gesagt vom grünen Mann auf dem Mond eine bloße

Wunschvorstellung oder allenfalls ein Produkt unserer Fantasie. Was uns bleibt, sind unsere eigenen Spuren und Artefakte, die wir auf dem Mond zurückgelassen haben.

Als der „Lunar Reconnaissance Orbiter" (LRO) der NASA 2009 sehr zum Unwillen der Moon-Hoax-Fans die bislang schärfsten und detailreichsten Bilder von der Mondoberfläche zur Erde funkte, war die Freude groß (Abb. 7.8). Schließlich konnte die Sonde spektakuläre Aufnahmen vom Landegebiet der Apollo-17-Expedition präsentieren.

Abb. 7.8 Auf der besten LRO-Aufnahme ist das Landegebiet der Apollo 17-Expedition zu sehen.
Credit: © NASA

Mit einer beeindruckenden Auflösung von einem Viertelmeter pro Pixel wurden mit einem Mal Details sichtbar, die zumindest damals keiner in dieser Qualität erwartet hätte: Reifenspuren, Messinstrumente, die zurückgelassene Landestufe der Mondfähre Challenger und die US-Flagge. Den NASA-Ingenieuren gelang es sogar, die Fußspuren der einst dort werkelnden Astronauten schrittgenau zu lokalisieren und zu fotografieren, hierunter selbst jene von Eugene Cernan (1934–2017), dem letzten Menschen auf einem fremden Himmelskörper. Seit dem Abflug des Apollo-Astronauten Ende

1972 hat kein Mensch mehr den tiefschwarzen, von kristallklaren und kaltleuchtenden Sternen übersäten Mondhimmel, das fremdartige hellstrahlende Sonnenlicht, die bizarre, von Kratern durchzogene wüstenartige Landschaft und den feinen mehligen Sandstaub gesehen. Könnte es sein, dass in dieser Einöde ein einstmals zurückgelassener und verlassener Monolith schon seit Jahrmillionen auf uns wartet?

Neutrinos als exquisite Botschafter

Möglicherweise stehen wir nur deshalb außen vor und hören nichts von unseren exoplanetaren Brüdern und Schwestern, weil diese es vorziehen, nur mit ihresgleichen zu parlieren und zu diskutieren. Kosmische Genies vom Kardashev-Typ III könnten gezielt künstliche Neutrinoströme für einen Dialog mit ebenbürtigen Technologien senden. Auf diese Weise würden alle primitiveren Lebensformen, die nur Funk- oder Laserwellen senden oder empfangen können, ausgesiebt und im Ranking des galaktischen Netzwerks entsprechend kategorisiert. Gerade Technologien vom Typ I könnten kryptische Neutrinobotschaften weder verstehen noch dechiffrieren. Mit anderen Worten: Wir hören im Äther bislang nichts von den Superintelligenzen, weil wir von deren eingehenden Neutrinos nur wenige, viel zu wenige eingesammelt haben oder die modulierten Neutrinoströme in ihrer Gesamtheit nicht verstehen und erfassen.

Der weltbekannte polnische Science-Fiction-Autor Stanislaw Lem (1921–2006), in dessen Geschichten praktisch jeder Erstkontakt mit einer anderen Art wortwörtlich in Sprachlosigkeit mündet, verknüpfte als einer der Ersten den SETI-Gedanken mit der Neutrinooption. In seinem Roman *Die Stimme des Herrn* (1968) beschreibt er eine Situation, in der Wissenschaftler einen pulsierenden, sich ständig wiederholenden Neutrinostrahl empfangen und eine ungewöhnliche Folge von kryptischen Neutrinosignalen studieren. Schnell sehen sich die Forscher der Frage gegenüber, ob es sich bei ihrer Entdeckung um ein natürliches Phänomen handelt oder ob in dem Signal eine codierte Nachricht einer weit überlegenen Zivilisation verstaut ist. Trotz intensiver Diskussionen, zahlreicher Hypothesen und Bemühungen, aus dem enigmatischen Puls eine Botschaft zu lesen, bleibt der Erfolg aus, bleiben die Physiker mit vielen Fragen ratlos zurück.

In Anspielung auf sein Buch nahm Lem zu dem Problem eines Erstkontakts Stellung: „Man kann (...) behaupten, dass wir uns in einem Meer von Signalen befinden, aber dass wir mangels entsprechender Mittel nicht imstande sind, diese Signale zu erkennen und einzufangen." Als einer der wenigen SF-Autoren seiner Zeit rückte Lem das Problem der beidseitigen Kommunikation mit einer fremden Spezies immer wieder ins Zentrum seiner Werke. Und dies nicht ohne Grund. „Stellen wir uns vor, dass wir uns mit der assyrischen Zivilisation, mit den Ureinwohnern Australiens verständigten. Was könnten wir uns Interessantes zu sagen haben! Und denken wir daran, dass die Unterschiede zwischen der Zivilisation der Erde und den hypothetischen Zivilisationen anderer Planeten hundertmal größer sein müssten als zwischen der babylonischen und unserer Zivilisation."

Widmen wir uns nunmehr wieder unseren Geisterteilchen, die irdische Teilchenforscher tatsächlich schon seit einigen Dekaden sogar im Experiment künstlich generieren können. Im Rahmen des amerikanischen DUNE-Projekts, das am Forschungszentrum Fermilab in Illinois stationiert ist, erzeugen und senden Wissenschaftler sekündlich Billionen von Neutrinos. Um mehr über die Natur dieser seltsamen Pseudopartikel zu lernen, schicken sie den Neutrinoschwarm über eine Strecke von 1300 Kilometern quer durch die Erdkruste zu einer Detektoranlage nach South Dakota ...

Neutrinos, die geheimnisvollen Geisterteilchen, wurden bereits 1930 von dem deutschen Physiker Wolfgang Pauli vorhergesagt und 1956 experimentell nachgewiesen. Sie zählen wie Elektronen zu den Leptonen und sind neutrale Elementarteilchen. Ihr Miniteilchenzoo besteht aus drei Arten: Elektron-Neutrino, Myon-Neutrino und Tauon-Neutrino (plus deren Antiteilchen). Die Masse eines einzelnen Neutrinos beträgt höchstens den Millionstel Bruchteil der Masse eines Elektrons. Da aber bereits das Elektronengewicht sich auf gerade einmal den Millionsten Teil eines Trilliardstel Gramms beläuft, sind Neutrinos nur geringfügig schwerer als das Nichts. Sie entstehen, wenn Kerne von Galaxien brodeln, Schwarze Löcher zusammenstoßen, Supernovae das All erschüttern, stellare Kernfusionsprozesse ablaufen oder Gammastrahlenblitze grell aufleuchten. Obwohl just in diesem Moment Myriaden von Neutrinos unseren Körper ungebremst durchfliegen und unsere Sonne sekündlich 60 Milliarden Neutrinos pro Quadratzentimeter auf die Erdoberfläche strahlt, ist ihr Nachweis enorm schwer. Denn nur eine Handvoll Neutrinos reagiert auf dem Weg durch den Erdball mit Materie, der Rest fliegt unbeeinflusst weiter. Wer also das geringe Etwas im Nichts aufspüren will, muss den Phantompartikeln eine enorme Masse entgegenstellen. Schließlich können die geheimnisvollen Geisterteilchen wegen ihrer geringen Reaktionszeit jedwede Messapparatur durchdringen, ohne irgendein Signal zu hinterlassen. Und da das massereichste und zugleich undurchdringlichste irdische Objekt die Erde selbst ist, blicken die Teleskope der Neutrinojäger allesamt in den Erdboden und nutzen die Masse der Erde als Filter, um die ersehnten, von der Rückseite der Erde eintreffenden Neutrinos herauszufischen. Ein älteres Exemplar davon ist der Kamiokande-Detektor in Japan, der Anfang 1987 rein zufällig elf Neutrinos auf einen Schlag nachweisen konnte. Das klingt nach wenig, war aber für die Teilchenphysiker damals wie ein Sechser im Lotto. Als Glücksfee erwies sich die Supernovaexplosion SN 1987. Gelegen in der Großen Magellanschen Wolke, hauchte dort vor 160 000 Jahren ein Stern sein Leben aus, woraufhin sich einige Neutrinos auf den Weg zu uns machten.

SN 1987 schenkte uns nur elf Neutrinos. Was wäre aber, wenn uns davon eines Tages 1000 binnen weniger Sekunden erreichten, ohne dass wir dafür eine astrophysikalische Erklärung hätten? Nicht nur Stanislaw Lem, auch der große Sci-Fi-Autor Isaac Asimov sinnierte einst über diese Frage. Wären die Pulsfolgen energiereich genug und würden diese sich vom Zentralstern merklich abheben, könnte ein interstellares Neutrinosignal einen Abnehmer finden, so Asimov. Allerdings könnte selbst eine höherentwickelte Spezies allenfalls einen winzigen Bruchteil solcher Neutrinoemissionen künstlich erzeugen und ins All entlassen. Jede gut gemeinte Neutrinobotschaft würde in dem vom Muttergestirn produzierten Neutrinomeer untergehen.

Fünfzehn Jahre später stellten der US-Physiker John Learned von der Universität in Hawaii (USA) und seine Institutskollegen die These vor, dass sehr hochstehende außerirdische Zivilisationen starke Neutrinostrahlen durchs All jagen könnten. Dies aus gutem Grund, könnten sie doch auf diese

Weise ihre weit entfernten Uhren und Instrumente in der gesamten Galaxis synchronisieren. Die irdischen Detektoren könnten solche markanten Signale von natürlichen Quellen sehr gut unterscheiden. Eine technisch hochversierte Kultur, die einen Teil der Galaxis kolonisiert hätte, könnte eine auf Neutrinos gestützte exoplanetare Telefonleitung gelegt haben – weniger zum Zweck einer interstellaren Kommunikation mit fernen Zivilisationen als vielmehr zum Synchronisieren interstellarer Zeitzonen. Im November 2008 erweiterte John Learned seine alte These und stellte die offensichtlichen Vorteile einer neutrinogestützten Suche nach hochintelligenten Lebensformen noch stärker in den Vordergrund. Seinem Dafürhalten nach sind Nachrichten auf Neutrinobasis den konventionellen ETI-Radio- oder Lichtbotschaften in vielerlei Hinsicht überlegen, weil sie im Gegensatz zu diesen mit spielerischer Leichtigkeit und ohne Informationsverlust jedwede Form von Materie durchdringen. Auf ihrer einsamen Odyssee im Universum können sie nämlich locker 1000 Lichtjahre unterwegs sein, ohne mit einem einzigen anderen Partikel zu kollidieren oder in Wechselwirkung zu treten. Dadurch lassen sich ihre Flugbahnen leicht zurückverfolgen und ihre Quelle schneller ermitteln. Doch wer sendet, muss für die Herstellung hochenergischer Neutrinos enorm viel Energie bereitstellen und garantieren, dass sich die Neutrinobotschaft merklich von dem natürlichen Neutrinohintergrund abhebt.

Für Learned und seine Kollegen sollten *KIII*-Superzivilisationen in der Lage sein, Morsecode-ähnliche Neutrinosignale oder ein digitales Neutrinomuster über Hunderte, Tausende, Zehntausende Lichtjahre hinweg durchs All zu senden. Dabei könnten sie ihre Neutrinoflaschenpost auf ganz spezielle Weise präpariert haben, indem sie beispielsweise bestimmte

Teilchen unter Protonenbeschuss genommen und Partikel generiert haben, die ein Umschalten von Neutrinos zu Antineutrinos ermöglichen. Es sei nunmehr an der Zeit, die von extraterrestrischen Intelligenzen absichtlich gepulsten hochenergetischen Partikelströme einzufangen und die in den extrem massearmen Partikeln gestauten Botschaften auszupacken. Das leistungsstärkste Neutrinoteleskop der Gegenwart, das IceCube-Observatorium am Südpol, könnte mit seinen 5160 Lichtempfangssonden ein absichtliches oder unabsichtliches extraterrestrisches Neutrinosignal aufspüren, einen direkt auf die Erde gerichteten Neutrinobeam nachweisen.

Doch bislang gab es weltweit noch keine einzige gezielte Neutrino-SETI-Observation und folglich auch keinen Treffer. Und selbst wenn es zu einem solchen käme, bliebe völlig nebulös, ob wir überhaupt genug Neutrinoanomalien registrierten und den Kern ihrer Botschaften verständen. Wären wir eigentlich die Wunschadressaten des Absenders oder bloß zufällige Zuhörer, die ein Ferngespräch belauschten, ohne die Sprache zu kennen und den Inhalt zu verstehen? Sollte es so sein, wie der Romanheld in *Die Stimme des Herrn* klagt, der offenbar mit seinem Latein am Ende ist? „Was für Zivilisationen waren die eigentlichen Empfänger? Ich weiß es nicht. Ich sage nur so viel: Wenn uns diese Information im Sinne der Absender nicht zusteht, dann werden wir sie nicht begreifen."

Im Sog der Gravitonen

Bei alledem könnten außerirdische Hochtechnologien auch Gravitationswellen gezielt einsetzen, um die kosmisch-intellektuelle Elite vom planetaren Einerlei zu trennen. Der Umweg über Gravitationswellen wäre vielleicht die umständlichste

Methode, weil die Gravitation selbst eine fast schon bemitleidenswerte schwache Naturerscheinung ist. Eine Kontaktaufnahme auf diesem Weg wäre nur dann logisch nachvollziehbar, wollte eine *KIII*-Megakultur eine gleichgesinnte Technologie finden.

Seit Albert Einstein (Abb. 7.9) hat die Gravitation ihren Nimbus als physikalische Kraft verloren. Wurde sie von Isaac Newton seinerzeit noch zu einer gewaltigen, einflussreichen und weitreichenden Naturgewalt verklärt, so definierte Einstein sie schlichtweg als Eigenschaft des Raums. Der Raum, die starre, unbewegliche Bühne, auf dem die stellaren Hauptakteure monoton ihr Schauspiel mimten, war passé. An seine Stelle trat ein Raum, den Sterne, Pulsare, Neutronensterne und Schwarze Löcher selbst immerfort neu verformten. Die Materie obsiegte. Verdichtet sie sich, krümmt sich die Raumzeit. Jedwede Masse erzeugt eine Delle in der Raumzeit. Je massereicher ein Körper, desto größer die raumzeitliche Ausbuchtung. Gerät die Masse obendrein in Bewegung, breiten sich die Dellen ähnlich wie bei seismischen Wellen gemächlich, aber stetig in alle Richtungen aus, wodurch sich der Raum kurzfristig und rhythmisch staucht und dehnt. Mit dem Resultat, dass eine Gravitationswelle an den Grundfesten der Raumzeit zieht und zerrt.

Genau diese Wellen hat Albert Einstein bereits 1915 in seiner Allgemeinen Relativitätstheorie antizipiert und zwei Jahre später nochmals in einer gesonderten Arbeit (*Über Gravitationswellen*) präzisiert. Danach sind Gravitationswellen Störungen in der Raumstruktur. Sie sind Wellen in der Raumzeit und Erschütterungen der Raumzeit. Jenseits des elektromagnetischen Spektrums mit Lichtgeschwindigkeit unterwegs, treten sie zutage, wenn Sterne kollabieren und explodieren

(Supernovae), Neutronensterne, Pulsare oder Sterne miteinander kollidieren und Schwarze Löcher hochaktiv sind.

Abb. 7.9 Albert Einstein (1879–1955)
Credit: © mauritius images/Cinema Legacy Collection/The Hollywood Archive

Das Passieren einer Gravitationswelle macht sich durch winzige zyklische Änderungen in Abständen zwischen Objekten bemerkbar, weshalb Forscher diese Abstände sehr genau messen. Ultrafeine Vibrationen dieses Niveaus zu messen, versucht seit 2005 ein deutsch-britisches Team mit dem bei Hannover installierten Geo600-Gravitationswellen-Detektor. Doch trotz allen technischen Aufwands gelang der Nachweis von Gravitationswellen erst 2015 mit den beiden nahezu identischen leistungsstarken amerikanischen LIGO-Detektoren in Livingston (Louisiana) und Hanford (Washington). Sie registrierten Gravitationswellen, als zwei Schwarze Löcher von 35 und 29 Sonnenmassen miteinander kollidierten und zu einem Schwarzen Loch von 62 Sonnenmassen verschmolzen. Dabei wurden drei Sonnenmassen binnen eines Sekundenbruchteils in Form von Gravitationswellen freigesetzt. Just in diesem kurzen Zeitraum zeichneten die beiden LIGO-Detektoren ein identisches Wellenmuster auf. Sie maßen nicht nur den

Energieverlust, sondern auch die tatsächliche Verzerrung der Raumzeit und die Längenänderung auf der Erde.

Läuft eine Gravitationswelle durch einen Arm der Anlage entlang, entstehen sehr winzige, aber messbare Längenänderungen der Röhre. Hierbei können die LIGO-Wissenschaftler Längenveränderungen erfassen, die sage und schreibe nur einem Tausendstel des Durchmessers eines Protons entsprechen.

So beeindruckend dies im ersten Moment klingt – *KIII*-Zivilisationen dürften im Umgang mit Gravitationswellen versierter und geübter sein als wir. Dies glaubt zumindest Isaac Asimov, der mit Blick auf Gravitationswellen die Frage stellt, inwieweit intelligente Technologien Gravitationswellen als Informationsmedium für einen interstellaren Kontakt nutzen könnten. Sein Fazit fällt allerdings negativ aus. Er hält diese Idee deshalb für abwegig, weil Gravitonen, die fiktiven Partikel der Gravitationswellen, noch weniger Energie als Neutrinos besitzen und somit noch schwerer nachzuweisen wären. Überdies müsste man für einen einzigen Gravitonenstrahl gewaltige Massen auf eine Weise bewegen und beschleunigen, dass sich daraus ein verständliches künstliches Signal ergibt. „In unserer Fantasie können wir uns zwar eine Zivilisation vorstellen, die in der Lage ist, einen riesigen Stern in einer Art Morsecode pulsieren zu lassen", so Asimov. Doch selbst eine fortgeschrittene Zivilisation würde sich nach einer einfacheren, energiesparenden Informationsübertragung umsehen.

Eine *KIII*-Zivilisation könnte auch Gravitationswellen artifiziell erzeugen, indem sie etwa zwei Supernovaexplosionen synchron steuert oder Doppelsternsysteme mit einer bestimmten Periode synchronisiert. Megatechnologien könnten absichtlich auf sich aufmerksam machen und Gravitationswellen produzieren, etwa beim Zähmen eines Schwarzen Lochs, beim Aufbau von Wurmlöchern oder schlichtweg beim Verschieben von Sternen. Sie könnten Raumzeitverzerrungen und Erschütterungen des Raum-Zeit-Kontinuums bewusst oder ungewollt herbeiführen. So ziemlich jede intergalaktische Manipulation, verursacht von Astroingenieuren hyperintelligenter Megakulturen, könnte sie verraten, vorausgesetzt, sie wollten dies und der zufällige Adressat verfügte über das notwendige wissenschaftlich-technische Know-how, Raumzeitwellen zu detektieren und eine eventuell darin versteckte Botschaft zu dechiffrieren. Es wäre eine Kontaktaufnahme auf höchstem Niveau, für Zivilisationen auf höchstem Niveau.

Im Gegensatz zu Asimov hält die ehemalige Direktorin des SETI-Instituts in Kalifornien, Jill Tarter, den Gedanken, via Gravitationswellen zu kommunizieren, keineswegs für abwegig. „Ich halte das für außerordentlich aufregend. Der entscheidende Punkt für mich ist jedoch, dass ich allein für SETI-Zwecke keine enorm teuren Gravitationswellendetektoren bauen würde. Aber wenn diese einmal Gestalt angenommen haben, sollten wir auf jeden Fall die anfallenden Daten prüfen, ob darin irgendetwas versteckt ist, das tatsächlich auf die Aktivität außerirdischer Astroingenieure oder fremder Radiosender hindeutet." Doch Seth Shostak glaubt nicht so recht an Raumzeitwellen manipulierende Hochkulturen: „Gravitationswellen sind nur sehr schwer zu erzeugen und zu detektieren. Sie müssen dafür Planeten oder etwas Vergleichbares durchschütteln. Erschwerend kommt hinzu, dass, soweit wir wissen, Gravitationswellen sich nicht schneller als Licht bewegen."

Keine Frage, sollten die Extraterrestren zielgerichtet nach kultivierten und hochstehenden Technologien fahnden, würden sie wohl kaum antiquierte Radiosignale ins All pulsen, sondern sich anderer Techniken bedienen und jedwede Kontaktaufnahme absichtlich erschweren. In diesem Fall wären alle Anstrengungen, die SETI-Forscher bis auf den heutigen Tag unternommen haben, reinste Sisyphusarbeit gewesen. Auch hier kann der Ratschlag an kontaktfreudige *KIII*-Technologien nur lauten: Es gibt bessere sowie schnellere Wege, das Universum zu umarmen und den Äther mit eurer Weisheit zu erschüttern!

Dekadente Megakulturen

Was wäre wohl, wenn wir eines fernen Tages einen Obelisken auf dem Erdmond fänden, der künstlichen Ursprungs ist? Ob die Erbauer sodann wirklich erfreut wären, würden wir deren Hinterlassenschaft aufstöbern und ausgraben? Vielleicht fühlten sie sich von dem eingehenden Bestätigungssignal gestört oder einfach nur belästigt, so als würde eine ungebetene hungrige Mücke kurz vor dem Schlafengehen noch geräuschvoll um uns herumsurren. Dabei ist noch nicht einmal sicher, ob die Ultraklugen das Funkfeuer ihres Millionen Jahre alten Wächters überhaupt hören wollen oder können. Einerseits könnte es durchaus sein, dass sich ihre Zivilisation längst aus der Geschichte verabschiedet hat oder in eine andere Lebensform, vielleicht eine geistig amorphe, übergegangen ist. Andererseits könnte sie ebenso gut Opfer ihrer eigenen Dekadenz geworden sein, so wie einst die stolzen, superintelligenten humanoiden Arkoniden im Perry-Rhodan-Universum, deren Aktivität durch die Sucht nach Fiktivspielen gelähmt wurde. Ähnlich wie diese könnten reale Megakulturen ebenfalls ein Stadium der Degeneration erreicht und über die Jahrtausende hinweg an kulturellem Niveau eingebüßt haben – oder mit Kultur schlechthin nichts mehr zu tun haben wollen. Anstatt sich den schönen Künsten und sinnlichen Genüssen lebensbejahend hinzugeben, könnten sie vor sich hin vegetieren und im vollen Bewusstsein der Dekadenz frönen, aber ihrem Lebensstil ausschließlich Positives abgewinnen. Ihr Leben stünde unter dem Stern, den exzessiven Medien- und Spielkonsum mit allen Mitteln zu befrieden. Schlimmstenfalls betäubten sie ihre Sinne zusätzlich noch mit bewusstseinsverändernden Substanzen. Sie durchlebten ihre Realität mithilfe von VR-Brillen und Ganzkörperanzügen, existierten nur noch in einer Computersimulation oder im Zuckerberg'schem Metaversum[5] weiter, gleichsam als Avatar in einer 5D-Welt. Erste Anzeichen eines solchen mentalen Verfalls sind auf unserer guten alten Erde längst zu beobachten.

Die Außerirdischen könnten ihren Lebensraum auch auf einer Art Holodeck à la Enterprise verlagert haben; sie bewegten sich dann in einer real-irrealen und zugleich irreal-realen Welt. Es verhielte sich wie bei der Planetariumhypothese, nur mit dem Unterschied, dass sie selbst in ihrem 5D-Konstrukt gefangen wären. Ein gruseliges Couch-Potato-Szenarium auf suprakosmischer Ebene!

Ein weiteres Zeichen ihres kosmischen Niedergangs könnte auch sein, dass die Ultratechnologien im All der Raumfahrt bewusst entsagt haben, weil sie schlichtweg an einer weiteren Exploration des Raums nicht mehr interessiert sind oder einfach die Lust und Kraft verloren haben, kostspielige Raumreisen zu organisieren. Einerseits wäre ihnen der Aufwand zu groß, andererseits der Ertrag zu gering. Wirtschaftliche Gründe, Desinteresse und noch andere Probleme könnten sie davon abhalten, den Weg zu den Sternen zu gehen. Wie das geht, haben wir als primitive Lebensform ja bereits vorgemacht, als wir uns Ende 1972 vom Mond zurückzogen und das bemannte Raumfahrtprogramm auf Sparflamme hielten. Von den ungefähr 107 Milliarden Menschen, die seit dem Entstehen des Homo sapiens vor 300 000 Jahren das Licht ihrer Sonne gesehen oder zumindest gespürt haben, erlebten seit Juri Gagarins epochalem Flug 1961 bislang nur etwas mehr als 600 Astronauten, Euronauten, Kosmonauten und Taikonauten die Mikrogravitation in natura; die meisten davon im Orbit und sonst nirgendwo. Aus der Sicht von einigen Superzivilisationen dürfte unser Abschied vom Mond Ausdruck einer degenerativen Geisteshaltung sein. Aber nicht alle denken und handeln so, wie wir noch sehen werden.

Magische Astroingenieure und Energiequellen

Zugegebenermaßen fällt uns die Vorstellung eines derart schnellen Niedergangs und Verfalls einer Superzivilisation schwer, gelten doch für diese offenbar andere Regeln. Übermächtig und omnipräsent, wie sie sind, könnte praktisch jede Helligkeitsschwankung eines Sterns, jede noch so winzige Veränderung in seinem Lichtspektrum, jede unbekannte Röntgenstrahlenquelle, jeder aus dem Takt geratende Pulsar, jeder ungewöhnliche Gammastrahlenblitz, jede verfrühte oder verspätete Supernovaexplosion das Resultat der Arbeitserfolge ihrer Astroingenieure sein. Diese könnten sich zufällig verraten, wenn sie andere Sonnensysteme umbauen oder Sterne verschieben. Megatechnologien könnten beim Aufbau von Wurmlöchern Raum-Zeit-Verzerrungen und Erschütterungen des Raum-Zeit-Kontinuums herbeiführen und via Gravitationswellen Informationen von sich preisgeben – oder diese aufgrund ihrer überirdischen Fähigkeiten vom Rest des Universums abschirmen. Aber sie könnten noch mehr; hier sind der Fantasie keine Grenzen gesetzt. Sie könnten Dunkle Energie, Schwarze Löcher, Neutronensterne, Quasare, Neutrinos manipulieren und dabei Gravitationswellen erzeugen, absichtlich oder unabsichtlich. Fast alles, was unsere Himmelsforscher auf ihren Streifzügen durch das Universum zu sehen bekämen und größtenteils als natürliche astrophysikalische Quelle subsumierten, könnte theoretisch das Werk emsiger fremder Astroingenieuren sein. „Jede hinreichend fortschrittliche Technologie ist von Magie nicht zu unterscheiden“, lautet das dritte Clarke’sche Gesetz, mit dem Arthur C. Clarke allgemein auf die unbegrenzten Fähigkeiten von Megakulturen auf astrotechnologischem Gebiet anspielte. Paul Davies sieht dies ähnlich: „Stellen Sie sich nun eine Technologie vor, die der unseren eine Million oder mehr Jahre voraus ist, es würde Ihnen wie ein Wunder erscheinen.“

So verrückt diese Hypothese beim ersten Lesen auch anmutet – sie hat ihre Anhänger, selbst unter seriösen und arrivierten SETI-Forschern. Zu diesen zählt bekanntlich Seth Shostak, den wir ja schon als konservativen, vorsichtigen, aber begeisterungsfähigen Radioastronomen kennengelernt haben. Vor mehr als 20 Jahren äußerte er sich zu dem ungewöhnlichen Aussehen vieler Galaxien. „Ich habe Galaxien erforscht und kann Ihnen verraten: Es gibt keine, die normal aussieht.“ Da wäre beispielsweise M 82 im Sternbild des Großen Bären. Diese ca. zwölf Millionen Lichtjahre benachbarte Welteninsel weise zwar Strukturen auf, die man mit natürlichen Prozessen erklären könne. „Aber vielleicht wird dort auch gerade ein großer galaktischer Krieg ausgetragen, wer weiß?“, so Shostak.

Die CTA-102-Affäre noch vor dem geistigen Auge, spekulierte Carl Sagan bereits 1973 über das Wesen von Quasaren und über die Möglichkeit, dass diese tatsächlich künstlichen Ursprungs sein könnten: „Es gibt in der gegenwärtigen Astronomie viele Phänomene, die noch nicht verstanden sind. Quasare gehören beispielsweise dazu.“ Solange man deren Natur nicht begreifen könne, sei es durchaus möglich, dass es sich hier um Manifestationen außerirdischer Intelligenz handele, so Sagan. Der US-Astrophysiker John Archibald Wheeler (1911–2008), der den *Schwarzen Löchern* 1967 ihren signifikanten Namen gab, sinnierte als Erster über hochintelligente Typ-II-Zivilisationen, die stellare Schwarze Löcher als Energiequelle nutzen könnten. Seine Überlegung: Da Schwarze Löcher im Gegensatz zu Sternen langlebiger sind und ohnehin mehr Strahlung emittieren, könnten findige Außerirdische solche mit einer Phalanx von Kollektoren ummantelt haben, um die überschüssige Energie aufzufangen. Natürlich trug sich auch Nikolai Semjonowitsch Kardashev ins Stammbuch der Quasar-Fans ein, als er 1981 bei einem Interview darüber spekulierte, ob Superintelligenzen eventuell nicht längst dazu übergegangen sein könnten, die abgestrahlte Energie des supermassereichen Schwarzen Lochs (SMBH) im galaktischen Zentrum aufzufangen und nutzbar zu machen. „Wir beobachten im Zentrum der Galaxis eine sehr seltsame punktförmige Radioquelle, die wir uns bis jetzt noch nicht erklären können“, berichtete Kardashev vor 42 Jahren, als Sagitarrius A* für Astronomen noch ein Buch mit sieben Siegeln war. „Eine unserer natürlichen Erklärungen ist, dass hinter dem Phänomen ein Schwarzes Loch steckt. Aber vielleicht steht dieses Objekt auch aufgrund seiner besonderen Position in der Galaxis mit einigen außerirdisch-intelligenten Aktivitäten in Zusammenhang." Eine Superintelligenz, ausgestattet mit diesen Fähigkeiten, könnte sich mit Leichtigkeit sogar die Emissionen von supermassereichen Schwarzen Löchern zunutze machen, um ihren hohen Energiebedarf zu decken.

Genau auf diesen Aspekt gingen 2011 die beiden asiatischen Wissenschaftler Makoto Inoue vom Institute of Astronomy and Astrophysics in Taipei (Taiwan) und sein Kollege Hiromitsu Yokoo von der Chiba University (Japan) ein. Ihrer These zufolge könnten technisch hochstehende außerirdische Intelligenzen mittels einer Typ-III-Dyson-Sphäre die von supermassereichen Schwarzen Löchern abgestrahlte Energie auffangen und an alle Mitglieder des galaktischen Clubs weiterleiten.

Nochmals zur Erinnerung: Unter der nach dem US-Physiker Freeman Dyson benannten Sphäre verstehen Astronomen eine künstlich geschaffene, schalenartige Struktur, die sich aus dem Schutt zertrümmerter Planeten zusammensetzt. Sie verläuft entlang der Planetenumlaufbahn und umhüllt die Heimatsonne – entweder zum Teil oder ganz. Astrotechnisch begabte Außerirdische könnten auf diese Weise einen Teil oder (fast) die gesamte Energie ihrer Sonne direkt nutzen und die Sphäre nebenher als neuen Siedlungsraum erschließen. Während die Schale die Sonnenenergie weiterhin absorbiert, würde auf der anderen Seite die verbrauchte Energie in Form von starker Infrarotstrahlung wieder abgegeben. Nach solchen Emissionen, nach der von der Struktur abgestrahlten Wärme und Infrarotstrahlung, sollte der Himmel folglich durchforstet werden, so Dysons Vorschlag.

Makoto Inoue und Hiromitsu Yokoo gingen allerdings noch einen Schritt weiter und plädierten dafür, den Blick gezielt auf supermassereiche Schwarze Löcher zu werfen. Ihrer Ansicht nach sollten die SETI-Astronomen auch das Herz der Milchstraße und die Zentren anderer Galaxien in Augenschein nehmen und die dort vagabundierenden SMBHs observieren. Denn diese könnten von Astroingenieuren hochstehender Kulturen manipuliert worden sein. In ihrem Gedankenexperiment werfen Inoue und Yokoo die Frage auf, ob eine weit fortgeschrittene Superzivilisation infolge ihres erhöhten Energiebedarfs irgendwann einmal dazu übergehen könnte, ein Schwarzes Loch als Energiequelle anzuzapfen. Schließlich würde eine schnell wachsende Superzivilisation große Energiereserven benötigen, um die Kolonisierung ihrer Galaxie voranzutreiben.

Dabei würden die Astroingenieure ihre Kunstwerke selbstredend abseits des Ereignishorizonts platzieren, jenseits des für alle Materie schicksalhaften *Point of no Return*. Aber immerhin noch in relativer Nähe zur Akkretionsscheibe, jener extrem heißen und rotierenden Scheibe um das Schwarze Loch, auf und in dem sich Gas und Staub sammeln und verheizt werden. Dabei steht und fällt das Unternehmen mit dem richtigen Abstand zum Ereignishorizont.

Die gigantischen, Hunderte von Kilometer großen Kraftwerke würden einerseits aus riesigen Kollektoren bestehen, welche die von der Akkretionsscheibe emittierte Strahlung auffingen und sammelten. Andererseits müsste jede Einheit auch mit gewaltigen Antennen bestückt sein, mit denen die absorbierte Energie zur jeweiligen Heimatwelt oder zu den Kolonien übermittelt werden könnte.

Was jedoch die Erfolgschancen für die SETI-Forscher anbelangt, aus dem Herzen der Milchstraße zufällig Emissionen aufzufangen, die nicht natürlichen Ursprungs sind, zeigen sich die beiden Forscher eher pessimistisch. Wahrscheinlich werde man mit den irdischen Instrumenten nichts aufzeichnen, weil die von der Akkretionsscheibe absorbierte Energie in einem hochenergetischen Strahl verpackt sei. „Die Chancen, hier etwas zu entdecken, sind gering." Mit viel Glück aber könnten die SETI-Forscher das Kraftwerksystem, das die Energie reflektieren und weiterleiten soll, indirekt observieren. In einem solchen Fall würde es sich vor der hellen Akkretionsscheibe als Schatten abzeichnen und somit für hochsensible Teleskope detektierbar sein. Aber alles nur unter der Voraussetzung, dass die Superzivilisationen willens seien, sich dem Universum auf diese fast schon naive Weise mitzuteilen. Für sie wäre es ein Leichtes, jegliche Zeichen ihrer Existenz zu unterbinden oder gezielt falsche Fährten zu legen.

Die Flucht ins Schwarze Loch

Es ist ein ungeschriebenes kosmisches Gesetz. Ein stellarer Kodex, der keine Gnade kennt und den auch außerirdische Astrophysiker desgleichen verinnerlicht haben sollten: Verbraucht ein Stern seinen Energievorrat, ist sein Tod unausweichlich. Seine Todesart ist dann nur noch eine Frage der Masse. Unsere massearme Sonne etwa bläht sich in ferner Zukunft zu einem Roten Riesen auf, um sich dann – wie es in der märchenhaften Sprache der Astronomen heißt – in einen Weißen Zwerg zu verwandeln, in dem sich alle Atome dicht an dicht drängen. Sterne mit mindestens acht Sonnenmassen enden in einem kompakten Neutronenstern, der im Radius nur wenige Kilometer misst. Beendet ein Stern ab der zwanzigfachen Masse der Sonne sein Dasein, durchbricht er sogar das Stadium eines Neutronensterns. Angetrieben von seiner gigantischen Masse und Schwerkraft, mutiert er zu einem Schwarzen Loch (Abb. 7.10). Zu einem im wahrsten Sinne des Wortes undurchsichtigen Gebilde, aus dem noch nicht einmal Photonen entweichen können und in dem Zeit und Raum in eine andere Dimensionalität zu einem punktförmigen Nichts verschmelzen, sich dort in einer Singularität verlieren.

Abb. 7.10 Chandra-Aufnahme aus dem Jahr 2006 von der Galaxie NGC 6240, in deren Zentrum zwei riesige Schwarze Löcher miteinander verschmelzen.
Credit: © X-ray (NASA/CXC/MIT/C.Canizares, M.Nowak); Optical (NASA/STScI)

Was wir derzeit als Buch mit acht Siegeln wahrnehmen, könnte für Superzivilisationen, die Millionen von Jahren alt sind, längst Teil ihres Alltags, ihrer Realität und Identität sein. Sie könnten die für uns noch völlig unbegreiflichen Schwarzen Löcher nach Belieben kontrollieren, diese für ihre Zwecke umfunktionieren. So könnten sie den Gravitationslinseneffekt eines Schwarzes Lochs instrumentalisierten und es wie ein gigantisches Teleobjektiv nutzen, um bis in die letzten Winkel des Alls einzutauchen. Sie könnten solche kosmischen Exoten zu ihrem Lebensraum erkoren haben, diese als Wohnraum nutzen, am Rande des Ereignishorizonts leben – oder sogar jenseits davon *existieren* – inmitten eines Schwarzen Lochs, das sie sich zur Krönung selbst gebaut haben.

Um zu verstehen, warum einige Hochintelligenzen ihr Glück möglicherweise im Schlund eines Schwarzes Lochs finden könnten – eine für uns fast schon bizarre Vorstellung, die bislang allenfalls in den Welten des Science-Fiction-Genres Wirklichkeit wurde, müssen wir ein wenig weiter ausholen und uns die Barrow-Skala zu Gemüte führen.

Irgendwann einmal muss sich der britische Physiker John D. Barrow (1952–2020) von der englischen Cambridge University die Frage gestellt haben, ob nicht einige Superintelligenzen eine Vorliebe für den Mikrokosmos entwickelt haben könnten. Anstatt Sonne, Mond und Sterne zu studieren, widmeten sich diese mit all ihren Sinnen und technischen Werkzeugen sowie Instrumenten der Welt des Allerkleinsten. Der Makrokosmos wäre nur Mittel zum Zweck, um hinter die Fassade des Mikrokosmos zu blicken, das Universum hingegen in seiner komplexen Gesamtheit als Forschungsgegenstand nur noch zweite Wahl. Eben solch exzentrische hochkomplexe Lebensformen könnten nach Ansicht von Barrow das Universum bevölkern – oder einst bevölkert haben.

Barrows Modell (Abb. 7.11) lehnt sich ein wenig an die Kardashev-Skala an, die bekanntlich von drei Zivilisationsstufen ausgeht, wobei wir Michio Kakus vierte gerne hinzuzählen, fasziniert uns doch der omnipotente und exaltierte Q aus *Star Trek* wie kein anderer. Wichtig ist dabei: Die Skala des Russen ist ganz eindeutig makroskopisch und metagalaktisch geprägt und bezieht sich auf Raumbereiche, die wir zumindest mit unseren besten Teleskopen und Raumsonden analysieren können. Bei ihr geht es um die großen bis allergrößten Strukturen, die fremde Intelligenzen manipulieren könnten, wohingegen die Skala von Barrow sich als Maß für das technologische Niveau und die Beherrschung der kleinsten Strukturen versteht, die Superzivilisationen noch kontrollieren könnten.

Abb. 7.11 Die Barrow-Skala hat sieben Stufen, die von Typ I (der niedrigsten) bis zu Typ Ω (der höchsten) reichen.

BI (1 m) – Manipulation von makroskopischen Strukturen der gleichen Ebene: Solche Zivilisationen können Bauwerke errichten, Bergbau und Tischlerei betreiben etc.

BII (10^{-7} m) – Manipulation von Genen und Makromolekülen: Solche Zivilisationen können die Entwicklung lebendiger Strukturen verändern.

BIII (10^{-9} m) – Manipulation von Molekülen und molekularen Bindungen: Solche Zivilisationen können dadurch neues Material erschaffen.

BIV (10^{-11} m) – Zugang zu Nanotechnologie und atomar präziser Fertigung: Solche Zivilisationen können einzelne Atome manipulieren und Nanotechnologien erschaffen.

BV (10^{-15} m) – Zugang zur Piko- und Femtotechnologie: Solche Zivilisationen können den Atomkern und die Nukleonen manipulieren.

BVI (10^{-18} m) – Zugang zur Attotechnologie: Solche Zivilisationen können Elementarteilchen manipulieren, sogar Quarks und Leptonen.

BΩ (10^{-35} m) – Solche Zivilisationen bewegen sich im Planck-Raum und können die Grundstruktur von Raum und Zeit verändern.

Bildlich gesehen könnte eine BI-Zivilisation problemlos Gegenstände gestalten und Lebewesen verändern. Eine BII-Zivilisation dagegen wäre bereits in der Lage, mit Objekten auf einer Größenskala von 10^{-7} m zu werkeln, wäre demnach fähig, ein menschliches Genom zu sequenzieren. Während BIII-Zivilisationen mit Molekülen operieren könnten, würden BIV-Zivilisationen das beherrschen, was wir derzeit als Homo sapiens zu leisten vermögen: Sie könnten auf einer Skala von 0,01 Nanometern (10^{-11} m) einzelne Atome bewegen. Doch in den unendlichen Weiten und Abgründen des Mikrokosmos existieren verschiedene große Kosmen, von denen der nächste nur BV-Zivilisationen zugänglich wäre. Es wäre eine Welt en miniature mit dem Skalenwert 10^{-15} m, in der fortschrittliche Technologien mit Atomkernen herumspielen könnten. Eine Ebene tiefer würden sich die gewieftesten Partikelphysiker des Universums sogar mit einzelnen Elementarteilchen vergnügen können. Doch die Krönung des Ganzen, das Nonplusultra des Denkbaren und kaum Machbaren wäre das Kratzen am ultimativen Grenzbereich der Quantenphysik: an der Planck-Länge (10^{-35} m), der kleinsten Länge, mit der sich der Raum aufgrund der Heisenberg'schen Unbestimmtheitsrelation noch definieren lässt.

Auf dieser Ebene, die jenseits unserer Vorstellungskraft und abseits unserer Observationsmöglichkeiten liegt, könnte eine ultrakluge metaphysische BΩ-Zivilisation direkten Einfluss auf die Quantenstruktur der Raumzeit nehmen, dabei den ultimativen Punkt, an dem die Naturgesetze enden und beginnen, verändern oder zumindest einige Naturgesetze aus den Angeln heben.

Eine Theorie geht davon aus, dass fortgeschrittene *KII*-BΩ-Superzivilisationen am Rande eines Schwarzen Lochs ihre Zelte aufgeschlagen haben könnten, wo infolge der exorbitant hohen Schwerkraft die Uhren stillstehen. Hier, jenseits der galaktischen Zeit, würden sie dank der gravitativen

Zeitdilatation entweder extrem langsam oder überhaupt nicht mehr altern. Sollte eine Superzivilisation ihr Glück in der Unsterblichkeit suchen und die Möglichkeit haben, in der Nähe dieser Raumzeitfallen ein derartiges ambitioniertes Unterfangen kraft ihres Geistes und ihrer Technologie zu realisieren, würden sie sich womöglich sogar für ein supermassereiches Schwarzes Loch entscheiden, das eine halbe Ewigkeit respektive bis zu 10^{100} Jahre überlebt.

Hat eine Hochintelligenz einmal die Phase der technologischen Singularität hinter sich gelassen, wird sie als postbiologische Lebensform früher oder später die Fühler nach Räumen ausstrecken, in denen das maximal beste Überleben möglich ist. Haben sie sich dann vom Rest des Universums abgekapselt, wird es für uns fast unmöglich sein, mit ihnen jemals in Kontakt zu treten oder Spuren ihres Daseins zu detektieren. Vor allem deshalb nicht, weil sie während ihrer Aktivitäten hochenergetische Strahlen als Abfallprodukt emittieren, die wir als natürliche Röntgenstrahlung fehlinterpretieren würden.

Unter einer technologischen Singularität verstehen wir eine Intelligenzexplosion zu einem bestimmten Raumzeitpunkt, in dem als Folge einer technisch-elektronischen langjährigen Evolution künstliche Intelligenz (KI) mit einem Mal ein eigenes Bewusstsein generiert. Ein Bewusstsein, das dem Fortschritt unserer Zivilisation geschuldet ist. Denn seitdem unsere Vorfahren vor 100 000 Jahren den afrikanischen Kontinent verließen, lebten mehr als 5000 Generationen auf der Erde. Doch erst vor etwas mehr als 100 Jahren nahm nach der industriellen Zäsur des 18. und 19. Jahrhunderts die technische Revolution des 20. Jahrhunderts so richtig an Fahrt auf: verbesserte Schiffsmaschinen, Telefone, Züge, Autos, Radar,

TV, Flugzeuge, erste Computer, danach erstmals Raketentechnik prägten fortan die Moderne – bis die elektronische, bio- und nanotechnologische Revolution das Zepter der Postmoderne in die Hand nahm.

Ein Indikator für den elektronischen Fortschritt ist bekanntlich das Mooresche Gesetz, dem zufolge sich ungefähr alle 18 Monate die Transistorzahl der Chips, die Speicherdichte und andere Hardwareparameter verdoppeln. Ein Trend, der sich sukzessive sogar beschleunigt und der nach Meinung des US-Mathematikers und Science-Fiction-Autors Vernor S. Vinge dazu führen könnte, dass bis 2030 Superrechner heranreifen, die über ein eigenes Bewusstsein verfügen. Auch mit Mensch-Computer-Hybriden ist zu rechnen, die jegliche humanoide Intelligenz in den Schatten stellen. „Große Computernetze und die mit ihnen verbundenen Nutzer könnten als übermenschlich intelligente Wesenheiten *Bewusstsein* erlangen“, vermutet Vinge. Diese stellten eine irdische Superintelligenz dar, die keine Grenzen, keinen Halt mehr kennt und das Mooresche Gesetz ad absurdum führen würde. „Die Verdopplungszeit des Mooreschen Gesetzes würde auf Sekundenbruchteile zusammenschnurren und die Ära des Menschen in einer superexponentiellen Kettenreaktion enden“, erklärt Vinge. Treten eines Tages Hightechroboter, Cyborgs oder Androiden anstelle unserer biologischen Art das Erbe der Menschheit an, hat sich die Singularität verwirklicht. „Entwicklungen, von denen man glaubte, sie könnten nur in einer Million Jahren stattfinden, werden sich wahrscheinlich im 21. Jahrhundert abspielen. Es ist angemessen, dieses Ereignis als Singularität zu bezeichnen“, so Vinge. Würden uns die Anderen observieren, beobachteten sie ein Abflachen der Bio-, aber eine Zunahme von Technosignaturen. Wenn dieser

Weg unser Schicksal vorzeichnet, dann dürfte es auch anderen *biologischen* Zivilisationen so ergehen. Sie verlören wie wir mit dem Zuwachs an Elektronik und Technik peu à peu ihre planetare Biosignatur. Sie entzögen sich zugleich schrittweise der Metagalaxis, jenem Bereich des Universums, den wir mit unseren Augen, Teleskopen, Anlagen und Instrumenten noch beobachten und studieren können. Am Ende würden die auserwählten Hochkulturen nach ihrer Singularitätszäsur hinter einem Horizont verschwinden, in dem sie zu hyperintelligenten, transzendenten und nicht mehr lokalisierbaren Wesen mutierten. Ihr Schweigen wäre sodann die Folge ihres Evolutionssprungs. Zurück blieben all die anderen Intelligenzen, die entweder noch kein postsinguläres Stadium erreicht haben oder noch nicht bereit waren, den Sprung auf die nächsthöhere Geistesebene zu wagen.

Geht es nach dem amerikanischen Futurologen John Smart, dann verschwinden *KIII*-BΩ-Hightech-Kulturen nach ihrer technologischen Singularität, sozusagen auf dem Höhepunkt ihrer intellektuell-technischen Entwicklung, sogar in Schwarze Löcher und erhöhen dort ihre weitere Daseinsform. Smart nennt diesen Vorgang *Transzension.* In seiner Theorie sehen seine intelligenten Gesellschaften in Schwarzen Löchern den letzten natürlichen Attraktor. Einen Ort, den schon viele Hochzivilisationen vor ihnen aufgesucht haben könnten. Smart glaubt, dass sich inzwischen alle extraterrestrischen Megakulturen, die vor der Menschheit entstanden sind, in etwas verwandelt haben könnten, das mit herkömmlichen SETI-Methoden nicht mehr observierbar ist. „Die *Transzensions*hypothese schlägt vor, dass ein universeller Prozess der evolutionären Entwicklung alle ausreichend fortgeschrittenen Zivilisationen in das führt, was man *inneren Raum* nennen könnte, eine rechnerisch optimale

Domäne von zunehmend dichteren, produktiveren, miniaturisierten und effizienten Skalen von Raum, Zeit, Energie und Materie. Und schließlich zu einem Schwarzen Loch-ähnlichen Ziel", abstrahiert Smart seine Theorie. Im Klartext heißt dies nichts anderes, als dass eine hochentwickelte Spezies es vorziehen könnte, den bereits existierenden Raum noch besser zu nutzen, nicht nur allein auf makroskopischer Ebene, sondern auch im Nano- oder Picobereich.

Genau in diesen noch unerforschten Kosmen könnten Hochintelligenzen ihre bereits gesammelten positiven Erfahrungen mit Nanobots, Quantenchips, Genommanipulationen etc. vertiefen und vollends ausspielen. „Viel zu viele von uns glauben immer noch, dass wir auf die Sterne zusteuern sollten, obwohl unsere bisherige Geschichte zeigt, dass die komplexesten Netzwerke immer nach innen gehen, in Zonen von immer größerer Lokalität, Miniaturisierung, Komplexität, Bewusstsein, Ethik, Empathie und Anpassungsfähigkeit", ergänzt Smart.

Auch SETI-Experte Seth Shostak kann sich vorstellen, dass intelligente Wesen ihr Seelenheil im Nanokosmos verorten. „Vielleicht gehen sie genau in die umgekehrte Richtung und treiben die Miniaturisierung immer weiter voran."

Vor allem transzendente, Raum und Zeit manipulierende *KIII*-BΩ-Technologien könnten Schwarze Löcher nicht nur als Energiequellen für Computer, sondern auch als Ausgangspunkt für Zeitreisen oder Wurmlöcher nutzen. Da am Rande eines Schwarzes Lochs, im Grenzbereich des Ereignishorizonts, die Zeit so gut wie eingefroren ist, könnten Superintelligenzen diesen Raumbereich nutzen, um das Aufblühen und Vergehen anderer Zivilisationen von einer einmaligen Warte aus im Zeitraffer zu studieren. Denn vom

Event Horizon ausgesehen, fließt der Zeitstrom im *normalen* Universum derart schnell, dass sich externe Beobachter und temporale Historiker daran erfreuen könnten, Jahrmillionen an kosmischer Dynamik innerhalb kürzester Zeit zu bestaunen. „Auf diese Weise kommen sie schnellstmöglich an die seltenen, auch für sie noch spannenden nichtlokalen Informationen heran", erklärt Stephen Webb. Der einzige störende Haken an der Sache wäre für uns als Menschheit, dass postbiologische Superzivilisationen, die an Schwarzen Löchern abhängen, für SETI-Forscher hinter einem dunklen Vorhang verschwinden und folglich für unsere Beobachtungsinstrumente unsichtbar werden.

Ebenfalls ungewöhnlich mutet die Theorie von Lee Smolin vom „Perimeter Institute for Theoretical Physics" in Waterloo (Ontario/Kanada) an, der mit der Frage überrascht: Was wäre, wenn die Bedingungen und Verhältnisse in Schwarzen Löchern mit denen der Urknallsingularität korrespondierten? Könnte es sein, dass in beiden Singularitäten ein- und derselbe dichte Zustand vorherrscht? Entstünde dann nicht hinter jedem Horizont eines Schwarzen Lochs ein neues expandierendes Universum, in dem Leben und hochintelligente Lebensformen entstünden?

Inspiriert von diesen Fragen, stellte Smolin 1999 eine Theorie vor, der zufolge die Singularität eines Schwarzen Lochs nicht nur ein zerstörerisches, sondern zugleich ein kreatives Moment haben könnte, weil mit ihrer Bildung neue Welten entstehen. Doch wie bei einer Mutation im Erbgut unterscheidet sich jedes aus einem Schwarzen Loch entsprungene neue Universum in puncto Naturkonstanten, Massenspektrum der Elementarteilchen, Stärke der Wechselwirkungen von seinem jeweiligen „Mutteruniversum" ein wenig. Es wäre eine kosmische Version der Genmutation. Praktisch könnte jedes Schwarze Loch die Eizelle eines neuen Universums sein, in dem wiederum Schwarze Löcher entstehen, die weitere Universen mit unterschiedlichen Eigenschaften erzeugen. Dieser Vorgang könnte sich über unzählige Generationen erstrecken und in ein Multiversum münden.

Jenseits des Ereignishorizonts könnte Smolins Vermutung nach ein kollabierender Stern aus einem sehr dichten Zustand „an einem bestimmten Punkt" explodieren und somit eine Umkehrung des Kollapses der Sternmaterie einleiten. Dieser expandierende Bereich könnte eine inflationäre Phase durchmachen und sich zu einem neuen Universum aufblähen, das unserem zwar stark ähnelt, aber in dessen Parametern nicht gleicht. Im Zuge dieser Entwicklung könnten sich sogar Galaxien, Sterne und Planeten mit Lebensformen bilden. „Viel später würden vielleicht intelligente Wesen entstehen, die zurückblickend den Eindruck gewännen, in einem Universum zu leben, das aus einer unendlich dichten Singularität geboren wurde, vor der es keine Zeit gegeben hat", erklärt Smolin. Doch in Wahrheit befänden sich diese nur in einem neuen Bereich von Raum und Zeit, der durch die Explosion nach einem Sternenkollaps und der daraus folgenden Verwandlung in ein Schwarzes Loch entstanden sei. Es seien neue Lebensformen, die mit ihrer vorangegangenen Existenz nicht mehr viel gemein hätten und die keine auch noch so gewiefte SETI-Koryphäe jemals aufspüren könne.

Was sich gleichwohl hinter dem Ereignishorizont solcher wachsenden Babyuniversen abspielt, entzieht sich unserer Beobachtung. Sollte Smolins Hypothese zutreffen und spinnt man Smarts Theorie weiter, mag man nicht ausschließen, dass *KIII*-BΩ-Technologien so abgedreht sein könnten, mit designten Schwarzen Löchern in neue, für sie noch besser angepasste Universen zu schlüpfen oder völlig neue zu kreieren.

Silentium – die selbst auferlegte Isolation

„That's one small step for a man, one giant leap for mankind!" Was Neil Armstrong (1930–2012) mit seinem geflügelten, aber bereits im Vorfeld abgesprochenen Worten am 21. Juli 1969 so pathetisch beschworen hatte, zerlief doch recht schnell wieder im Sand des Mondes. Schließlich währte das Mondabenteuer nur dreieinhalb Jahre, beehrten im Zeitraum Juli 1969 bis Dezember 1972 im Rahmen von sechs Expeditionen gerade einmal zwölf Menschen den Erdtrabanten. Zwölf weitere Augenzeugen sahen ihn bei ihren Mondumrundungen. Seitdem bestaunte keine Menschenseele mehr den tiefschwarzen Mondhimmel aus nächster Nähe. Keiner erblickte das fremdartig hellstrahlende Sonnenlicht mit eigenen Augen. Die bemannte Raumfahrt zog sich in den Erdorbit zurück, den sie bis heute nicht mehr verlassen hat. Der Mond geriet zum verwaisten Satelliten der Erde. Die seither im All werkelnden Astronauten, Kosmonauten, Euronauten und Taikonauten flitzten nur in Raumkapseln, Raumfähren und Raumstationen rund um den Globus. Die vornehmlich in den 1970er-Jahren aufblühenden Utopien von großen kommerziellen Raumstationen, O-Neill-Zylindern, Mondbasen, Marskolonien oder sogar interstellaren Generationsraumschiffen (Abb. 7.12) mit Tausenden, Zehntausenden von Bewohnern und Reisenden, fanden nur in den zahlreichen Dramen sowie Space Operas im Sci-Fi-Kosmos Einzug. Der Traum vom interstellaren Raumflug mit Menschen an Bord verkam schnell zur

Zukunftsmusik, von der heute keiner weiß, ob sie überhaupt jemals erklingen wird, weil wir als Homo sapiens physiologisch und psychologisch das schwächste Glied in der Raumfahrt sind und bleiben.

Abb. 7.12 Interstellare Arche Noah
Credit: © mauritius images/NASA Image Collection/Alamy/Alamy Stock Photos

Gerade einmal einige Zentimeter haben wir den Vorhang zum großen interplanetaren und interstellaren Schauspiel zur Seite geschoben – weiter nicht. Nur in den Kosmen von Perry Rhodan, *Star Trek* oder *Star Wars* (u. v. a.) wurden die bekannten Gesetze der Physik von licht- und überlichtschnellen Raumschiffen ad absurdum geführt. Mit Lichtgeschwindigkeit und noch schneller fliegen unsere fantastischen Fabelwesen mit ihren Schlachtkreuzern, Beibooten oder Jägern wie selbstverständlich durch den Hyperraum. Wenngleich im *Star-Trek*-Universum der Warp-Antrieb auf einem wissenschaftlich-theoretischen Konzept beruhte, so müsste jemand, der sein Raumschiff auf annähernd Lichtgeschwindigkeit beschleunigen wollte, enorm hohe Mengen an Energie konzentrieren, die sich nur schwerlich in einen kleinen Raumjäger quetschen ließe. Dennoch kommt keine moderne Space Opera mehr ohne Licht- oder Überlichtgeschwindigkeit aus, ob sich nun die Geschichte nur innerhalb unserer Galaxie abspielt oder sich die Handlung auf anderen Welteninseln der fast 200 Milliarden galaktischen Materieoasen im Universum vollzieht. Fast immer werden dabei die Gesetze der Physik gedehnt, gebogen und gestreckt, so wie es dem Licht im Universum selbst oft widerfährt. Und mit spielerischer Leichtigkeit blenden die Sci-Fi-Macher meist auch die wichtigen relativistischen Effekte der Zeitdilatation aus. Ignoriert wird fast immer die schlichte Tatsache, dass für einen Astronauten die Zeit langsamer vergeht, wenn er sich schnell bewegt – relativ gesehen zu den Uhren auf dem jeweiligen Heimatplaneten. Der Reisende mag dereinst in ferne stellare Systeme eintauchen und fremde Sterne und Planeten studieren, gleichwohl würde er von seinen Abenteuern niemandem mehr zu Hause persönlich erzählen können. Denn je nach Geschwindigkeit des Raumschiffs würde sich die von der Relativitätstheorie hieb- und stichfest nachgewiesene Zeitdilatation vollends entfalten und zugleich bedingen, dass der mit Fast-Lichtgeschwindigkeit reisende interstellare Raumfahrer die Erde erst Jahrtausende nach seinem Start wiedersehen und betreten könnte. Dann träfe er nach seiner Heimkehr auf keinen Verwandten, Bekannten oder Partner mehr, den er in die Arme schließen könnte. Schließlich kennt die Zeitdilatation keine Gnade. Die Konsequenzen der Relativitätstheorie bekämen alle Lebewesen im All zu spüren – auch die fernen Nachkommen der Ankömmlinge aus dem All. Um zu erfahren, wer denn diese Personen sind, die behaupten, vor 5000 Jahren als Botschafter der Erde zum Stern Epsilon Eridani geflogen zu sein, müssten uralte Chroniken studiert oder Historiker befragt werden.

So begrenzt unser Aktionsradius im All und so gering unsere Fähigkeit ist, auch nur mit 25 Prozent der Lichtgeschwindigkeit zu fliegen – für magische Supermächte vom Typ III oder IV, für unsere raumzeitmanipulierenden Astroingenieure würden die Gesetze der Physik weniger ein Hindernis als vielmehr eine Herausforderung darstellen. Da wir davon ausgehen dürfen, dass diese auch über ausgeklügelte Antriebssysteme verfügen, mithin sogar Wurmlöcher für intergalaktische Exkursionen als kosmische Pforten nutzen, stellt sich mit Blick auf das Hart-Tipler-Paradoxon umso mehr die Frage: Warum sind die Sternreisenden noch nicht bei uns angekommen? Müssten sie nicht mit ihren Mutterschiffen oder Sonden unser System längst gestreift haben? Oder stehen letzten Endes *Aufwand und Ertrag* in keinem vertretbaren und lukrativen Verhältnis mehr zueinander, um teure und aufwändige intergalaktische Missionen dieses Niveaus zu rechtfertigen und zu finanzieren?

Dass es eingedenk der hohen Anzahl von Megakulturen zweifelsfrei raumfahrtbesessene, vom Raumfahrtfieber infizierte Technologien geben muss, liegt in der Natur der Neugierde vieler (aber nicht aller) Spezies im Universum. Alle tragen dem ungeschriebenen Gesetz des Universums Rechnung: Wer es genau wissen will, muss selbst hinfliegen oder wenigstens die fernen Welten mit Forschungssonden in situ explorieren! Dabei mögen einige von wissenschaftlich-explorativen und intellektuellen Motiven getrieben sein. Andere wiederum brechen auf ins All, um die Schatzschatullen zu füllen oder neue Rohstoffe zu gewinnen und womöglich sogar fremde Planeten zu erobern. Ja, um das Ausbleiben der außerirdischen Forscher und Kolonisten zu erklären, wurden in der

Vergangenheit Zahlen- und Rechenspielereien, Hochrechnungen, Extrapolationen oder einfach nur grobe Schätzungen en masse zum Besten gegeben.

Exemplarisch hierfür steht das Modell von Rasmus Bjørk aus dem Jahr 2007, in dem der Physiker von folgender Überlegung ausging: Angenommen, eine raumfahrtfreundliche Zivilisation würde zur Erkundung der Galaxis acht Mutterschiffe mit 0,1 Prozent Lichtgeschwindigkeit ins All entlassen, die selbst wiederum mit acht kleineren Sonden bestückt sind – wie lange würde es dauern, bis diese in einem bestimmten Raumsektor 40 000 Sterne erkundet hätten? Dabei würden die Mutterschiffe jeweils auf einen Zielstern zusteuern und dort bei Bedarf einen Spion aussetzen. Während die Forschungssonde als Solist mit Flyby-Flügen das fremde System erkundet, zieht das große Raumschiff weiter. Registriert eine der Sonden auf einer Welt Leben, folgt eine Funknachricht an den Heimatstern – und das Gefährt visiert das nächste Sternsystem an. Erst wenn alle 40 000 Sonnen untersucht worden sind, kehren die Beiboote zum Mutterschiff zurück, das sodann den nächsten Quadranten in der Milchstraße ansteuert. Ein solches Prozedere würde laut Bjørk stolze 300 Millionen Jahre dauern. Und dabei würden gerade einmal vier Prozent der Sternsysteme in der Galaxis abgedeckt. Ein Wert, den auch der wagemutigste Kolonist, den verwegensten Abenteurer oder kampfeslustigsten Cyborg einer fremden Welt abschrecken würde.

Ja, die Raumfahrt könnte auch für uns in ferner Zukunft ihren Reiz verlieren, weil dringendere, existenziellere Probleme unseren Alltag prägen. Geht unsere Entwicklung mit gleichbleibendem Tempo voran, wird sich zumindest nach Ansicht des Harvard-Astronomen Abraham Loeb der Homo spaciens aus dem All zurückziehen: „Es ist zu erwarten, dass die ultimative technologische Intelligenz einen künstlichen Himmel baut, der Energie aus natürlichen oder künstlichen Quellen wie Sternen oder Kernreaktoren verbraucht, aber das Interesse an der Außenwelt verliert." Eine solche Zivilisation würde ihre Heimat nicht für die Raumfahrt aufgeben, da der Weltraum unkontrollierbare Risiken mit sich bringe. Selbst Kurzstreckenflüge zum Nachbarplaneten Mars würden auch in Zukunft mit großen Gefahren einhergehen. Kosmische Strahlung, energiereiche Sonnenpartikel, UV-Strahlung, eine fehlende atembare Atmosphäre auf dem Mars und die dort vorherrschende geringe Schwerkraft – die Gefahrenliste ließe sich fortsetzen. „Eine konsequente Zivilisation würde es zweifellos vorziehen, durch eine selbst entworfene Nabelschnur genährt zu werden, verbunden mit einem optimierten technologischen Lebensraum", so Loeb. Es könnte darauf hinauslaufen, dass sich auch andere Zivilisationen dazu entschließen, in schützender Isolation zu gedeihen und den physischen Kontakt mit der Außenwelt zu vermeiden. Autarke Zivilisationen dieses Reifegrads wären nicht mehr gezwungen, sich außerhalb ihrer Lebenssphäre zu bewegen und nach kosmischen Mitstreitern zu suchen. Es wäre ein selbstgewählter ultimativer Zustand der Isolation in einem ausgeklügelten Lebensraum, der ihre Langlebigkeit unterstützt, erklärt Loeb. Anders als degenerierte Lebensformen, die keine Energien mehr für Exkursionen durchs All aufbringen, würden fortgeschrittene ambitionierte Kulturen ihr Raumfahrtprogramm optional einstellen und ganz bewusst mit keiner anderen Zivilisation Kontakt aufnehmen. Sie würden sich tunlichst davor hüten, mit anderen Intelligenzen Informationen auszutauschen. „Daher werden wir niemals ein Kommunikationssignal von ihnen erkennen. Das erklärt, warum wir von ihnen noch nichts gehört haben", folgert Avi Loeb.

Dass weise und gediehene Zivilisationen sensibel und vorsichtig genug sind, im dunklen Wald (QV!) keine Äste zu bewegen, Bäume zu fällen oder dort Fußabdrücke zu hinterlassen, glaubt auch der serbische Astronom Milan M. Ćirković. Auf die Frage, ob eine derartige Kultur im Verlauf ihrer Evolution noch expansionslüstern oder eher optimierungsgetrieben ist, argumentiert Ćirković ganz im Sinne von John Smart. Er glaubt, dass eine Intelligenz eher ihren Raum, also ihren Planeten und eventuell das ganze Sonnensystem modifizieren und optimieren würde. Anstatt im Kosmos kriegerische Konflikte zu entzünden, andere Welten zu erobern und dort Kolonien zu errichten, würden *KIII*-Kulturen in den Nano-, Pico- und Femto-Subkosmen operieren, um das Beste aus den ihnen zur Verfügung stehenden Räumen rauszuholen.

Kosmotheologen und Exomissionare

Ein triftiger Grund für eine fremde Art, das Universum zu bereisen und sich dem Kosmos mitzuteilen, könnte religiös motiviert sein. Eine von Missionseifer getriebene Gesellschaft könnte geneigt sein, den Zorn ihrer Götter dadurch zu besänftigen, andere Zivilisationen zu bekehren. Das klingt im ersten Moment nach finsterem Mittelalter, könnte aber viele Lichtjahre entfernt in der Milchstraße oder in anderen Galaxien ein religiöses Dogma sein, dem strikt Folge geleistet wird. Gefangen in Katechismen und Glaubenszwängen, würden gottesfürchtige Wesen ihre heimatliche Sphäre ganz bewusst verlassen, um als interstellare Missionare anderen, mit

Bewusstsein gesegneten Intelligenzen *ihre* frohe Botschaft zu überbringen.

Bereits im 17. Jahrhundert stellte der englische Schriftsteller und anglikanische Geistliche Robert Burton (1577–1640) die Überlegung an, ob bei einer unendlichen Anzahl von Lebensformen im All nicht auch unendlich viele Religionen existieren müssten. Einige Kulturen könnten sich berufen fühlen, ihren Glauben zu den Sternen zu tragen. Andere Wesen im Zeichen der eigenen Gottheit zu bekehren, könnte für so manch obsessive außerirdische Kultur *das* entscheidende Motiv sein, ins All aufzubrechen.

Vielleicht zählen zu diesen Auserwählten auch einige *KII*-Zivilisationen, die streng theokratisch organisiert sind und fremde Kulturen allein aus religiösem Antrieb umerziehen, indoktrinieren und auch bei Bedarf sanktionieren. Sie würden nicht nur kosmische Heiden und Atheisten bekehren, sondern auch ihren Glauben kategorisch in der ganzen Galaxis verbreiten, wenn nötig mit Gewalt. „Was wäre, wenn Botschaften oder Besucher in Bezug auf spirituelle Fragen eine feste Überzeugung artikulierten – vielleicht in Verbindung mit einem eifrigen Bekehrungsdrang?“, fragt David Brin. Dabei könnten die Neuankömmlinge mit ihrer verheißungsvollen Botschaft von vielen selbst als Götter oder als Wesen wahrgenommen werden, die Gott vielleicht näherstehen. „Außerirdische könnten über Fähigkeiten verfügen, die den unseren so weit überlegen sind, dass viele Menschen sie mit Göttern gleichsetzen würden“, vermutet Michael A. G. Michaud.

Umgekehrt könnten auch gottergebene totalitäre Systeme existieren, die Begegnungen mit fremden Kulturen partout verbieten, weil ein interplanetarer Dialog die eigene Staatsreligion auf eine zu ernste Probe stellen könnte. Schließlich könnte ein Gedankenaustausch mit fremden Lebensformen das eigene theologische Weltbild stark erschüttern, insbesondere dann, wenn die Exomissionare mit völlig anderen Gottheiten aufwarteten oder reine Materialisten ohne jeglichen Gottesglauben wären. Wäre es daher nicht denkbar, dass eine außerirdische, sehr fromme Kultur, wozu auch die unsrige zählt (die Mehrheit der acht Milliarden Erdbewohner gehört einer Religion an), aus Angst vor religiösem Gesichtsverlust das Zusammentreffen mit anderen hochstehenden Kulturen fürchtet – und deshalb geistliche Zensoren die ein- und ausgehenden Funk- und Lichtwellen überwachen? Das Schweigen solcher Gesellschaften wäre dann allein kosmotheologisch motiviert …

Würden wir als Menschheit dagegen eines Tages einer weit fortgeschrittenen Intelligenz begegnen – ob via Funk- oder Lasersignal oder sogar im Rahmen eines First Contact –, könnte der Einfluss auf unsere Religionen katastrophal sein. „Die Lehre, dass ‚Gott den Menschen nach seinem Bilde geschaffen' habe, mutet an wie eine in den Fundamenten des Christentums tickende Zeitbombe", glaubt Arthur C. Clarke.

Ja, eine Begegnung mit einer Megakultur, die eine andere Religion predigt oder womöglich dem Atheismus huldigt, könnte unser religiöses Weltbild auf den Kopf stellen. Welche Konsequenzen hätte es wohl für das Christentum, kommunizierten wir als Erdenbürger in naher Zukunft mit einer Jahrmillionen alten Kultur und erführen so ganz nebenbei via Radio- oder Lichtwellen, dass auf deren Welt noch kein Heiland, kein Befreier, kein Sohn Gottes erschienen ist, der ihnen Trost und Hoffnung spendete – oder dass auf deren Planeten ein Glaube an ein übergeordnetes Wesen oder eine Entität absolut tabu ist. Würde dies nicht aus christlicher

Sicht der Allmächtigkeit und Allgegenwärtigkeit Gottes widersprechen, der doch all seine Schäflein im Universum mit der gleichen Liebe umgarnen und väterlich behüten sollte? Hätte er nicht dafür Sorge tragen müssen, dass sein Sohn alle bewohnten Welten seines grenzenlosen Universums aufsucht? Hätte er nicht wenigstens die hoffnungsvolle Kunde von der Auferstehung seines Sohnes an alle Zivilisationen übermitteln müssen? Oder könnte sich die Erlösung im Kosmos nur ein einziges Mal zugetragen haben – und zwar auf unserer Welt? Dann wären wir in diesem Szenarium die von Gott auserwählten interstellaren Missionare, die vom Planeten Erde aus alle gefallenen außerirdischen Lebewesen zu retten hätten.

Jedenfalls wären die kulturell-religiösen Folgen nach einem Erstkontakt für beide Seiten vielschichtig und unabsehbar. Man stelle sich nur vor, was passierte, wenn wir mit einer erdnahen Spezies in Funkkontakt träten und diese uns freimütig ihr religiöses Bekenntnis, ihre Bibel sendete, so wie es einst die europäischen Kolonisten und Missionare machten, die den Ureinwohnern schon bei der ersten persönlichen Begegnung das Wort Gottes in Schriftform überreichten. Oder was wäre, wenn eine Spezies uns offenbarte, dass alle ihre Planetenbewohner nachweislich wiedergeboren und ihre Erinnerungen von einer Generation an die nächste weitergegeben würden. „Was, wenn die Unsterblichkeit der einzelnen Seele bei ihnen schon lange als eine Selbstverständlichkeit gelte?“, so David Brin.

Sollten einige außerirdische *KII*-Prediger die widerspenstigen Zivilisationen im All wirklich zwangsmissionieren, bliebe allenfalls die Hoffnung, dass sie weniger rücksichtlos und grausam agieren als ihre irdischen Brüder im Geiste. Der Münchner Fundamentaltheologe Armin Kreiner, der sich mit dem Themenfeld Exotheologie eingehend befasst hat, schließt daher nicht aus, dass es nach einer Begegnung mit einer außerirdischen gottgefälligen Zivilisation zu einem religiösen Eskapismus kommen könnte: „Sie [die Menschheit] könnte Zuflucht bei ihren traditionellen Religionen suchen und der außerirdischen Botschaft die kalte Schulter zeigen, weil sie nichts zu bieten hat, was ihren Bedürfnissen entspricht."

Herzlich wenig Sinn hingegen würde es ergeben, den Versuch zu unternehmen, die Anderen selbst zu beeinflussen und zu bekehren. „Sollten die Außerirdischen Sinn für Humor besitzen, werden sie auf Missionierungsversuche erheitert reagieren. Andernfalls könnte allerdings Ungemach drohen." Denn sollten Außerirdische eines Tages auf der Erde landen, dann könnte der Erstkontakt in ein „wahres Horrorszenario" münden. Wenn nämlich Kirchen, Sekten, Religionsgemeinschaften oder Prediger den Drang verspürten, nach dem Austausch „interplanetarischer Höflichkeiten" die außerirdischen Gäste zum Taufbecken zu führen oder sie zu nötigen, die Beichte abzulegen und zum rechten Glauben zu finden, würden sich die Ankömmlinge womöglich fragen, wie es um die Intelligenz der Bewohner dieser Welt bestellt sei. Einer Welt, die in technologischer Hinsicht gerade einmal bis zu ihrem Trabanten geflogen ist, sich aber indes anmaßt, eine haushoch überlegene Zivilisation belehren zu wollen. „Sollten Außerirdische auf irgendeine Weise von einem derartigen Ansinnen Kenntnis erhalten und im Voraus davon wissen, was sie hier erwartet, dann könnte dies sogar erklären, warum sie bisher noch nicht gelandet sind, sondern um die Erde einen großen Bogen machen", gibt Kreiner zu bedenken. Deren Schweigen und räumliche Abwesenheit hätte dann ebenfalls astrotheologische Ursachen …

Für den kanadischen Science-Fiction-Autor Robert J. Sawyer gibt es eine noch fantastischere Steigerung. Er wirft die hypothetische Frage auf, wie wir als Menschheit auf eine Funknachricht reagieren würden, in der Außerirdische eine Encyclopedia Galactica verpackt hätten. Eine datenreiche Lektüre, aus der hervorginge, dass Gott tatsächlich existiert. Aber nicht der Gott der Bibel oder Thora, nicht der Gott oder die Götter anderer Religionen. Nein, in der interstellaren Flaschenpost würde schwarz auf weiß stehen, dass es einen intelligenten Designer, einen wahren Schöpfer des Universums gegeben hat, der jedoch außerhalb aller irdischen Religionen steht und unsere Welt im Sternenmeer wie alle anderen Welten nur als kleinen Lichtpunkt wahrnimmt und uns nicht als auserwählte Intelligenz betrachtet. Wie würden die Menschen diese Hiobsbotschaft, die als solche von vielen so wahrgenommen würde, verarbeiten? Wie groß wäre der Schock?

8. Das Schweigen der Anderen
Ein Kaleidoskop guter anderer Gründe

Eines Tages könnte es so weit sein. Eines Tages könnten alle Zweifel enden.
Andreas Eschbach, 2007

Sie sind da und kommen aus Ungarn

Wie viele Autos er zu Lebzeiten zu Schrott gefahren hat, bleibt wohl für immer und ewig eines dieser großen, ungelösten Rätsel im Universum. Waren es sechs, neun oder sogar ein Dutzend? Überliefert ist nur, dass seine Fahrkünste schlecht, ja auf kaum nachvollziehbare Weise katastrophal gewesen sein sollen. So furchterregend miserabel, dass eine Verkehrskreuzung in Princeton/New Jersey nach einiger Zeit als „Von-Neumann-Ecke" lokale Berühmtheit erlangte. Gottlob keine *traurige*, da damals wie durch ein Wunder weder *er* noch andere Mitmenschen Blessuren oder sogar schlimmere Verletzungen davongetragen hatten. Sein Fahrstil war jedenfalls nicht von dieser Welt. Beim Autofahren soll er manchmal vor sich hin gestarrt haben, ohne dabei die Straße vor seiner Nase bewusst wahrzunehmen. Seine Fahrprüfung in den USA bestand er während der Wirtschaftsdepression nur deshalb, weil er einem zwielichtigen

Fahrprüfer einen Extrabonus von zehn Dollar zugesteckt haben soll.

Seinem Spitznamen als „Gute-Laune-Johnny" wurde er stets gerecht, waren doch die Partys in Princeton, die er veranstaltete oder denen er beiwohnte, höchst unterhaltsam, feuchtfröhlich und wild. Er war ein charmanter Lebemensch par excellence, der gerne einmal einen über den Durst trank, aber selbst bei hohem Alkoholkonsum niemals seine Contenance verlor. Hier und da einmal ein kleiner Exzess, ohne dass sich seine Hirnzellen und Neuronen darüber allzu sehr beschwerten ...

John von Neumann, dem wir in Zusammenhang mit den Bracewell-Sonden schon einmal begegnet sind, war nicht nur ein mathematisches Wunderkind, sondern das vielleicht letzte Universalgenie auf diesem Planeten. Dass sich sein intellektueller Appetit dabei nicht allein auf die Mathematik beschränkte, betont seine Tochter Marina von Neumann Whitman in ihren Memoiren: „Er war von klein auf mehrsprachig und konnte bis zu seinem Lebensende Goethe auf Deutsch, Voltaire auf Französisch und Thukydides auf Griechisch auswendig zitieren." Sein Wissen über die byzantinische Geschichte, das er sich in seiner Freizeit angeeignet habe, entsprach dem vieler akademischer Spezialisten, so die Tochter.

Einem Gerücht zufolge soll einmal ein bekannter Historiker die Teilnahme an einer seiner legendären Partys mit der Bedingung verknüpft haben, dass von Neumann an diesem Abend nicht über byzantinische Geschichte sprechen möge, da sonst sein Ruf als weltweit anerkannter Geschichtswissenschaftler auf diesem Gebiet Kratzer bekommen könnte.

Neumann sei der einzige Mensch gewesen, bekannte sein Kollege Edward Teller einmal, der Witze in drei Sprachen gleichzeitig zum Besten geben konnte, ohne dass dabei die Pointe verloren ging. Es ist zudem überliefert, dass ausgerechnet jener Mann, *der alles wusste* – Enrico Fermi (Sie erinnern sich?) –, bei privaten Kopfrechnenwettbewerben mit von Neumann stets ins Hintertreffen geriet. Dank seinem eidetischen Gedächtnis eilte ihm der Ruf voraus, über eine Art außerirdische Intelligenz zu verfügen. So mag es auch nicht verwundern, dass einer seiner Biografen sein Buch mit dem Titel *The man from the Future* versah oder der Physik-Nobelpreisträger von 1963, Eugene Wigner (1902–1995), über ihn einst sagte: „Man hatte den Eindruck, ein perfektes Instrument vor sich zu haben, dessen Zahnräder auf ein Tausendstel eines Zolls genau ineinandergreifen."

Die Liste seiner Leistungen ist lang: Er trug Wesentliches zur nichteuklidischen Geometrie, Mengenlehre, Quantentheorie, Statistik und Numerik bei. Er erfand die Disziplin der Spieltheorie – und beschäftigte sich bekanntlich mit sich selbst replizierenden Maschinen (Bracewell-von-Neumann-Sonden) und hatte auch großen Anteil an der Entwicklung des ersten programmierbaren digitalen Computers.

Vor allem war er aber ein Mitglied jener fünf *Marsianer*, die von Ungarn in die USA emigriert und von denen vier in Los Alamos direkt an der Entwicklung der ersten Atombombe beteiligt waren: Leo Szilard (1898–1964, Physiker und Molekularbiologe), Eugene Wigner (Physiker und Nobelpreisträger), Edward Teller und eben auch von Neumann. Der Fünfte im Bund war Theodore von Kármán (1881–1963), ein Aerodynamiker und Pionier des Überschallflugs. „Man erzählte sich, dass einige der Teilnehmer des Manhattan-Projekts darüber spekulierten, wie es dazu kam, dass es so viele brillante Ungarn in ihrer Mitte gab. Sie kamen zu dem Entschluss, dass diese Kollegen in Wirklichkeit Wesen vom Mars waren, die ihre nichtmenschliche Herkunft durch die ungarische Sprache verschleierten", erzählt von Neumanns Tochter Marina, ohne den wahren geistigen Urheber dieser Geschichte zu kennen. Tatsächlich ging das *Marsianer*-Meme auf Philipp Morrison zurück, der als SETI-Pionier anscheinend schon 1946 ein Faible für das Außerirdische hatte. Denn in diesem Jahr machte er sich spaßeshalber darüber Gedanken, wie Marsianer wohl vorgehen würden, wollten sie die Erde erobern. Morrison spekulierte, die Marsianer würden bei einer solchen Mission die Erde über einen längeren Zeitraum sukzessive okkupieren, sich dabei bis zu 2000 Jahre Zeit lassen. Sie würden ein sicheres Territorium als Basis wählen und daher in einem wenig bekannten Land in Mitteleuropa Fuß fassen, um von dort unbemerkt das menschliche Verhalten zu studieren und dieses annehmen zu können – und um eine glaubwürdige Erklärung für den eigenen starken Akzent zu haben. Und natürlich würden sie sich hinter genialen Wissenschaftlern verstecken, von denen es in Ungarn offenbar mehr als genug gebe ...

Dass Morrisons Wahl 1946 auf Ungarn fiel, war kein Zufall, kannte er doch die ungarischen vier *Marsianer* in Los Alamos allesamt persönlich.

Jedenfalls verbreitete sich Morrisons Geschichte in Los Alamos in Windeseile, noch bevor Enrico Fermi 1950 seine berühmte Frage „Wo sind sie?" stellen konnte. Kam in Nevada die Sprache auf die kleinen grünen Männchen, scherzten viele Wissenschaftler des Manhattan-Projekts bereits ab 1946 mit dem Spruch: „Sie sind bereits unter uns, und sie nennen sich Ungarn!" – Die ungarischen Wissenschaftler konterten ganz entspannt: „Ja, wir sind hier. Und wir nennen uns Ungarn!"

So bizarr diese Geschichte klingen mag – sie könnte wie jede Anekdote einen wahren Kern enthalten. Denn wer von uns kann angesichts der Genialität dieser fünf ungarischen Koryphäen schon zu 100 Prozent ernsthaft glauben und ausschließen, dass sie wirklich irdischer Herkunft waren? Gerade eingedenk der universellen Talente von John von Neumann, seiner herausragenden Fähigkeiten und Entdeckungen sowie Erfindungen beschleicht uns in der Tat der Verdacht, dass an der „Ungarn-sind-Aliens-These" doch etwas *dran* sein könnte. Wenn dem so ist, dann sollten wir hieraus zumindest eine wichtige Konsequenz ziehen: Verkaufen oder verleihen Sie besser keinen Wagen an Außerirdische!

Extraterrestrischer Pluralismus

Wollen wir die Gründe für das Schweigen unserer Feinde oder Freunde im All nachvollziehen, müssen wir unseren Blickwinkel verändern, unsere Sinne schärfen – und unsere ungarischen Außerirdischen für einen Moment vergessen.

Wer hier um Kreativität und Verwegenheit nicht verlegen ist, kann das Fernbleiben der Aliens sodann mit der noch so absurdesten Theorie erklären. So ziemlich jede Interpretation hat ihre Daseinsberechtigung, weiß doch schließlich keine Menschenseele, warum die intelligenten, technisch talentierten Extraterrestren den Mantel des Schweigens um ihre Existenz gehüllt haben.

Wichtig ist in diesem Zusammenhang nur, dass wir uns darüber im Klaren sind, dass viele Wissenschaftler und Autoren bis heute eine lange Liste von Gründen vorgestellt haben, um das erratische Verhalten der Außerirdischen zu ergründen und zu verstehen. Deshalb kommt es zuweilen schon einmal zu missverständlichen Generalisierungen – wie etwa zu der banalen Frage, was geschähe, wenn alle nur senden, aber keiner zuhört – oder alle nur zuhören, aber keiner sendet.

Solche oder ähnliche Fragen wirken deshalb deplatziert, weil es höchst unwahrscheinlich ist, dass alle existenten Zivilisationen in der Galaxis und in den Milliarden anderen im Sternenmeer treibenden Materieoasen (Abb. 8.1) mit einem Mal unabhängig voneinander demselben Motiv folgen, sich aus demselben Anlass bewusst abzukapseln.

Abb. 8.1 Hubble Ultra Deep Field 2012. Auf dem Astro-Foto sind Materieoasen bzw. Galaxien zu sehen, zehn Milliarden Lichtjahre von der Erde entfernt. Es bedarf schon viel Vermessenheit, die Nichtexistenz außerirdischer Intelligenz zu postulieren.
Credit: © NASA; ESA; G. Illingworth, D. Magee, and P. Oesch, University of California, Santa Cruz; R. Bouwens, Leiden University; and the HUDF09 Team

Es ist nur allzu *außerirdisch* und logisch, dass nicht alle Technologien aus demselben Grund schweigen oder fleißig senden. Nicht alle beschränken sich aufs Zuhören oder darauf, unentwegt ins All zu funken oder zu lasern. Im Universum herrscht bunte und breite Vielfalt, weswegen verschiedene Meinungen und Ansichten sowie unterschiedliche Verhaltensweisen das Bild prägen (müssen). Dieses ungeschriebene Gesetz, das auch unsere Kultur vorlebt, könnte im gesamten Universum die Soziologie vieler außerirdischer Kulturen bestimmen. Stephen Webb, unser Experte für das Hart-Tipler-Paradoxon, bringt es auf den Punkt: „Wenn die Galaxis eine Million Zivilisationen beherbergt, wie optimistische Schätzungen nahelegen, dann werden sicherlich ein *paar* oder auch ziemlich viele von ihnen keine Lust auf Smalltalk haben." Aber wolle man das Paradoxon komplett auflösen, müssten sich alle Kulturen in der Milchstraße in Schweigsamkeit üben. Und genau dies sei wirklich höchst schwer vorstellbar, so Webb.

So gesehen haben die Millionen bis Milliarden intelligenten Lebensformen und Hochkulturen, die im Universum leben, gelebt haben oder noch leben werden, allesamt ihre ganz persönlichen, speziellen Gründe und Argumente, von sich nichts hören und sehen zu lassen. Das Schweigen im Äther, die große Stille im Kosmos – beide Phänomene sind nicht das Resultat einer Verschwörung gegen uns, gegen den Homo sapiens. Vielmehr sind beide nur Ausdruck eines extraterrestrischen Pluralismus, der für interkosmische Diversität zwischen den so zahlreichen Zivilisationen steht.

Wir hören, sehen und erkennen ihre Signale nicht

Die Formel ist so einfach wie anspruchsvoll: Wer als Radioastronom den Frequenzbereich von 30 kHz bis 300 GHz Kanal für Kanal unablässig belauscht, erhöht die Chance, eine Funknachricht einer technologisch annähernd gleichwertigen fernen Zivilisation abzufangen. Denn nur in diesem Bereich hebt sich ein abgesandtes schmalbandiges Signal von der natürlichen geräuschvollen Kakophonie der Radioquellen messbar ab. Hier, inmitten von etlichen Milliarden Frequenzen, könnten unsere Horcher auf jene *magische* treffen, die Außerirdische zum Senden und Empfangen ihrer Nachrichten nutzen. Seit Frank Drakes erstem Suchlauf 1960 schwören die SETI-Enthusiasten nicht mehr allein auf die 21-Zentimeter-Linie (1,42 Gigahertz), auf die klassisch-kosmische Standardfrequenz schlechthin, die außerirdische Technologien bevorzugt frequentieren könnten, weil auf ihr der universelle Wasserstoff strahlt. Nein, seit Drakes Premiere richtet sich deren Augenmerk auch auf ein sehr ruhiges Frequenzband der elektromagnetischen Strahlung. Sie interessieren sich für eine andere Wellenlänge, die abseits des langwelligen Bereichs der Wasserstofflinie (H) liegt, inzwischen aber längst zur zweiten wichtigen Frequenz in der SETI-Radioastronomie avanciert ist: die Linie des Hydroxyl-Radikals, ein Sauerstoff-Wasserstoff-Molekül (OH). Diese liegt bei 1,662 GHz und bietet sich aufgrund der Bedeutung des Sauerstoffs für die Entstehung biologischen Lebens als Alternativfrequenz zur 21-Zentimeter-Linie an. Da H plus OH die chemische Formel für Wasser (H_2O) ergeben, ist der Gedanke naheliegend, den Frequenzbereich zwischen 1,420 bis 1,662 GHz, den Astronomen auch als das Wasserloch bezeichnen, näher ins Visier zu nehmen. Wie bei durstigen Tieren unterschiedlichster Arten, die sich in einer Wüste um ein *Wasserloch* scharen und dort das Lebenselixier Wasser trinken, könnten sich Mensch und Alien im stellaren Wüstenmeer beim kosmischen *Wasserloch* begegnen, wo das Lebensexilier des Universums, der Wasserstoff, emittiert. Innerhalb dieser dunklen und ruhigen Zone liegen Millionen weitere vielversprechende Frequenzen, die für fremde Lebensformen, die über Radiosender und Empfänger verfügen, höchst interessant sind.

Nur die laserbegeisterten OSETI-Forscher können mit einer echten magischen Frequenz nicht dienen, mit der Radioastronomen so gerne kokettieren. In der kosmischen, von wenigen Planetenoasen durchzogenen Wüste, gibt es für die Exolaser-Forscher keinen Ort am Wasserloch, an dem sie ihre Zelte aufschlagen könnten. Ein Umstand, der zugleich auch ein Vorteil sein könnte, müssen sie doch nicht wie ihre Kollegen von der Radiofraktion Milliarden von Frequenzkanälen abdecken und durchforsten.

Allerdings muss bedacht werden, dass selbst technologisch bewanderte Arten mit dem notwendigen Instrumentarium nicht notgedrungen am *Wasserloch* Platz nehmen müssen. Sie könnten auch in Wellenbereichen jenseits unserer Vorstellungskraft kommunizieren, fernab unseres Kalküls.

Fernerhin könnten selbst hochentwickelte K*I*-Kulturen bereits mit einem einzigen kleinen Gerät das gesamte elektromagnetische Spektrum abdecken und dabei das schwächste künstliche Radio- oder Lichtsignal detektieren. Sie könnten über ein High-Tech-Instrument verfügen, mit dem sogar artifiziell manipulierte Neutrinos und Gravitationswellen, vielleicht sogar im Rahmen von Telepathie fließende Hirnströme aufgefangen werden könnten. Sie würden frohen Mutes senden, aber unsere unzureichende Technik würde versagen …

Abgesehen von der bereits diskutierten Gegebenheit, dass Licht- und Funksignale aus den Tiefen des Alls unsere Welt schon vor Millionen Jahren passiert haben könnten (oder erst in ferner Zukunft erreichen), könnte die im Wellenmeer dahintreibende extrasolare Flaschenpost ebenso just in diesem Augenblick ans Erdufer driften, ohne dass wir und unsere Messinstrumente davon etwas mitbekommen. Für den Fall, dass die

Absender nur eine einzige Flaschenpost in die Strömung geworfen und nicht ständig nachgeworfen haben, wäre die Botschaft in diesem Fall für alle Zeit verloren. Schließlich ziehen Licht- und Funksignale ohne Unterlass weiter und verlieren im Raum exponentiell an Energie. Was die Antennen oder den Laserbeamer einst als gebündelten, intensiven Strahl verließ, erreicht den unbekannten Adressaten als äußerst schwachen Impuls.

Genauso gut könnten wir bis heute die ganze Zeit am falschen Küstenabschnitt zum falschen Zeitpunkt gewartet und deshalb immerfort leere Netze eingezogen haben, weil wir die falschen Fische im Visier hatten. Das *richtige* Strandgut konnte nicht aufgefischt werden, weil wir einfach nicht zur rechten Zeit am rechten Ort waren. Anders ausgedrückt: Unser Teleskop hat nicht im exakt richtigen Moment bei der exakt richtigen Frequenz vom exakt richtigen Punkt am Himmel das entscheidende Signal eingefangen. Hält man sich allein diese drei Parameter vor Augen, gibt es Billionen über Billionen denkbare vielversprechende Kombinationen. So könnten andere kommunikationsfreudige Zivilisationen in fernen Galaxien hausen und schon seit Langem eifrig senden, ohne dass uns diese Signale jemals erreichen. Die Distanzen zwischen unseren Welten sind einfach zu groß.

Ja, wer die Stecknadel im kosmischen Sternhaufen finden will, muss nicht nur enormes Glück haben, sondern viel mehr Arbeit investieren als jener, der sie nur im irdischen Heuhaufen sucht. Vor allem dann, wenn er gezielt nach jenen Technologien sucht, die in unser Beuteschema passen: Typ-I-Zivilisationen. Sie, die uns in ihrer technologisch-wissenschaftlichen Entwicklung wahrscheinlich nur um einige Hundert Jahre voraus sind, stehen in diesem Kapitel deswegen im Vordergrund, weil wohl nur solche immer noch mit Licht- und Funkwellen arbeiten würden. Fänden wir später einmal Technologien, die annähernd unser technisches Niveau haben, bestünde nach Ansicht des SF-Literaten Stanislaw Lem tatsächlich eine kleine Chance auf Erfolg: „Wir müssen auf die technisch entwickelten Zivilisationen setzen, weil wir mit anderen keinen Kontakt anknüpfen können."

Wir existieren aneinander vorbei

Die Logik sagt uns, dass auch außerirdische Geschöpfe samt und sonders Kinder ihrer Sonne sind und den Sternenstaub in sich tragen, der in unzähligen Supernovae-Explosionen in den Kosmos freigesetzt wurde. Ja, wir sind allesamt Kinder des Wasserstoffs, der sich 380 000 Jahre nach dem Urknall bildete, als sich das Universum auf 3727 Grad Celsius abgekühlt hatte. Wir sind nicht allein – das ist die bereits erwähnte Prämisse dieses Buches. Sie fußt auf dem 1966 von Carl Sagan extrapolierten Wert von einer Million Zivilisationen in unserer Galaxis, auf den wir bereits in Kapitel fünf eingegangen sind. Im Schnitt müsste Sagans Rechnung nach jede Hochkultur in einer Distanz von mehreren Hundert Lichtjahren einen kosmischen Nachbarn haben.

Wir halten Sagan für eine gute Referenz. Nicht von ungefähr sagte einmal der kongeniale Science-Fiction-Autor Isaac Asimov nach einer Begegnung mit Sagan in einem Anflug vollkommener Unbescheidenheit, er sei neben ihm und Marvin Lee Minsky der klügste Mensch, den er jemals getroffen habe.

Gewiss, eine Million intelligente Kulturen da draußen – das ist ein Wert, der sehr viel Optimismus emittiert und das Sternenmeer geradezu mit Leben durchtränkt. Und der marine kosmische Ozean endet ja bekanntlich nicht bereits mit der

Milchstraße, sondern beginnt erst so richtig *dahinter, davor, darüber* und *darunter*. Wie viele Millionen über Millionen mit Geist und Bewusstsein beseelte Intelligenzen mögen in den Myriaden Welteninseln jenseits der Galaxis ihr passendes Bio- oder Technotop gefunden haben?

Uns mag vieles einen und zugleich vieles trennen. Einerseits leben wir alle in diesem Universum und unterliegen denselben physikalischen Gesetzen, andererseits ticken die Uhren von Zivilisation zu Zivilisation völlig anders. Durch Zeit und Raum getrennt, lebt jede Gesellschaft in ihrem eigenen Kosmos, in ihrer eigenen Raum- und Zeitblase – fernab der vielen Welten in ihrer eigenen Welt.

Abb. 8.2 Das Sternenmeer ist so groß, dass die Zivilisationen aneinander vorbeiexistieren könnten.
Credit: © ESO

Das Hauptproblem aller intelligenten Zivilisationen ist deren kurze Lebensspanne. Sollte sich die Urknalltheorie als das richtige Modell erweisen – sie ist trotz aller eindrucksvollen

Indizien tatsächlich immer noch anfechtbar –, beträgt das Alter dieses Universums gemäß den aktuellen Messungen 13,82 Milliarden Jahre. Infolge der sich ständig beschleunigenden Expansion des Raums ist sein Durchmesser auf mehr als 93 Milliarden Lichtjahre gewachsen. In Anbetracht einer solch enormen Zeitspanne und Raumgröße muss davon ausgegangen werden, dass Kulturen vom Typ I mit großer Wahrscheinlichkeit aneinander vorbeiexistieren und ihre gut geschnürten Datenpakete unbemerkt aneinander vorbeilasern und -funken.

Es kommt noch ein wichtiger Aspekt hinzu: Gemessen an der Größe und dem Alter des Weltalls sind selbst langlebige Kulturen bestenfalls kosmische Eintagsfliegen (Abb. 8.2). So könnte eine Hochkultur bereits vor einer Milliarde Jahre auf einem anderen Spiralarm unserer Galaxie ihre Blütezeit durchlebt haben und mittlerweile wieder von der kosmischen Bühne abgetreten sein, während für eine andere Zivilisation der Vorhang zum ersten Akt des galaktischen Schauspiels erst in 1,1 Milliarden Jahren aufgeht. Die interstellare Nachricht eines solchen Absenders würde den unbekannten Empfänger um Millionen Jahre zu früh erreichen. Oder die Grüße kommen schlichtweg zu spät, weil die einst hiesigen Geschöpfe schon vor Tausenden von Exojahren dem Ruf des Krieges gefolgt sind und ihre eigene Art ausgemerzt haben. Die Steigerung dieses Gedankenmodells wäre jedoch, wenn eine längst untergegangene Zivilisation eine Nachricht von einer Kultur erhielte, die selbst das Zeitliche gesegnet hätte – und daher beide Botschaften im Strom der Unendlichkeit verloren gingen …

Sie lauschen nur

Wenn Carl Sagan recht hat und eine Million Zivilisationen unsere Welteninsel bewohnen, von denen viele unser technisches Niveau haben oder sogar noch etwas fortgeschrittener sind, dann müsste sich rechnerisch im Abstand von 300 Lichtjahren jeweils eine intelligente Kultur ihres Daseins erfreuen. Bei einer statistischen Distanz von nur 300 Lichtjahren zwischen den Kulturen stellt sich automatisch die Frage, warum es gleichwohl noch nicht zu einem bilateralen Kontakt gekommen ist? Warum hören und sehen wir nichts von jenen Nachbarn, die aus astronomischer Perspektive im Grund genommen neben unserer planetaren Haustür leben? Doch bisher blieb der offizielle Kontakt via Funk- und Lichtwellen aus. Keine Bracewell-von-Neumann-Sonden gaben sich als Botschafter in offizieller Mission zu erkennen und nahmen Kontakt mit der Menschheit auf!

Gewiss, wer senden will, braucht starke Sender, muss gebündelte schmalbandige Botschaften mehrfach wiederholen und möglichst breit streuen. Nur wer den Bau außerordentlich großer Radioschüsseln und Lichtteleskope forciert und ein Radio- oder Lichtsignal für längere Zeit oder *besser* kontinuierlich sendet, darf sich Chancen ausrechnen, gehört zu werden.

Für alle Vagabunden im All, die sich mitteilen wollen, wäre ein *isotropes,* zeitgleiches Versenden engbandiger Radionachrichten in alle Himmelsrichtungen bei gleichbleibender Intensität optimal. Die Taktik einer Rundumbeschallung hätte die größten Chancen auf Erfolg, würde aber enorme Energieressourcen verbrauchen und somit höchst kostspielig sein. „Isotrope Transmissionen garantieren, dass jeder, der Ohren hat zu hören, auch hören kann, aber es ist sauteuer. Richtstrahlen sind billig, aber sie verfehlen den allergrößten Teil der potenziellen Hörerschaft", erklärt Stephen Webb.

Für den Empfänger wiederum bedeutet dies, möglichst sensible Instrumente permanent im Empfangsmodus zu halten, die Tag und Nacht, Monat für Monat, Jahr für Jahr horchen, messen und aufzeichnen. Hierfür ist zwar auch ein gewisser Arbeitsaufwand erforderlich. Dennoch werden sich da draußen zahlreiche kluge Aliens lieber aufs Lauschen beschränken, einerseits aus Bequemlichkeit, andererseits aus finanziellen Gründen.

Sind wir einmal ehrlich, dann zeugt es doch schon von einer übersteigerten Arroganz, dass ausgerechnet wir uns über die Zurückhaltung exosolarer Zivilisationen echauffieren. Eigentlich sind wir in der Tat die wirklich Allerletzten in der Milchstraße, die sich über die Schweigsamkeit der Extraterrestren aufregen dürfen, haben wir doch bislang selbst nur wenige energiereiche Funkbotschaften ins All gepulst, getreu dem für unsere Art typischen Motto: *Sollen es doch die anderen richten und dafür bezahlen!*

Wir sollten uns daher nicht allzu sehr darüber wundern, wenn viele Zivilisationen von ihrer Identität deshalb so wenig preisgeben, weil viele von ihnen ähnlich ticken wie wir und das passive Horchen deshalb so schätzen, weil derlei Lauschaktionen parallel zur astronomischen Routinearbeit durchgeführt werden können.

Es sind aber weniger die interstellar anfallenden hohen Telefongebühren, die ET & Co. davon abhalten könnten, den Hörer zur Hand, zur Flosse oder zu den Krabbenscheren zu nehmen. Sie könnten eine viel düstere Gefahr ausgemacht haben, die sie davon abhält, nicht allzu laut in den Kosmos zu rufen ...

Desinteresse an den Sternen und uns

Hier und da mögen extraterrestrische Lebensformen, die über Bewusstsein und Selbstbewusstsein verfügen, schlichtweg kein Interesse an Wissenschaft und Technik haben und anstelle von Astronomie, Exobiologie oder Raumfahrt ihr vollkommenes Glück in Literatur, Dichtkunst, Musik und in der bildenden oder darstellenden Kunst suchen und sich daran erfreuen. Was oberhalb ihrer Sphäre geschähe, würde bestenfalls in Gedichten, Kantaten und Gemälden Ausdruck finden. Die Sterne wären nicht mehr als schmückendes Beiwerk ihrer Muse, fabelhafte Figuren auf fernen Welten nur Romangestalten ihrer regen Fantasie. Angesichts der Vielzahl von potenziellen belebten Welten ist diese Erklärung für das Ausbleiben einer *außerirdischen Reaktion* fast schon romantisch und um eine Nuance zu idealtypisch. Dennoch ist es naheliegend, dass kunstbesessene Aliens für einen interplanetaren Austausch, der einen wissenschaftlich-technischen Kraftakt voraussetzte, im wahrsten Sinn des Wortes keine Antennen haben, zumal der Weg zu den Sternen teuer und kräftezehrend ist. Er würde ihren Hunger nach geistiger Nahrung mitnichten stillen.

Auch ein übermäßiger kulinarischer oder sexueller Trieb könnte so mancher Alienkultur die Lust auf Wissenschaft und die Neugierde auf andere Lebensformen genommen haben. Als Folge einer solchen energieraubenden Lebensweise könnten zu hedonistisch veranlagte Zivilisationen wieder ins Zeitalter der Barbarei gerutscht sein. Orgien, Völlerei und sexuelle Ausschweifungen – ein exoplanetares Sodom und Gomorrha oder ein Exo-Rom 2.0 im Pferdekopfnebel? Vieles ist vorstellbar, vieles möglich.

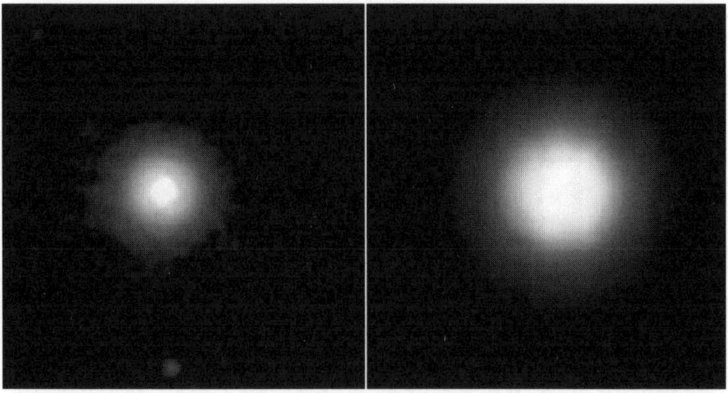

Abb. 8.3. Aufnahme der Wega im Infrarotlicht. Der Heimatstern unseres fiktiven Sokrates 2.0.
Credit: © NASA/JPL-Caltech/University of Arizona

Selbst das Vorhandensein einer superintellektuellen, rein geisteswissenschaftlich orientierten Gesellschaft kann keiner ausschließen. In ihr leben womöglich geistvolle Geschöpfe, die – wie einst Sokrates (469–399 v. Chr.) auf der Erde – gewissermaßen unentwegt philosophieren und ihre Artgenossen in endlose Gespräche involvieren. Wer weiß, womöglich tapst und stolziert *gerade* in 25 Lichtjahren Entfernung auf einem erdähnlichen Planeten des Wega-Systems (Abb. 8.3) ein Veganer vom Planeten Vega, der Sokrates äußerlich und intellektuell in nichts nachsteht. Barfuß laufend über den blaugrünen Sandboden einer sonnenverwöhnten Welt, würden ihn seine Anhänger trotz seiner ärmlichen Kleidung anhimmeln und ihm huldigen, seine Predigten hören, seine Aphorismen gedanklich aufsaugen. Er wäre nur einer von Tausenden anderen Exophilosophen, die sich alle den großen Fragen der Ethik und Moral widmen würden – und dank ihres Wissens, ihres Einflusses und ihrer Macht über das Schicksal ihrer Welt zu entscheiden hätten. Eine Welt von Philosophen dieses Niveaus hätte nur wenig Zeit und Muße, sich *praktisch* mit fernen Exoplaneten und deren Bewohnern auseinanderzusetzen. Gedanklich ja, aber mehr auch nicht. Daher wäre zu hoffen, dass unseren Vega-Gurus zumindest das Schicksal erspart bliebe, dass ihnen eine Exo-Xanthippe gehörig die Leviten lesen und sie unverhohlen auf den kalten blaugrünen Boden der Tatsachen zurückholen würde.

Dennoch könnten hochphilosophische Gesellschaften dieser Façon, die tagein, tagaus meditieren und Informationen mit ungeahnter Tiefenschärfe reflektieren, durch die Rückbesinnung auf die eigene Existenz und innere Stärke eine Art Nirwana erreicht haben. Sie könnten durch besondere Meditationstechniken einen inneren Frieden gefunden haben, mit sich und ihrer Welt im Reinen sein. Für dieses Ziel hätten sie alle äußeren Reize wie fremde Licht- oder Funkbotschaften als Störfaktoren automatisch gefiltert oder schlichtweg eliminiert.

Und natürlich werden hier und da auch nichtplutokratische intelligente Gesellschaften leben, für die materielle Besitztümer wie Immobilien, Geld, Gold oder Aktien keinen Wert haben. Derlei Kulturen würden flache Hierarchien pflegen, keinen Konkurrenzkampf entfachen, keine Leistungsgesellschaft ausrufen und ökonomische Strukturen nur dann aufbauen, um das eigene Überleben zu sichern. Jede Form von Kapitalismus wäre ihnen fremd und vielleicht sogar zuwider. Jede Form von Bürokratismus und Papierkrieg umso mehr, der auf unserer Welt galaxisweit wohl einzigartig und abschreckend sein dürfte.

Zu guter Letzt könnten auf maritimen Welten auch fischartige Lebewesen hausen, die im Verlauf ihrer Evolution zwar

Intelligenz ausgebildet haben, sich aber ausschließlich im Wasser heimisch fühlen und naturgemäß keine Sensibilität für die Sterne mitsamt deren Bewohnern mitbrächten. Die Welt, in der sie lebten und die sie als einzigen Forschungsgegenstand erachteten, wäre ein marines Universum. Die Wahrscheinlichkeit, dass solche Spezies in ihrem nassen Milieu Elektrizität entwickeln konnten, dürfen wir getrost als hochgradig gering veranschlagen. Nach Radio- und Lichtteleskopen werden wir bei diesen Lebensformen vergeblich suchen.

Radio- und Lichtwellen könnten auf anderen Welten mit intelligenten Bewohnern auch deshalb völlig unbekannt sein, weil deren anfängliche technische Evolution aus einem unerfindlichen Grund entweder bewusst oder unabsichtlich ins Stocken geraten ist. Einige fortgeschrittene Sternenvölker könnten einfach noch nicht den Reifegrad erreicht haben, um Transistoren, Antennen oder Funkanlagen zu konstruieren. „Wäre ein Besucher aus dem All im Jahr 1800 n. Chr. zur Erde gekommen, so hätte er die Aussichten für die Entwicklung des Funks aus diesem Planeten sicher gleich null geschätzt", vermutet Jared Diamond. Umgekehrt haben wir keine Vorstellung von den futuristischen Kommunikationskanälen, mit denen höherentwickelte Außerirdische operieren. Wie befinden uns fast in einer ähnlichen Situation wie ein New Yorker Rundfunktechniker aus den 1930er-Jahren, der mit einer Zeitmaschine ins Jahr 2023 versetzt wurde. Müsste er davon irritiert sein, dass es keine Radiosender mehr gibt? „Genauso wenig hätte er Ahnung von Glasfaserkabeln, Laserkommunikation oder geosynchronen Satelliten", mutmaßt Stephen Webb.

Bei alledem könnten außerirdische Zivilisationen auf Elektrizität, Computer oder andere technische Geräte verzichten müssen, weil ihr Planet eine Atmosphäre hat, die elektrisch leitend ist. „In diesem Fall würde jedes elektrische Gerät bald einen Kurzschluss erleiden und Funken sprühen", gibt Michio Kaku zu bedenken. Nicht gerade ideale Bedingungen für den Aufbau eines direkten Drahts zu anderen geistreichen Geschöpfen. Einige von ihnen könnten in Höhlen oder zwischen den Sedimentschichten weit unterhalb der Planetenoberfläche schlummern, weil die Welt oberhalb völlig unbewohnbar ist. Ihren Blick nach unten und nach vorn gerichtet, würden sie der über ihrem Haupt gelegenen lebensfeindlichen Sphäre wenig Beachtung schenken. Was da oben alles so los wäre, wäre für sie belanglos.

Dabei sollten wir unsere anthropozentrische Brille keineswegs vergessen, die wir als Homo sapiens offensichtlich selten ablegen können. Sie trübt unseren Blick auf Lebensformen, die sich jenseits der DNA und des reaktionsfreudigen Elements Kohlenstoff eines nichtbiologischen Daseins erfreuen. Schließlich sehen und erkennen wir als Kohlenstoff-Chauvinisten nur das, was wir erwarten, was unsere Sinne wahrnehmen und unsere Instrumente registrieren können. Möglicherweise haben die Extraterrestren im Gegensatz zu uns ja eine komplett andere Biochemie oder existieren nur als reine Geistwesen, als amorphe Lebensformen, die aus purer Energie bestehen und logischerweise keine Teleskope besitzen, weil sie zwangsläufig schlechte Handwerker und Ingenieure sind.

Vorstellbar wären auch ausschließlich im All existierende, intelligente Plasmawolken, wie in dem zuvor erwähnten Science-Fiction-Roman von Fred Hoyle beschrieben. Oder ein gallertiger Ozean, ein nicht klassisch-biologisches lebendiges Etwas von amorpher Struktur als hochorganisierte

Lebensform. Ein Plasmameer mit Geist und Bewusstsein. Aber eine Daseinsform ohne biologische Sinnesorgane, mit denen sie ihre Umwelt wahrnehmen könnte. Ohne Nervensystem und Zellen: das maximal Fremde, wie Stanislaw Lem es in seinem mehrfach verfilmten Klassiker *Solaris* beschreibt.

Auch wenn es in beiden Romanen zu einem First Contact kommt und eine gemeinsame sprachliche kommunikative Ebene gefunden wird, mündet dieser Erstkontakt in beiden Fällen in einem Desaster.

Dabei sind die beiden Ideen, die Plasmawolke und der Plasmaozean, astronomisch gesehen recht originell. Schließlich verharrt mehr als 99 Prozent der baryonischen Materie, aus der alles uns im Universum Bekannte besteht, in diesem Zustand. Denn nicht gasförmige, flüssige oder feste Materie erfüllt den Raum. Es ist vielmehr das Plasma selbst, das sich als vierter Aggregatzustand geriert und das sichtbare Universum quantitativ eindeutig dominiert. Wenn im Universum außerirdische Plasmaintelligenz existiert, wovon man ausgehen kann, dann wäre eine Verständigung mit solchen Lebensformen mit den klassischen konservativen SETI- oder SETA-Techniken kaum zu bewältigen.

Ja, angesichts der von uns geschilderten, vorangegangenen Fallbeispiele ist der in Fachkreisen bisweilen diskutierte Vorschlag nicht ganz von der Hand zu weisen, das veraltete Akronym SETI beizeiten durch SETT (Search for Extraterrestrial Technology) zu ersetzen. Schließlich ist SETI ein einseitig technologieorientiertes Projekt, das nicht nach Anzeichen philosophischer, musischer oder sozialer Intelligenz sucht, sondern strikt Technosignaturen, Spuren technologischer Intelligenz, im Visier hat. Ausnahmslos!

Wir verstehen sie nicht

Gewiss, einige neugierige Geschöpfe da draußen könnten uns seit geraumer Zeit Botschaften zuschicken, die wir bislang nicht nur übersehen, sondern wahrscheinlich auch nicht verstanden haben. Denn trotz allen Fortschritts in der Radioastronomie könnte es uns widerfahren, dass wir ein künstliches Signal von einem natürlichen nicht richtig abgrenzen. Käme nämlich eine verschlüsselte Nachricht in Form von Wärmestrahlung bei uns an, könnten wir die Botschaft nicht von Schwarzkörperstrahlung unterscheiden, jener allgegenwärtigen Wärmestrahlung, die jeder Himmelskörper im All emittiert und deren Frequenz seine Temperatur bestimmt. Wir würden bei suspekten Signalen gemäß dem Occams-Razor-Prinzip eher von einer natürlichen Quelle ausgehen und den geheimnisvollen Kandidaten völlig zu Unrecht ad acta legen. Das Occams-Razor-Prinzip besagt vereinfacht gesagt: Halten sich bei einer wissenschaftlichen Streitfrage über eine Beobachtung oder ein Phänomen die Erklärungsoption die Waage, dann ist die einfachste Erklärung statistisch gesehen meist auch die richtige! Würde also eine hochstehende Typ-I-Technologie ihre Informationspakete in Wärmestrahlung kodieren und dergestalt modulieren, dass nur eine zumindest gleichwertige Zivilisation ihren Inhalt dechiffrieren kann, wären wir raus aus dem Spiel.

Apropos Spiel – vermutlich erhalten wir ja schon seit geraumer Zeit via Licht- oder Funksignal etliche Einladungen zu einem kosmischen Spiel, mit dem die Anderen unsere Intelligenz prüfen wollen. Vielleicht eine Art hochkomplexes dreidimensionales Schachspiel, gespielt auf mehreren Brettebenen, wie in *Star Trek*, wo unser Logiker Commander Spock mit einer vermutlichen Elo-Zahl von 5000 seine Stärken voll ausspielen könnte. Dekodierten und verstünden wir dessen Spielregeln, würden selbst geniale Großmeister wie Niclas Huschenbeth oder Magnus Carlsen bei dem Mehrebenen-Schach kapitulieren müssen.

Sie könnten uns darüber hinaus Botschaften zusenden, die auf DNA-Basis verschlüsselt sind, ohne dass wir dabei jemals eine Chance hätten, den Inhalt zu transkribieren. Nach Paul Davies wäre es denkbar, kleine, billige, sich selbst reparierende und replizierende Maschinen zu entsenden, die Informationen verarbeiten, kopieren und diese unabhängig von unvorhersehbaren Katastrophen über einen immens langen Zeitraum konservieren. „Solche Maschinen gibt es bereits. Man nennt sie lebende Zellen. Die Zellen in unseren Körpern enthalten Botschaften, die vor Jahrmilliarden von der Natur geschrieben wurden." Vielleicht haben einige Intelligenzen ein Virenpaket mit geringem Kostenaufwand in einer Raumsonde platziert und die Fracht an ein aufstrebendes Planetensystem geschickt. In fernen Gefilden angekommen, hätte das Virus den Wirt infiziert und die Botschaft in das Genom der heimischen Art eingespeist. Die Botschaft wäre dann primär in hochgradig stabilen DNA-Sequenzen abgelagert worden, die ohne jegliche Funktion im Organismus von Mutationen verschont blieben und die Evolution der jeweiligen Lebensformen nicht beeinträchtigen würden. Um eine galaktische Enzyklopädie im Erbgut des Menschen zu verstecken, gebe es nach Ansicht von Paul Davis genug Junk-DNA. Hier könnte eine galaktische Enzyklopädie deponiert sein, die uns den Weg zum Buch der kosmischen Weisen zeigt. Im Kalkül der Außerirdischen wäre es Millionen Jahre später für die mit Bewusstsein, Intelligenz und gentechnologischen Erkenntnissen gesegneten Nachkommen der Empfängerwelt ein Leichtes, die in dem Erbgut eingeschlossene Botschaft zu finden und zu entziffern.

Nicht ausschließen mag man auch Kontaktversuche, bei denen selbst künftige exolinguistische Koryphäen nicht nur infolge einer völlig unverständlichen Grammatik oder Semantik an ihre Grenzen geraten, sondern auch aus Kausalitätsproblemen passen müssten. Man denke nur an den distinguierten SF-Film *Arrival* aus dem Jahr 2016, in dem sich zwölf bizarr aussehende Raumschiffe um den Globus verteilen und – dem Gesetzen der Gravitation spottend – einige Meter über dem Boden schweben. In ihnen befinden sich große, octopusähnliche Heptapoden (Siebenfüßler), die unverständliche Laute von sich geben, sodass die Forscher improvisieren müssen. Als es ihnen gelingt, die Rauchzirkel und kreisförmigen Schriftsymbole der fremden Wesen richtig zu interpretieren, finden sie eine gemeinsame Sprachebene. Dabei kristallisiert sich heraus, dass diese fremde Intelligenz die Zeit nicht linear wahrnimmt. Vielmehr vereint sich ihr Zeitgefühl in Gegenwart, Vergangenheit und Zukunft. Ihre Zeit kennt weder einen Anfang noch ein Ende. Die Zeitebenen verschmelzen miteinander. Alles existiert zur gleichen Zeit, weshalb sich Heptapoden auch an die Zukunft erinnern können.

Klassische SETI-Astrononen könnten mit solchen Geschöpfen wohl kaum einen klassisch-linearen Kontakt herstellen. Nichtlineare Funk- oder Lasersignale haben diese nämlich nicht auf dem Schirm. Ob Megaintelligenzen diese unvorstellbare und nichtkausale Spielart beherrschen und andere Technologien damit spaßeshalber oder ernsthaft konfrontieren?

In unserer anthropozentrischen Hybris könnten wir aber natürlich auch übersehen haben, dass die Anderen mit der Erde längst Kontakt aufgenommen haben – nur nicht mit uns! Denn wie würden wir reagieren, wenn uns – wie in dem kongenialen SF-Epos *Star-Trek IV: The Voyage Home* durchgespielt – eine fremde Raumsonde besuchte und an unsere Welt fremdartige tierähnliche Laute senden würde, die unsere besten Linguisten und Zoologen nicht verstehen und übersetzen könnten? Kodiert in der Sprache der Wale und ausschließlich an diese gerichtet, wären wir bestenfalls Zuschauer jener leidgeprüften Säugetiere, die wir selbst jagen, verspeisen und langfristig ausrotten.

Noch komplizierter würde alles, versuchte eine kluge Lebensform mit uns in komplexen Metaphern zu parlieren, wie in der legendären *Star-Trek*-Folge *Darmok und Jalad auf Tanagra* (TNG, 1991). Jean-Luc Picard und seine Besatzung treffen in dieser Episode auf eine altbekannte Kultur, die Tamarianer, mit denen bislang keine Kommunikation möglich war – und an deren Sprache selbst der beste Universalübersetzer und Exolinguist bislang immer scheiterte. Wie Picard später unter tragischen Umständen lernen muss, basiert die Sprache der freundlich gesinnten Fremdlinge auf tradierten Geschichten und Sagen der tamarianischen Kultur, die nur jemand verstehen kann, der ihre Vergangenheit en détail studiert hat. Träfen wir auf solche Wesen, wäre das große Schweigen programmiert. Ähnliches wäre zu erwarten, sollten andere Supermächte die Technik der Gedankenübertragung beherrschen und uns auf diesem Weg kontaktieren, ohne von uns jemals eine Antwort zu erhalten. Wer weiß, vielleicht sind derlei Gedankenströme auf uns schon zuhauf niedergeprasselt, ohne dass unser Denkapparat eine reelle Chance gehabt hatte, sie wahrzunehmen und in irdische Gedanken zu übersetzen. Außerirdische Telepathen oder Telekineten könnten über unser Schweigen indigniert sein oder würden an uns aus Hochmut schnell das Interesse verlieren, uns folglich mit Gleichgültigkeit strafen.

Eine weitaus schönere Vorstellung, die Feingeister und Künstler eher gefiele, wäre eine hochgradig musische Zivilisation, die anstelle von mathematischen Funkbotschaften den Äther mit Musik erfüllte. Note für Note, Partitur für Partitur. Eine kosmische Etüde, eine extraterrestrische Kantate als Botschaft, allerdings notiert und codiert in der Sprache der Musik. Sie käme in Dur oder Moll daher, hätte aber eine Melodie oder Tonleiter, in denen eine Nachricht chiffriert wäre. Aber nur mit dem richtigen Notenschlüssel ließe sich das Audiopaket öffnen …

Sie flüchten ins All

Allen Unkenrufen der Pessimisten und Skeptiker zum Trotz – der Weg des Homo sapiens zu den Sternen, sein Wille, mutig in Räume vorzustoßen, wo im besten Star Trek'schen Sinn noch keine Menschenseele zuvor war, ist kein leichter, aber einer, der irgendwann einmal Realität wird. Angetrieben von der unversiegbaren Quelle Neugier, gewiss nicht die schlechteste Tugend des Menschengeschlechts, beflügelt von wissenschaftlichem Erkenntnisgewinn und motiviert von ökonomisch-ökologischen Zwängen (Überbevölkerung, Ressourcenknappheit), sekundiert von dem ureigensten genetischen Imperativ, zu explorieren und zu expandieren, könnte dem Homo sapiens nach Armstrongs kleinen lunaren Schritten früher oder später wirklich der große Sprung gelingen. Es wäre langfristig ein Sprung in die samtene Schwärze des Alls, der im bemannten Flug zu den Sternen gipfeln würde.

Astronauten im Tiefschlaf, unterwegs mit optimistischen 25 Prozent Lichtgeschwindigkeit, dem Effekt der Zeitdilatation ausgesetzt, würden irgendwann unwiderruflich zum

Homo spaciens avancieren – mit allen damit verflochtenen Träumen und Hoffnungen, mit allen daraus resultierenden Perspektiven, Chancen und Risiken, denen sie sich fernab des blauen Planeten in den Tiefen und Weiten der Metagalaxis gegenübersähen und stellen müssten.

Wenn außerirdische Typ-I-Zivilisationen dieses Übergangsstadium seit Jahrhunderten hinter sich gelassen haben, ist die Wahrscheinlichkeit recht hoch, dass nicht wenige von ihnen bereits jetzt so verfahren, wie wir es sicherlich später einmal selbst handhaben werden. Sie bereisen mit ihren großen Generationsraumschiffen und Raumkreuzern das Weltall mit einem Bruchteil der Lichtgeschwindigkeit – entweder in wissenschaftlicher, ökonomischer (Rohstoffe) oder kriegerischer Mission. Unausweichlich könnte ihr Aufbruch ins Unbekannte aber vor allem dann sein, wenn die eigene Welt überbevölkert ist, die planetaren Ressourcen und Energiereserven aufgebraucht sind oder geologische Katastrophen (Vulkanismus/Erdbeben) sowie astronomische Impakt-Ereignisse (Kometeneinschlag etc.) eine Flucht erforderlich machten.

Stünde ihre Sonne kurz davor, sich zu einem Roten Riesen aufzublähen, wäre eine schnelle Evakuierung ihre einzige Überlebenschance, so wie es Arthur C. Clarke in seinem Science-Fiction-Roman *The Songs of Distant Earth* (1986) beschreibt. In seiner Geschichte flieht das Raumschiff „Magellan" mit einer Million Menschen an Bord vor unserer Sonne, die zur Supernova wird *(Anm. der Autoren: Heute weiß man, dass die Masse der Sonne zu gering ist, um in ein Supernovastadium überzugehen)*. Mit annähernd Lichtgeschwindigkeit fliegt die Arche mit ihren Insassen, die in einem kryonischen Kälteschlaf konserviert die Zeit überdauern, einer ungewissen Zukunft entgegen.

Vielleicht haben einige Typ-I-Intelligenzen unsere Welt als Zufluchtsort längst auf dem Schirm. Sie könnten anfangs mit sensiblen Riesenteleskopen unsere Biosignaturen in der Atmosphäre erfasst und danach ihre Radioantennen auf uns gerichtet haben. Desgleichen könnten sie im Weltraum eine Interferometerphalanx von Lichtteleskopen installiert haben, die das Licht unserer Städte auflösten und weitere Details offenbarten. Ihre Spektrografen könnten zeitgleich die chemische Zusammensetzung der Atmosphäre bis ins kleinste Detail seziert haben.

Die Statistik geht von maximal drei Supernovae-Ereignissen binnen 100 Jahren in unserer Milchstraße aus. Bei Millionen intelligenten Zivilisationen in der Galaxis wäre es daher denkbar, dass binnen einer Million Jahre einige davon unseren Planeten als neue Kolonie ins Fadenkreuz genommen haben könnten, um der Katastrophe zu entkommen.

Berechnungen des amerikanischen Astrophysikers Ben Zuckerman zufolge muss in einer Galaxie, in der zwischen zehn und 100 Zivilisationen leben, mindestens eine zwangsläufig migrieren, weil ihre Heimatsonne ihr stellares Leben als Supernova aushaucht. Dass in einer solch dramatischen Situation die betroffenen Lebewesen keinerlei Lust auf einen hochtrabenden interplanetaren Dialog verspüren, wäre nur allzu extraterrestrisch. „Wenn es 100 000 solche Zivilisationen gibt, dann sollte die Galaxie seit Langem kolonisiert sein von Leuten, deren Sterne aus der Hauptreihe gerutscht sind“, folgert Stephen Webb. Ihre fehlende Anwesenheit spricht Bände.

Sie sind bereits unter uns

Möglicherweise hat die bisherige erfolglose Suche nach künstlichen Botschaften aus dem All einen viel fantastischeren Grund. Vielleicht sind sie schon hier – unter uns, in Gestalt winziger Maschinen, die wir nicht sehen, hören oder spüren können. Wir zitierten bereits den englischen Astrophysiker Martin Rees aus Cambridge, eine weltweit führende Autorität auf seinem Gebiet. Er schließt das Vorhandensein extraterrestrischer Technologie auf der Erde keineswegs aus. Theoretisch könnten uns tagtäglich Schwärme von mikroskopisch kleinen Sonden besuchen und die Welt durchfluten. Wären solche Maschinen auf der Erde, blieben die unsichtbaren Invasoren nahezu unbemerkt, glaubt Rees. Auch der bekannte kanadische Roboterexperte Hans Moravec hält außerirdische Besucher in Form von winzigen Nanobots für möglich. Derlei Roboter könnten ihre Operationen in situ noch weiter miniaturisieren, bis sie mit Materie in einem viel feineren Maßstab arbeiteten, als wir sehen können. Umstrukturiert und fast unsichtbar, könnten sie ein Sonnensystem durchqueren, ohne dass die einheimischen Bewohner jemals etwas davon mitbekämen. „Vielleicht sitzen sie direkt vor unserer Nase, wir erkennen sie aber nicht, weil wir nach dem falschen Objekt suchen und ein riesiges Sternenschiff voller Außerirdischer erwarten", erklärt Michio Kaku. Wer sich den genialen Science-Fiction-Roman *Herr aller Dinge* von Andreas Eschbach zu Gemüte geführt, erinnert sich fraglos an die gruseligen Fähigkeiten von Nanoassemblern, die wie eine Universalfabrik praktisch alles, was aus Atomen besteht, zusammensetzen können.

Wer die *Trisolaris*-Trilogie des chinesischen Bestsellerautoren Liu Cixin gelesen oder als Audiobuch respektive Hörspiel gehört hat, dem sind die *Sophonen* noch ein Begriff. Bei ihnen handelt es sich um unsichtbare, lichtschnelle Partikel, die autonom als Computer fungieren und gemeinsam eine Schwarm-Hyperintelligenz bilden, also weitaus effektiver agieren als Nanobots. Ihre Aufgabe besteht darin, die Gespräche und Bewegungen von Menschen auszuspionieren, deren Umgebung zu studieren und die gesammelten Daten an die Heimatwelt zu übermitteln. Sie können Menschen, deren Gedanken sowie Materie manipulieren. Eine unheimliche Vorstellung.

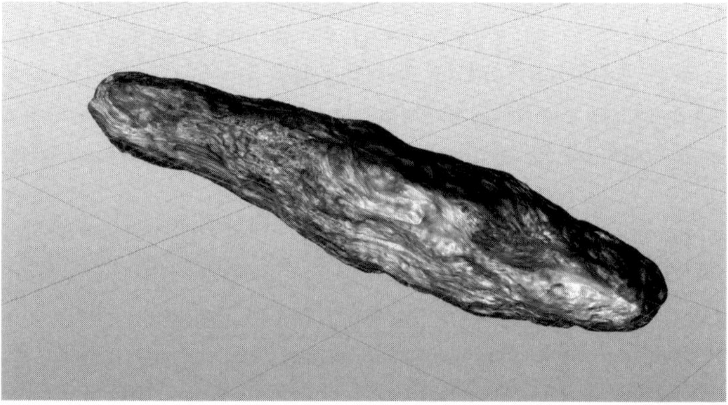

Abb. 8.4 3D-Modell von 'Oumuamua gemäß der klassischen Interpretation
Credit: © ESO/M. Kornmesser

Ja, eigentlich kann mit jedem Science-Fiction-Drama, in dem das bunte Treiben von Aliens auf der Erde der Hauptplot ist, das Hart-Tipler-Problem gelöst werden. In der Realität liegt uns nämlich ein riesiges Repertoire an fantasiereichen, möglichen Theorien, Indizien, angeblichen Artefakten, Dokumenten und Behauptungen vor, mit denen die Urheber die Anwesenheit von außerirdischer Intelligenz auf der Erde beweisen wollen. Mal ist die Rede von unsichtbaren Aliens, den eingangs erwähnten Minisonden, handgroßen Raumsonden oder scheibenförmigen UFOs, die in der Populärliteratur in der Vergangenheit zu Unrecht oft als Fliegende Untertassen ridikülisiert wurden. Ein anderes Mal sind es Lichterscheinungen, Berichte über Entführungen von Menschen durch Aliens, veröffentlichte Geheimakten durch Regierungen und Militärs, Zeitzeugenberichte, Fotos, Infrarotaufnahmen, Videos, Radarbilder und noch vieles mehr. Nicht zu vergessen die bisweilen rätselhaften archäologischen Spuren, Artefakte und Relikte, in denen Paläo-SETI-Anhänger und Präastronautikfans deutliche Hinweise auf eine ehemalige extraterrestrische Präsenz zu erkennen glauben. Oft animiert von Science-Fiction-Motiven, spekulieren selbst anerkannte Wissenschaftler darüber, ob außerirdische Raumschiffe nicht längst im Sonnensystem parken, getarnt als Asteroiden oder Kometen. Vor fünf Jahren überraschte der angesehene israelische Astronom Avi Loeb die Fachwelt mit der Theorie, dass im Oktober 2017 möglicherweise ein außerirdischer Lichtsegler in unser Sonnensystem eingedrungen und an der Erde in einer Entfernung von nur 24 Millionen Kilometern vorbeigeflogen sei. 1I/’Oumuamua (Abb. 8.4), so der Name des vermeintlichen Kometen aus einem anderen Sonnensystem, entfernte sich schneller von der Sonne als erwartet. Da andere Himmelskörper nicht in einem gravitativen Einflussbereich waren, wurde die Kometenthese immer fragwürdiger, zumal Astronomen rund um den Globus selbst mit den besten zur Verfügung stehenden Instrumenten bei ’Oumuamua während seiner solaren Visite keine Ausgasungen oder eine ausgedehnte Hülle aus Staub und Gas (Koma) ausmachen konnten. Der klassische Kometenschweif fehlte vollends. Loeb, der inzwischen das wissenschaftliche Suchprogramm *Galileo* ins Leben gerufen hat, das gezielt nach „extraterrestrischen technologischen

Signaturen außerirdischer technologischer Zivilisationen" und mithin nach UAPs (Unidentified Aerial Phenomenona) sucht, folgert angesichts dieser Daten mutig: „Ein exotisches Szenarium ist, dass 'Oumuamua vielleicht eine voll funktionstüchtige Raumsonde ist, die von einer außerirdischen Zivilisation absichtlich zur Erde oder ihrer näheren Umgebung gesandt wurde."

Beobachtungen dieser Art sind nur die Spitze des Eisbergs – die meisten Objekte oder Lichterscheinungen materialisieren sich auf der Erde und in ihrer Atmosphäre. Die Auswahl der Berichte hierüber ist so groß wie beeindruckend und verlangt nach einer seriösen, wissenschaftlich international vernetzten Aufarbeitung und Dokumentation, die auch von den Behörden zentralisiert werden sollte.

Dabei gibt es fraglos Anzeichen eines sich anbahnenden Paradigmenwechsels: So lud im Mai 2022 der US-Kongress sogar zu einem Hearing über das Thema UAP ein, bei dem der Vizedirektor des Marine-Geheimdienstes, Scott Bray, sagte, die UAP-Task-Force seiner Behörde habe derweil zwar keine Hinweise darauf, dass die beobachteten geheimnisvollen Objekte außerirdischen Ursprungs seien. Dennoch sei man offen für alle Hypothesen. Andre Carson, der Vorsitzende des Unterausschusses für Spionageabwehr im Repräsentantenhaus, gestand: „UAPs sind unerklärlich, das ist wahr. Aber sie sind real. Sie müssen untersucht werden."

Den Anfang machten eigentlich die US-Geheimdienste und das Pentagon, das im Juni 2021 den UAP-Task-Force-Bericht vorlegte, in dem von 140 unerklärlichen Himmelserscheinungen aus den vergangenen zwei Jahrzehnten berichtet wurde. Seit der Veröffentlichung des Reports habe die Zahl der gemeldeten Beobachtungen auf rund 400 zugenommen, so Scott

Bray. Im Juni 2022 initiierte Brasilien als erstes Land der Welt im Bundessenat eine feierliche Anhörung zur UAP-Problematik, bei der hochrangige inländische Vertreter und geladene Zeugen aus dem Ausland vertreten waren. Zu guter Letzt leitete NASA-Chef Bill Nelson, der ehemalige Shuttle-Astronaut und Ex-Senator, im selben Monat eine achtmonatige Untersuchung in die Wege, die zum Ziel hatte, Hunderte von unerklärlichen UAP-Sichtungen zu analysieren. „Wir nehmen die Sache sehr ernst", sagte Bill Nelson während einer Pressekonferenz.

Bereits am 17. Mai 2021 überraschte Barack Obama in der *Late Late Show* mit James Corden im US-Fernsehsender CBS das sichtlich verdutzte Publikum mit einer erstaunlichen Aussage. Zugeschaltet aus seinem Arbeitszimmer, gestand der gut gelaunte und völlig entspannte Ex-Präsident zur besten Primetime, dass er während seiner Amtszeit von den UAP-Dokumenten Kenntnis hatte. „Wahr ist, dass es Videos und Aufnahmen von Objekten am Himmel gibt, von denen wir nicht genau wissen, was sie sind. Wir können nicht erklären, wie sie sich bewegen, wie ihre Flugbahnen sind." Die Objekte wiesen kein leicht erklärbares Bewegungsmuster auf, sagte Obama.

Trotz der großen Bandbreite von Indizien, die für viele UAP-Forscher bereits Beweischarakter haben, möchten wir aber nochmals mit Nachdruck betonen, dass die zweifelsfrei bestätigte physikalische Realität der UAPs nicht mit der Tatsache gleichzusetzen ist, dass es sich bei diesen Objekten oder Lichterscheinungen automatisch um außerirdische Sonden oder Raumschiffe handeln muss. Wie wir in unserer Einleitung dargelegt haben, erfordert eine starke Behauptung wie die *extraterrestrische Hypothese* einen ebenso starken Beweis – oder noch besser: viele überzeugende Beweise. Wer sagt, dass *sie* bereits da sind, ist in der Bringschuld. Er muss etwas Handfestes, etwas optisch, visuell, akustisch, haptisch oder olfaktorisch, mit unseren Sinnen Erlebbares auf den Tisch legen: eine außerirdische Leiche, ein Artefakt, eine technische Apparatur, ein unbekanntes chemisches Element, ein unbekanntes Stück Metall, vielleicht sogar Trümmerstücke eines außerirdischen Flugobjekts.

Solch einen Beweis, der sodann für alle sichtbar vorläge, müssten unabhängige Labore, Forschungsinstitute und internationale Wissenschaftlerteams untersuchen, die selbst wiederum von unabhängigen Kontrolleuren beaufsichtigt werden müssten. Erst danach würde das Ergebnis der Weltöffentlichkeit und den Medien präsentiert. Im Idealfall würde sodann ein außerirdischer, gesprächiger Gast von Talkshow zu Talkshow gereicht werden und zur Primetime einem Milliardenpublikum Rede und Antwort stehen.

Da all dies aber bis heute noch nicht geschehen ist, fallen die Behauptungen, dass die Anderen längst unter uns weilen, vorerst in den Bereich des persönlichen Glaubens.

Leider tummeln sich unter den vielen seriösen UAP-Forschern auch wieder fragwürdige esoterische Gestalten vom Schlage eines David Icke, auf den die Reptiloidtheorie zurückgeht. Der ehemalige britische Fußballspieler und Sportreporter ist wie seine Anhänger zu 100 Prozent davon überzeugt, eine Rasse von extradimensionalen, gestaltwandelnden Echsenmenschen hätte sich auf der Erde niedergelassen und die Identität von bekannten Persönlichkeiten angenommen. So versteckten sich laut Icke die Reptiloiden etwa hinter dem royalen Antlitz von König Charles III. Sie wandelten in Gestalt führender englischer Politiker und Hochadligen, hätten auch alle Präsidenten der Vereinigten Staaten infiltriert und *übernommen*. Das Ziel der Echsenwesen sei es, die Menschheit zu kontrollieren.

Rechtspopulistische Verschwörungstheoretiker wie David Icke gibt es sowohl in der realen als auch in der virtuellen Welt en masse. Was jedoch nachdenklich stimmt, sind die Aussagen von Paul Hellyer, der einige Jahre als kanadischer Verteidigungsminister fungierte und 2021 im stolzen Alter von 98 Jahren starb. Vor zehn Jahren sagte er gegenüber dem russischen englischsprachigen 24/7-Fernsehkanal *Russia today*: „Ich weiß, dass es sie gibt. Tatsächlich besuchen sie unseren Planeten schon seit Tausenden von Jahren."

Bislang seien ihm zwar noch keine Aliens persönlich über den Weg gelaufen, dennoch wisse er, dass sie schon seit Jahrtausenden unter uns leben, seit biblischen Zeiten. Bis zu 50 außerirdische Zivilisationen seien bislang in Erscheinung getreten, von denen mindestens vier unserem Planeten die Aufwartung gemacht hätten, so Hellyer. Manche seien von menschenähnlicher Gestalt, andere ähnelten den Figuren aus dem irdischen Science-Fiction-Kosmos. Hellyer zufolge existiert in unserem Universum eine Art Föderation von Planeten à la *Star Trek* (Abb. 8.5), die sich ebenfalls eine oberste Direktive auf ihre interstellare Fahne geschrieben hat. Danach sind nur jene Kulturen im Club der Kosmo-Intelligenz-Elite willkommen, welche die entsprechende galaktisch-technische Reife mitbringen. Trotzdem haben die Außerirdischen uns in puncto Technik auf die Sprünge geholfen. Ohne deren Hilfe hätten wir heute keine LED-Leuchten, Mikrochips oder Kevlar-Westen, behauptet Hellyer.

Abb. 8.5 Wer über Außerirdische schreibt, kommt an *Star Trek* nicht vorbei. Dieses Foto wurde 1976 anlässlich der Einweihung des Space Shuttle „Enterprise" aufgenommen.
Credit: © NASA

Nun, wie soll, darf und muss man diese brachiale und publikumswirksame TV-Offensive Hellyers, die ihren medialen Eindruck nicht verfehlte, bewerten?

Wie viel von dem, was er vor zehn Jahren lancierte, entspricht der Wahrheit? Was ist Realität, was Fiktion, was reine Dichtung, was entspringt seiner Fantasie? Sind die Anderen vielleicht längst unter uns? Arbeiten sie tatsächlich mit US-Militärs zusammen? Fragen über Fragen ... und erwartungsgemäß gibt es keine zufriedenstellenden Antworten. Ob sie wirklich da sind – bloße Spekulation. Keine Behauptung aus dem berufenen Mund Hellyers ist beweisbar, aber eben auch nicht widerlegbar. Alles ist hier eine Frage des Glaubens.

Fraglos gibt es seriösere und natürlich glaubhaftere Augenzeugen und Quellen. Die Archive sind voll, viele ausländische ehemalige Geheimdokumente sind online für jedermann zugänglich. Von manchen Sichtungen liegen sogar Fotos im sichtbaren oder infraroten Licht, Filmaufnahmen und Videos, Luft- und Bodenradarplots und Augenzeugenberichte von Piloten vor, die sich alle zeitgleich auf ein- und dasselbe Flugobjekt oder Lichtphänomen beziehen. Manche von diesen bewegen sich auch in submarinen Gefilden fort. In der UAP-Diskussion findet gerade ein großer Paradigmenwechsel statt. Und ja, diese Objekte könnten theoretisch außerirdischen Ursprungs sein, auch wenn derzeit einige UAP-Forscher und Fans die extraterrestrische These nicht unbedingt favorisieren.

Apokalypse und Armageddon

Riesige Staub- und Schwefelwolken umhüllen den Globus und bilden einen Wolkenteppich, der Sonnenstrahlen, Licht und Wärme abschirmt. Flutwellen und Feuerstürme toben, Asche und Ruß regnen staubig von oben herab. Eisige Kälte hält Einzug. Flora und Fauna sterben, viele erst nach einem langen Todeskampf.

So ähnlich könnte das urzeitliche Szenario ausgesehen haben, als sich vor 65 Millionen Jahren ein zehn Kilometer großer Asteroid oder Komet mit einer Aufprallgeschwindigkeit von 15 Kilometern in der Sekunde in den Erdboden bohrte. Mit der fünfmilliardenfachen Kraft der Hiroshima-Atombombe sprengte er einen 180 Kilometer großen und zehn Kilometer tiefen Krater. Der Aufprall zog gewaltige Erdbeben, massive vulkanische Aktivität und das Umkippen des gesamten Ökosystems nach sich.

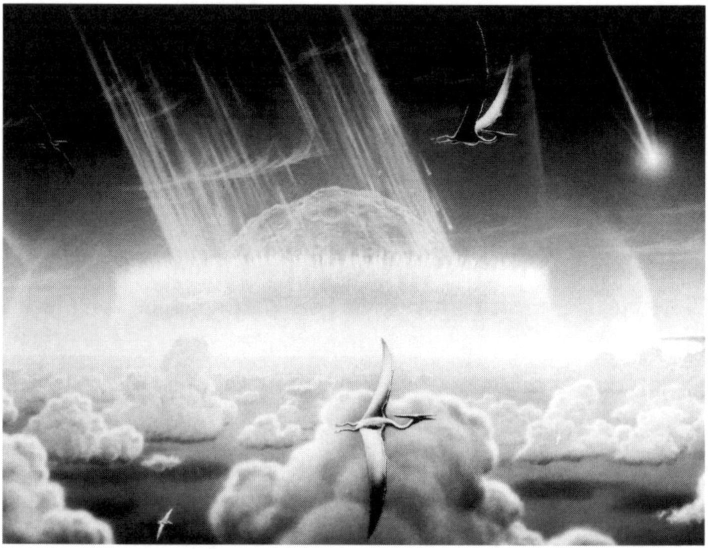

Abb. 8.6 Die Impakt-Theorie wartet mit den besten Indizien auf. Vor 65 Millionen Jahren wurde die Erde von einem kosmischen Brocken hart getroffen.
Credit: © NASA/Donald E. Davis

Mehr als 75 Prozent der damals lebenden urzeitlichen Flora und Fauna wurden dem Erdboden gleichgemacht, unter ihnen die größten Kreaturen, die unsere Natur jemals hervorbrachte: die Dinosaurier. Was ihr Anfang vom Ende markierte, leitete für die Säugetiere vielmehr den Anfang vom Anfang ein. Sie, unsere Vorfahren, überlebten das letzte große Massensterben, das Impakt-Ereignis (Abb. 8.6) in der Kreide-Paläogen-Grenze (K-P-Grenze), das nur eines von fünf in der Erdgeschichte war, bei dem jeweils ein Großteil der hiesigen Populationen vom Erdboden getilgt wurde. Das Schlimmste ereignete sich vor 252 Millionen Jahren, als im Zuge des Massenaussterbens an der Perm-Trias-Grenze mehr als 90 Prozent der maritimen Arten und Dreiviertel der Landbewohner verendeten.

Hier drängt sich die Frage auf, was wohl gewesen wäre, wenn der legendäre dicke Brocken damals nicht heruntergekommen wäre und den Riesenechsen nicht den Garaus gemacht hätte. Wäre dann überhaupt eine technologische Gattung auf unserem Planeten entstanden, die das Erbe der Dinosaurier hätte antreten können? Oder wäre ganz ohne uns als Mimen und Zuschauer unser Planet ein ewiger Jurassic Park geworden, sehr zum Segen von Flora und Fauna?

Da Naturkatastrophen beileibe kein irdisches, sondern ein kosmisches Phänomen sind, müssen wir dem Umstand Rechnung tragen, dass auch viele technisch versierte Zivilisationen entweder durch externe kosmische Phänomene und Himmelskörper oder durch intern-planetare Vorgänge ausgelöscht wurden. Die Liste solch grausamer Tragödien, die sich in der Geschichte des Universums schon oft abgespielt haben müssen, ist lang und abschreckend. Sie dokumentiert, dass das Weltall kein statisch ruhiger Ort, sondern eine höchst gefahrenvolle Gegend ist, die ständig neue, meist unkalkulierbare Überraschungen parat hat. „Die Natur ist kein Freund des Menschen, und das Einzige, was er hoffen kann, ist ihre Neutralität", wünscht sich Arthur C. Clarke.

Eine Berechnung des Astrophysikers Peter Ulmschneider von der Heidelberger Universität ergab, dass 99,8 Prozent aller intelligenten Gesellschaften im Universum zwangsläufig irgendwann wieder von der kosmischen Bühne verschwinden. Ist es ein kosmobiologischer Zufall oder eine deterministische Konstante, dass dieser Wert mit dem Schicksal des irdischen Lebens korrespondiert? Immerhin sind während der biologischen Evolution auf der Erde bisher rund 99,9 Prozent aller jemals lebenden Arten wieder ausgestorben – Tendenz steigend.

Insgesamt sehen wir uns zahlreichen Gründen gegenüber, warum wir uns über das Schweigen der Extraterrestren im Äther oder über deren Anwesenheit in unserem Sonnensystem nicht wundern sollten. So ziemlich alle finsteren Fantasien, mit denen Isaac Asimov und Sir Martin Rees in ihren legendären apokalyptischen Büchern *Die Apokalypsen der Menschheit* und *Unsere letzte Stunde* ihre Leser in der Vergangenheit geschockt haben, könnten unsere Welt in ein Dilemma stürzen – für uns böse enden und viele außerirdische Zivilisationen längst ausgelöscht haben.

So könnten Atomkriege, Bio- und Chemiewaffen, außer Kontrolle geratene Bio- und Nanotechnologie oder die Übernahme von KI respektive ein Aufstand von Cyborgs oder Robotern zur bitteren Büchse der Pandora des technischen Fortschritts werden. Naturkatastrophen wie der Ausbruch von Supervulkanen, massive tektonische Verschiebungen mit Erdbeben oder der Einschlag eines kompakten Asteroiden wie vor 65 Millionen Jahren könnten jegliches Leben – ob irdischer oder außerirdischer Natur – vernichten. Gleiches gilt für ein räumlich nahes Supernovaereignis oder einen wandernden Stern sowie Planeten, von denen ein Sternsystem mit Leben heimgesucht würde. Ganz zu schweigen von den Folgen planetarer Umweltkatastrophen und einem hausgemachten Klimawandel, gepaart mit Überbevölkerung und einer sich zuspitzenden Energieproblematik.

Ebenso können Mikroorganismen und Viren jederzeit tödliche Pandemien auslösen, denen theoretisch die gesamte Bevölkerung zum Opfer fallen könnte. Für den deutschen Bestsellerautor und Philosophen Andreas Eschbach ist die Gefährlichkeit derlei *Kleinstlebewesen* nicht zu unterschätzen: „Mikroben haben mehr Menschen getötet als alle Kriege,

Erdbeben und und Massaker zusammengenommen. Mikroben haben Weltreiche zerstört."

Ein erschreckendes und anschauliches Beispiel für diese Unbesiegbarkeit ist die fast schon in Vergessenheit geratene Justinianische Pest, die ab 541 nach Christus vornehmlich im europäisch-asiatischen Raum in vielen Wellen 200 Jahre lang mit einer hohen Letalität wütete. Mit verheerenden Auswirkungen, wie der griechische Historiker und Zeitzeuge Prokop von Caesarea aus erster Hand zu berichten weiß: „Hinzu kam (...) die Pest; sie raffte etwa die Hälfte der restlichen Menschheit hinweg. Die Pest (...) suchte zwar die ganze Erde heim, doch entgingen ihr wenigstens ebenso viele Menschen, als daran starben." Der amerikanische Altertumswissenschaftler Kyle Harper von der University of Oklahoma bestätigt diese grauenvolle Zahl: „Alles, was wir über die Justinianische Pest wissen, lässt darauf schließen, dass der Tod tatsächlich die Hälfte der Bevölkerung dahinraffte." Dass auch unsere außerirdischen Freunde oder Feinde ihre liebe Not mit Mikroorganismen haben dürften, ist so sicher wie das Aufblühen der nächsten Supernova.

Eine veränderte Erdrotation oder ein Zusammenbruch des Erdmagnetfelds, verursacht von was auch immer, könnte ebenso alles auf den Kopf stellen. Hinzu kämen vielleicht noch fehlgeschlagene Experimente mit künstlich geschaffenen Schwarzen Löchern en miniature, die alles mit sich reißen würden. Der neueste Schrei auf der langen Liste der Weltuntergänge sind isoliert auftretende Schwarze Löcher, die im All frei wandern und theoretisch jedem Sonnensystem gefährlich werden könnten.

Wir könnten die Liste beliebig verlängern, verweisen aber explizit darauf, dass – abgesehen von den menschengemachten

Katastrophen – die meisten von uns aufgeführten Schreckensszenarien hochspekulativ sind und daher höchstwahrscheinlich (hoffentlich) nicht eintreffen werden.

Auf einen wichtigen Aspekt möchten wir aber dennoch verweisen: Natürlich ist uns klar, dass viele hochintelligente, vor allem langlebige Zivilisationen während ihrer Evolution fraglos ein Bewusstsein für Gefahren und Risiken entwickelt haben und daher bestens vorbereitet sind, um sich vor Worst-Case-Szenarien zu wappnen. Aber was ist mit jenen klugen Kulturen, die weniger technisch gebildet und ausgebildet sind und keine Sensibilität für Damoklesschwerter haben, die über ihren Häuptern schweben?

Denken Sie nur an unseren außerirdischen Sokrates und seine Spezies auf dem imaginären Planeten Vega, der in unserer Zukunftsvision den erdnahen, aber realen Stern Wega umkreist. Einen hellen Stern, der immerhin die doppelte Masse und die 37-fache Leuchtkraft der Sonne hat. Als massereicher stellarer Vertreter wird die Wega ihren Wasserstoff zehn Mal schneller als unser Muttergestirn verbrennen. Ja, binnen einer Milliarde Jahre wird ihr Wasserstoffvorrat zu schwereren Elementen fusioniert sein. Die Wega erhebt sich sodann zu einem Roten Riesen der Spektralklasse M, taucht alle Planeten sowie Monde in ein Feuermeer, um sich dann als Weißer Zwerg zur Ruhe zu setzen. Würden unsere philosophisch-intellektuellen Rhetoriker und Dialektiker, die sich ständig im Diskurs über die Prinzipien von Moral und Ethik befinden, überhaupt etwas von der drohenden Gefahr ahnen? Würden sie reflektieren, dass seelenlose Materie sich nicht von schönen Worten beeindrucken lässt, sondern kompromisslos den Gesetzen der Physik folgt?

Wir wollen noch abschließend eine höchst gemeine Form von Strahlung erwähnen, gegen die zumindest Zivilisationen vom Typ I nichts auszurichten vermögen: Gammastrahlen. Genauer gesagt hochenergetische Gammastrahlen, die sich in Gestalt eines Gamma-Ray-Burst (GRB = Gammastrahlenausbruch) zu erkennen geben.

Abb. 8.7 Künstlerische Darstellung eines Gammastrahlenausbruchs
Credit: © ESO/A. Roquette

GRBs sind die wohl spektakulärsten Lichtspiele, die leuchtkräftigsten und energiereichsten Phänomene, die das Universum zu bieten hat. Sie kommen scheinbar aus dem Nichts. Und dennoch durchfluten sie das Universum binnen eines Wimpernschlags mit hochenergetischer kurzwelliger Gammastrahlung. Dabei setzen sie in einem Zeitraum von 0,01 bis 1000 Sekunden mehr Energie als unser Heimatstern in seinem ganzen Leben frei. Sogar ein Stern von der hundertfachen Masse unserer Sonne würde neben einem durchschnittlichen Gammablitz (Abb. 8.7) gänzlich verblassen. Mehr noch: Die energiereichsten unter ihnen strahlen für die Dauer des Ausbruchs sogar heller als alle Sterne im Universum zusammen. Sie entstehen bei der Geburt von schnell rotierenden Schwarzen Löchern oder Neutronensternen.

Sie treten auch in Erscheinung, wenn massereiche Sterne, sogenannte Super- und Hypernovae, explodieren. Gottlob tragen sich kosmische Eruptionen solchen Ausmaßes in der Regel abseits unserer Galaxis in fernen Galaxien zu – und sind in der Galaxis im Vergleich zu Supernovaexplosionen weitaus seltener anzutreffen.

Käme es aber in unserer Galaxis zu solch einem Ausbruch, womöglich sogar in relativer Nähe zum Solarsystem, wäre eine Katastrophe apokalyptischen Ausmaßes für die Erde programmiert. Dann wären wir die Angeschmierten, befürchtet der niederländische Wissenschaftsjournalist Maarten Keulemans. Eine riesige Energieentladung würde unsere Atmosphäre in Brand stecken. Dabei würden Wälder verkohlen, Flüsse und Meere austrocknen. Die Erdhälfte, die dem Blitz zugewandt wäre, würde augenblicklich sterilisiert – und alles Leben dort vernichtet, so Keulemans. Der wütende Feuersturm würde um die Erde rasen und weiteres Unheil anrichten. „Eine Gammastrahlenexplosion im Umkreis von 6000 Lichtjahren würde katastrophale Folgen für das Leben haben. Wir wissen nicht, wann genau sich ein solcher Ausbruch ereignet hat, aber wir sind ziemlich sicher, dass es ihn gegeben hat", vermutet der Physiker Adrian L. Melott der Universität in Kansas (USA) und spielt damit auf die Massenextinktion vor 443 Millionen Jahren an, bei der mehr als Zweidrittel aller Pflanzen und Tiere ausstarben. Neben Melott führen auch andere Experten diese Katastrophe auf einen Gammablitz zurück.

Grob geschätzt ereignen sich solche seltenen Katastrophen alle 100 Millionen Jahre einmal in einer Galaxie. Blickt man jedoch tief in die Vergangenheit des Universums zurück, stößt man auf weitaus mehr und aktivere GRBs, die in archaischen Zeiten den Raum erschütterten. Tatsächlich durchlebten vor zehn Milliarden Jahren die meisten Galaxien alle drei Millionen Jahre ein solch kosmisches Großereignis. Ausgehend von diesem Zahlenwert stellte der US-Physiker James Annis aus Illinois die Theorie auf, dass in der Anfangsphase des Universums etliche Strahlenausbrüche viele Planeten regelrecht sterilisiert hätten, sodass auf diesen erst gar nicht Intelligenzen mit Bewusstsein entstehen konnten. Zwar schwächte sich die Frequenz der GRBs mit den Jahren ab, aber selbst einige Milliarde Jahre später könnten aufstrebende Kulturen diesem kosmischen Phänomen zum Opfer gefallen sein.

Eine andere Studie kam zu dem alarmierenden Resultat, dass ein in der Milchstraße auftretender starker GRB möglicherweise die gesamte galaktische habitable Zone verseuchen würde. Überflutete ein hochenergetischer GRB die Milchstraße mit seiner Strahlung vollends, wäre dies das Ende für Lebensformen im *bewohnbaren* Bereich der Galaxis (unbewohnbar wäre etwa alles in der Nähe von Sagitarrius A* im galaktischen Zentrum). Da möglicherweise nicht alle *intelligenten* Zivilisationen den Mechanismus und die Philosophie von GRBs verstanden haben, könnten solche Strahlungseruptionen sie jederzeit überraschen und vernichten, wie Michael A. G. Michaud betont: „Die größten potenziellen Killer sind GRBs, deren Energieausbrüche zu tödlichen Strahlen gebündelt werden. Technologische Zivilisationen können im Laufe der galaktischen Evolution periodisch ausgelöscht werden. Die wichtigste Einzelursache für Katastrophen können GRBs sein."

Ja, so grausam es klingt, aber das Schweigen im All könnte auch auf zahlreiche Katastrophen hindeuten, denen viele

Zivilisationen schon vor Milliarden Jahren zum Opfer gefallen sind und deren Ausmaß für uns unvorstellbar ist – oder deren Ausmaß wir uns besser nicht vorstellen sollten.

Doch für die Stille im Weltenraum könnte es einen noch viel gruseligeren Grund geben …

9. Kosmische Büchse der Pandora

Verloren im dunklen Wald

Was macht ein vierjähriges Kind, das sich im dunklen Wald verirrt hat? Erkundet es erst einmal vorsichtig seine Lage? Oder rennt es lautschreiend durch den Wald und ruft: „Hallo, ihr Monster. Hier bin ich!“
David Brin, 2018

Das exobiologisch-kosmologische Prinzip

Unfassbare Leere. Kalte Unendlichkeit. Grenzenlose Weiten. Unermessliche Tiefen. Ewigkeit. Ein homogener und isotroper Raum, in dem – auf großen Skalen gesehen – die rare Materie gleichmäßig verteilt ist, während die Raumkrümmung im Mittel überall den gleichen Wert hat. Ein Universum ohne Mittelpunkt, in dem kein Punkt, keine Richtung ausgezeichnet ist. Und dennoch: Irgendwo da draußen driften im infiniten Meer vereinzelt und verloren Materieoasen, Welteninseln, Galaxien, Sternhaufen, Lichtpunkte (Abb. 9.1) Sterne, Planeten, Monde, Asteroiden, Kometen und andere Himmelskörper.

Diese als „kosmologisches Prinzip“ bekannte These betrifft gleichsam alle Lebensformen im All, die – wie wir – direkte Abkömmlinge des Wasserstoffs sind, der sich 380 000 Jahre nach dem Urknall als erstes chemisches Element gebildet hat. Zu den Kindern des Sternenstaubs zählen eben auch kausal alle außerirdischen Lebensformen, weil wir *alle* aus jenen schweren Elementen bestehen, die vor Jahrmilliarden im Innern von Sternen produziert wurden.

Abb. 9.1 Verloren im All wirkt auch der kleine mit einem Pfeil dezent markierte Punkt. Bei diesem handelt es sich um unseren Heimatplaneten Erde, fotografiert 2013 aus einer Entfernung von 1,4 Milliarden Kilometern mit der Bordkamera der Cassini-Raumsonde.
Credit: © NASA

Was uns eint, ist unser *materieller*, gemeinsamer Ursprung und die Tatsache, dass wir alle ausnahmslos den Gesetzen der Physik ausgeliefert und unterworfen sind – kosmosweit. Selbst ultraintelligente Außerirdische, die heute mit Wurmlöchern oder Schwarzen Löchern experimentieren mögen, saßen wenigstens am Anfang ihrer Tage einmal räumlich und zeitlich im selben Boot mit uns. Vielleicht wirkt diese Gemeinsamkeit auch in den moralischen und ethischen Werten außerirdischer Gesellschaften nach – in ihrer Mentalität und Soziologie.

Sehen wir es doch einmal von dieser Warte: Wenn das Universum für alle gleich, die Materie darin allerorten von gleicher Natur, kein Ort in ihm ausgezeichnet ist, all seine

Lebensformen eine entbehrungsreiche und harte Evolution vom Einfachen bis zum Komplexen hin durchlaufen haben, wenn wir also alle Kinder des Wasserstoffs und Abkömmlinge der Sonnen sind, könnte es dann nicht sein, dass wir uns auch in moralischer und ethischer Hinsicht ähneln? Das Gute und das Böse wäre dann ein allgegenwärtiges Prinzip, eine im Universum überall gültige Maxime, eine Art kosmisches Yin und Yang mit negativem Touch.

Im Sternenmeer würden daher sowohl friedliebende als auch expansiv-aggressive Kulturen und Technologien unwissentlich koexistieren. Nur so lange, solange sie von der Existenz der jeweils anderen nichts wissen. Denn all diese Sternenvölker und vernunftbegabten Lebensformen werden im Verlauf ihrer Evolution einer Hydra begegnet sein, die wir nur allzu gut kennen. Eine ewige und unauslöschliche, die für Krieg, Gewalt, Eroberungs- und Zerstörungswut steht.

Homo sapiens – der Schrecken der Galaxis?

Werfen wir einen Blick auf die aktuelle weltpolitische Lage, so zeigt sich, dass der Homo sapiens das irdisch-mythische Ungeheuer immer noch nicht bezwingen konnte. Der Kampf gegen die Hydra scheint so aussichtslos wie einst die mythologisch verklärten *unmenschlichen* Anstrengungen von König Sisyphus. Rund um den Globus repräsentieren und regieren größtenteils Tyrannen, Diktatoren, Despoten, Misanthropen und korrupte Entscheidungsträger diesen Planeten, missbrauchen das Zepter ihrer Macht oft rücksichtslos als letale Waffe. Zurzeit dokumentieren 195 Länder und Nationen – viele davon untereinander spinnefeind – die historisch gewachsene Zerrissenheit und fehlende Geschlossenheit der Menschheit.

Was unsere kriegerisch-atavistischen Instinkte anbelangt, folgen wir dem Ruf unserer Urahnen. Bei Lichte betrachtet hat sich die menschliche Natur seit dem Aufkommen unserer Art vor 300 000 Jahren nicht grundlegend geändert. „Der einzige Unterschied ist, dass wir nun über nukleare, chemische und biologische Waffen verfügen, um alte Streitigkeiten auszufechten“, beklagt Michio Kaku.

Selbst wenn kontaktfreudige, freundlich gesinnte Zivilisationen uns heute persönlich die Aufwartung machen würden, stünde ihnen kein würdiger, aufrichtiger Ansprechpartner zur Verfügung, der Macht und Exekutivgewalt verantwortungsvoll in Personalunion vereinte. Weder eine funktionierende UNO, geschweige denn ein Weltparlament würde sich als Verhandlungspartner eignen. Verständigungsprobleme wären allein dadurch gegeben, dass sich die Außerirdischen mit mehr als 7000 verschiedenen Sprachen und mehr als 60 verschiedenen (selbstdefinierten) Geschlechtern und schätzungsweise 4200 unterschiedlichen Religionen auseinandersetzen müssten. Wir würden sie verwirren, irritieren und keineswegs motivieren, mit uns das kosmische Band der Freundschaft zu schließen. Zumal sich mittlerweile unsere wachsende Vorliebe für Gewalt und Machtbesessenheit bis in die letzten Winkel der Milchstraße herumgesprochen haben sollte, vor allem unsere latente, von Wahn getriebene Bereitschaft, uns eines Tages selbst in die Luft zu sprengen. „Besucher aus dem All würden sich dann fragen: Wie können Wesen, die intelligent genug sind, Atombomben zu erfinden, auch dumm genug sein, sie tatsächlich zu bauen?“, fragt der deutsche SETI-Pionier Sebastian von Hoerner nicht ohne Groll.

Hand aufs Herz: Sollten gutmütige und sensible extraterrestrische Zivilisationen vom Typ I den Informationsmüll unserer Gesellschaft aufgefangen und dechiffriert haben, der seit 1896 als erste Technosignatur der Menschheit in Form von Radiowellen mit zunehmender Intensität ins All wandert und mittlerweile eine Kugel mit einem Radius von 127 Lichtjahren ausfüllt – eine Zone, in der ca. 1000 Sterne verschiedenster Klassen beheimatet sind –, könnten sie einen intellektuell-kosmischen Kulturschock erlitten und zugleich die Lust verloren haben, jemals mit uns in Kontakt zu treten. Im ungünstigsten Fall sind sie dabei auf den TV-Schrott der irdischen kommerziellen Privatsender und das in den Untiefen des World Wide Web wilde Treiben gestoßen und haben sich von dem rauen Ton und Klima der Social-Media-Parallelwelt schocken lassen. „Würden sie uns allein an den Kriegs- und Terrorberichten der TV-Nachrichten messen, dürften wir uns über ihr Schweigen wohl kaum wundern", so von Hoerner.

Diese kulturellen Subkosmen spiegeln zwar nur einen kleinen Teil der Realität unserer Spezies wider, liefern aber bekanntlich nicht gerade ein allzu vorteilhaftes Psychogramm der Menschheit. Sie, die Anderen, hätten gute Gründe, an unserem Verstand zu zweifeln. Ferne Zivilisationen, die aller Gewalt abgeschworen und stattdessen eine hohe ethisch-moralische Attitüde pflegen, werden mit unserer Lebensart nichts anfangen können. Von einer plutokratischen und kleptokratischen Lebensform, die seit jeher geld- und machtgierig ist und sich gegenseitig beraubt, bestiehlt und darüber hinaus bis heute zu oft völlig bedeutungslose und unnötige Grenz- und Territorialkriege vom Zaun gebrochen und geführt hat, werden diese nichts wissen wollen.

Von 1900 bis 1996 wüteten auf Mutter Erde 250 Kriege mit mehr als 110 Millionen Toten. Allein während des Gewaltregimes von Dschingis Khan sind Anfang des 13. Jahrhunderts in Zentralasien und China mehr als 37 Millionen Menschen ums Leben gekommen, was einem Zehntel der damaligen Weltbevölkerung entsprach. Die Liste der menschlichen Grausamkeiten ließe sich nach Belieben fortsetzen. Ja, der rote Faden, der sich durch unsere Geschichte zieht, sticht nicht von ungefähr mit einer Signalfarbe ins Auge. Sie ist rot. Rot, weil wir den Faden selbst immerfort in Blut getränkt haben. Der großartige Historiker und Literat Herbert Rosendorfer bringt unsere diabolische Rolle auf der Weltbühne auf den Punkt: „Die Weltgeschichte ist eine Blutspur. Sie hat auf dem Weg der Menschheit meistenteils Blut, Tränen, Betrug, Verrat, Dreck und Eiter hinterlassen. Ein goldenes Zeitalter hat es nie gegeben. (…) Die wirklichen Werte der Kultur, meist Zeugnisse der Kunst, stehen einsam im ganzen Meer von Leid und Brutalität."

Das maximal Fremde als das maximal Böse?

So unwirklich und abschreckend es klingen mag – auch auf anderen bewohnten Welten werden Blutspuren davon Zeugnis ablegen, dass außerirdische Zivilisationen so etwas wie *Leid und Brutalität* erfahren haben. Warum sollten nur auf der Erde eroberungssüchtige und kaltblütige Technologien ihre Nische gefunden haben? Nein, das Zusammengehen von Expansionsdrang und Aggression könnte ein weit verbreitetes kosmisches Phänomen sein.

In diesem Zusammenhang möchten wir Sie noch einmal an den australischen Paläontologen Michael Archer erinnern, der völlig zu Recht darauf hinwies, dass auch auf anderen Welten außerirdische Kreaturen die Evolutionsleiter Sprosse für Sprosse mühsam erklimmen mussten. Keine andere

Lebensform bekam damals etwas geschenkt. Wer diesen beschwerlichen Weg einmal hinter sich gelassen hatte, musste vom Naturell her im höchsten Grad abgehärtet und kämpferisch sein. Daher sei jede Kreatur, mit der wir in Kontakt träten, mit jeder Faser so bösartig wie wir, resümiert Archer.

Einige davon könnten sogar um eine Nuance gefährlicher sein. Denn technologische Überlegenheit muss sich nicht in Kultiviertheit oder moralischer Tugendhaftigkeit vollenden. Seth Shostak meint, dass die Außerirdischen uns im Fall eines Kontakts alles andere als zuvorkommend behandeln könnten. „Es ist (...) vorstellbar, dass Aliens wissenschaftlich zwar auf dem höchsten Stand, kulturell aber Barbaren sind. (...) Ihre Einstellung gegenüber Menschen oder anderen Wesen im Universum kann so unterschiedlich sein wie die des Menschen gegenüber Kakerlaken."

Eine Grundeinstellung wie diese könnte sie dazu ermutigen, uns eines fernen Tages wirklich im Rahmen einer Großinvasion zu attackieren. Grausame Kreaturen, gefühlskalte Roboter oder unbarmherzige Nanobots als Okkupanten unserer Welt – alles nur reine Science Fiction?

Nein, in Erinnerung an Freeman Dyson wäre es eben völlig naiv und verantwortungslos zu glauben, alle hochstehenden Zivilisationen seien automatisch sanftmütig und friedliebend, nur weil es ihnen im Verlauf ihrer technischen Evolution irgendwann gelungen ist, ihre kritischen Stadien zu überwinden: beispielsweise einen globalen Klimakollaps (der unserer Spezies droht) oder die totale atomare Selbstzerstörung (die unserer Spezies ebenfalls droht) abzuwenden. Eher könnten im Universum ebenso hochaggressive Lebensformen ihre heiklen Momente mit Glück und Geschick gemeistert haben. Für die Besiedlung und Eroberung ihrer Galaxie könnte ihnen dabei ihre aggressive Dynamik sogar mehr geholfen als geschadet haben.

Es ist naheliegend, dass hierbei höchstwahrscheinlich ausgerechnet die bösen und angriffslustigen Sternenvölker obsiegt haben. Streng hierarchisch strukturiert, entwickeln gerade Diktaturen den stärksten Antrieb, um ihre ambitionierten Ziele zu verfolgen. Irdische Beispiele hierzu gibt es en masse. Fernab der Erde könnten solch langlebige Großreiche schon seit Zehntausenden von Jahren existieren und dem technologischen Fortschritt einen idealen Nährboden gegeben haben. Eine erfolgreiche außerirdische Supermacht würde keine Nationalstaaten mehr kennen, sondern ihre Planeten zentralistisch regieren und ihre Individuen über Generationen indoktriniert, manipuliert und aus pragmatischen Gründen darauf konditioniert haben, ähnlich wie Ameisen zu funktionieren. Bei strikten Diktaturen würden Entscheidungen schneller und zielgerichteter fallen. Probleme wie Hunger, Umweltkrisen, Energieengpässe oder Rohstoffprobleme wären für solche Arten nur Reminiszenzen alter Zeiten. Ihr Expansionsdrang würde sie zu den Sternen tragen, die Besiedlung und Eroberung anderer Planeten ihr Lebensinhalt sein.

Wenngleich die Wahrscheinlichkeit noch so gering ist – da draußen könnten tatsächlich expansive und von ihrer Natur aufs Töten konditionierte Spezies, Cyborgs, Nanobots und KI-Konstruktionen herumgeistern. Sie könnten im Konzert der Superzivilisationen als raumfahrende, kampfeslustige, neugierige Art mitmischen und Imperialismus im größeren, intergalaktischen Stil betreiben. Sende- und empfangsbereit sowie sendewillig würden sie sehnsüchtig darauf warten, von einer unterentwickelten Nachbarwelt wie der unsrigen Funk- oder Lichtsignale zu erhalten. In diesem Fall könnte bereits eine einzige künstliche Nachricht, die in die falschen Tentakel oder krabbenartigen Scheren fällt, für den Absender tödliche Folgen haben. Vielleicht würden sie uns als Antwort eine Flaschenpost schicken, in der eine Anleitung zum Bau einer Apparatur eingerollt ist, die Wissenschaftler als Raumschiff interpretieren, die aber in Wirklichkeit eine Höllenmaschine ist. Wer sie konstruiert und aktiviert, öffnet die Büchse der Pandora – und würde das Ende seiner Heimatwelt einleiten. Es wäre zugleich ein interstellares Trojanisches Pferd, eine perfide List, mit der in den Tiefen und Weiten des Alls schon auf erbarmungslose Weise ganze Zivilisationen vernichtet wurden. Sollten uns eines Tages solch barbarische, blutdürstige und rücksichtslose Räuber aus dem All heimsuchen, die wir aus dem Sci-Fi-Universum zur Genüge kennen, hätten wir keine Chance. Null Chance, weil wir wegen unserer engstirnigen, von Nationalismus und Patriotismus geprägten Zerrissenheit und Uneinigkeit gegen eine außerirdische Invasion mit Sicherheit keine geschlossene Abwehrfront bilden könnten.

Berserker als Technovandalen

Der Inbegriff der extraterrestrischen Boshaftigkeit wären aber sogenannte Berserkersonden, die selbst SF-Kenner als Kampf- und Killermaschinen fürchten. Befehligt von Supercomputern, durchstreifen sie auf der Suche nach allem Lebendigen die Galaxis, um dieses kompromisslos auszumerzen. Sie sind in der Fantasiewelt von Fred Saberhagen (1930–2007) Überbleibsel eines interstellaren Kriegs zwischen zwei vergangenen alten Alienkulturen, können sich selbst vervielfältigen und folgen gefühllos dem einprogrammierten Auftrag ihrer

Erbauer. „Eine derartige Maschine könnte über einem von Menschen kolonisierten Planeten hängen und in zwei Tagen die Oberfläche bis in einer Tiefe von hundert Meilen in eine leblose Wolke von Staub und Dampf zermalmen“, schreibt Saberhagen, dessen *Berserker*-Serie in der Fandom-Szene legendären Status hat.

Vielleicht gibt es auch Bracewell-von-Neumann-Sonden, die aufgrund einer Fehlfunktion oder eines externen Problems im Lauf der Zeit unabsichtlich zu Kampfmaschinen mutieren und sich später sogar einmal gegen den eigenen Schöpfer stellen, vermutet Gregory Benford. In seiner *Galactic-Center*-Saga beschreibt er sogar einen Erstkontakt mit außerirdischen Sonden, den *Mechs*. Als Schöpfung einer ausgestorbenen Art sind sie darauf getrimmt, alle Lebensformen zu vernichten, die von Natur aus instabil und anfällig für Selbstzerstörung sind. Da in den Sensoren der *Mechs* alle fortgeschrittenen biologischen Zivilisationen in dieses Raster fallen, sind diese als natürliche Feinde sofort zu terminieren. Stephen Webb indes charakterisiert solche Killerroboter schlichtweg als Ausgeburten paranoider Bracewell-von-Neumann-Sonden „mit richtig miesem Charakter“.

Spiegelt sich das große Schweigen im Universum etwa in der Erfolgsquote derartiger interstellarer Tötungsmaschinen wider? Dieser Frage ging David Brin schon vor 40 Jahren in einem bekannten Essay nach. Nehmen wir doch einmal an, fragt Brin hierin hypothetisch, viele fortgeschrittene Kulturen versendeten eine erste große Sondenarmada ins All – zu friedlichen Zwecken, zur Kontaktaufnahme und Exploration des Alls. Stellen wir uns weiter vor, dass von 1000 oder 10 000 aufgeklärten und friedliebenden Arten nur eine wirklich fremdenfeindlich und pathologisch streitsüchtig ist. Wenn dem so wäre, dann könnte eine solche Spezies ihre selbstreplizierenden Abgesandten so programmieren, dass sie ihrem Repertoire später mächtige Bomben selbständig hinzufügen. Mit dem Auftrag, jede unerkannte Quelle modulierter elektromagnetischer Strahlung anzupeilen und anzufliegen ...

Das Beängstigende an diesen Gedanken ist nach Brin, dass die Berserkerhypothese eine vernünftige Erklärung für die große Stille im All offeriert: „Es muss nur einmal geschehen, damit die Ergebnisse dieses Szenarios zu den Gleichgewichtsbedingungen in der Galaxis werden. Wir hätten dann weder außerirdischen Funkverkehr entdecken können, noch hätte sich irgendwann einmal eine außerirdische Intelligenz auf der Erde niederlassen können, weil alle kurz nach der Entdeckung des Funks getötet worden wären."

Sollte in unserer Milchstraße nur eine einzige ausgestorbene oder noch existierende Technologie solche galaktischen Technovandalen mit einem mörderischen Auftrag ins All entlassen haben, müssten schon viele Zivilisationen bereits wieder das Zeitliche gesegnet haben. Wenigstens die lautstarken unter ihnen. Wer nämlich zu intensiv sendet, könnte den bösen Geist der Berserkermaschinen heraufbeschwören und die Position seiner Heimatwelt verraten – mit allen negativen, fatalen Folgen. Wer dagegen klug und konsequent ist, wird die Gefahr antizipieren und kein Sterbenssignal von sich geben, sich mucksmäuschenstill verhalten und hoffen, dass der maliziöse interstellare Kelch vorüberzieht. „Das ist ein beunruhigender Gedanke, und obwohl es ein unwahrscheinliches Szenario sein mag, sollten wir es nicht ausschließen", konstatiert der Computerfachmann und SETI-Kenner Brian McConnell nüchtern.

Natürlich stellt sich hier die Frage, warum diese bösen Jägersonden unsere Welt, auf der bereits vor ca. 3,5 Milliarden

Jahren die ersten Lebensformen Fuß gefasst haben, immer noch nicht sterilisiert haben. Zeit wäre reichlich vorhanden gewesen. Entweder hatten wir bislang einfach unverschämt großes Glück oder die Berserker verrichten ihr teuflisches Werk Gott sei Dank nur in unseren dunklen Fantasiewelten. Etwas Paradoxes haftet der Berserkertheorie dennoch an: Sollten nämlich Berserker-Killerroboter wirklich der Grund dafür sein, dass wir keine fortgeschrittenen Zivilisationen sehen – warum haben wir dann bis heute noch nicht einen einzigen dieser Jäger in Aktion oder Spuren und Artefakte seines destruktiven Handwerks gesehen?

Die Dunkle-Wald-Theorie

Destruktiv und dunkel ist vor allem das lichtarme Weltall: Dunkle Materie, Dunkle Energie, Schwarze Löcher, destruktive Strahlen jeglicher Art und ein sich immer schneller ausdehnender tiefschwarzer Raum – und noch viele andere Kuriositäten und Exoten wirken auf biologische und ähnlich geartete Lebensformen wie ein kosmisches Gruselkabinett, geprägt von Tristesse und Kälte.

Ein dunkles, höchst lebensfeindliches Etwas, mit dem auch Megaintelligenzen vom Typ II, III und IV vorliebnehmen müssen. Immerhin können sich die anderen intelligenten Lebensformen damit trösten, in diesem furchteinflößenden und lebensfeindlichen dunklen kosmischen Wald wenigstens eine Zeit lang einen Platz an einer Sonne gefunden zu haben. Dennoch ist der dunkle Wald, in dem wir leben, ein geheimnisvoller Forst, der sich nicht als heller, sonnenverwöhnter, sondern als einsamer, stiller, sehr angsteinflößender geriert. Ein astraler Laub- und Nadelwald voller Bäume, Tannen, wildgewachsenen Gebüschen, in dem hinter jedem Gestrüpp der Tod lauern kann – unsichtbar und lautlos.

Hiermit sind wir bereits mittendrin in der „Dunklen-Wald-Theorie", die wir inhaltlich leider nur streifen können. Sie stammt aus der Feder des von uns bereits zitierten chinesischen Schriftstellers Liu Cixin, der sie in seinem zweiten Buch (*Der dunkle Wald*) seiner Trisolaris-Trilogie wie folgt beschreibt:

> *„Das Universum ist ein dunkler Wald, in dem jede Zivilisation ein mit einer Waffe bewaffneter Jäger ist. (...) Er muss vorsichtig sein, denn der Wald ist voll von anderen Jägern wie ihm. Wenn er ein anderes Lebewesen bemerkt (...), hat er nur eine Wahl: das Feuer zu öffnen und es zu beseitigen. In diesem Wald sind die anderen Menschen die Hölle. Eine ewige Bedrohung. Jede Kreatur, die ihre Existenz offenbart, wird sehr schnell ausgelöscht."*

Im Kern geht es bei Lius Analogie darum, wie es um die Soziologie und Moral sowie Ethik der zahlreichen Zivilisationen im All bestellt ist. Für seine Theorie sind zwei Prinzipien elementar. Erstens will jede Lebensform überleben. Zweitens will sie wachsen, gedeihen, sich vermehren – und sie wird deshalb mehr Raum und Ressourcen benötigen. Sie expandiert, während die gesamte Materie im Universum konstant bleibt. Hochgerechnet würde sie irgendwann einmal infolge der Begrenztheit der Ressourcen und des bewohnbaren Raums mit einer anderen Zivilisation kollidieren und in Konflikt geraten. Deshalb kommt in Lius dunklem Wald, also im Kosmos, dem Stärkeren und gewissermaßen Schnelleren eine große Bedeutung zu. Denn wer im Orchester der Superzivilisationen die erste Geige spielen will, muss die Klaviatur des Tötens virtuos beherrschen. Er muss wie ein Jäger seine Beute überraschen und sie gnadenlos erlegen. Wer zuerst entdeckt wird, hat bereits verloren und zieht im kosmischen Überlebenskampf den Kürzeren. Wer sein Überleben langfristig garantieren will, muss sofort zuschlagen, sobald er die planetare Position des stellaren Konkurrenten lokalisiert hat. Warum? – Weil keine Zivilisation ausschließen kann, dass die Anderen nicht genauso so kalkulieren wie man selbst!

Die Koordinaten der fremden Welt in den Computer gespeist, würden die Angreifer entweder Berserkerroboter oder ihre stellare Kriegsflotte umgehend zu dem unbekannten Sonnensystem schicken. Den Überraschungseffekt nutzend, würden sie mit einem Erstschlag der anderen Zivilisation keine Gelegenheit geben, zeitnah zurückzuschlagen. Eine grausame wie effektive Variante, die Lius Ansicht nach auch gleichzeitig erklärt, warum im dunklen Wald die große Stille angesagt ist. Vor allem technisch unterlegene Kulturen hätten allen Grund zum Schweigen, um den böswilligen Arten nicht begegnen zu müssen. Denn wer die Waldesruh stört, setzt sich der Gefahr aus, in die Hände von astralen Geistern, Gnomen, Kobolden und Räubern zu geraten. Der einsame Rufer im Wald ist schneller und leichter zu orten – und umso schneller und leichter zu töten …

Ein Lichtstrahl im dunklen Wald

Bereits 1976 überraschte Frank Drake einige Experten in einem Fachaufsatz mit einer auf den ersten Eindruck rhetorisch anmutenden Frage, die er auch 1992 in seinen Memoiren ernsthaft analysierte: Was wäre, wenn die Außerirdischen unsterblich sind? Wenn es ihnen gelungen wäre, die Zellen in ihren Körpern dergestalt umzuprogrammieren, dass der Alterungsprozess ausbliebe? Ihnen könnte der Coup geglückt sein, den Wissensschatz eines alten Gehirns in ein neues ohne Datenverlust zu transferieren oder ein Wesen exakt mit seinen individuellen Merkmalen zu kopieren. Die Energie, die eine solche Intelligenz für den Erhalt ihrer eigenen Existenz aufbringen würde, könnte ihr Verhalten maßgeblich prägen. Da ihre körperliche Vernichtung nur durch Unfälle, Mord, Krieg und Katastrophen möglich wäre, würden sie jegliche Form von riskantem Verhalten meiden. „Unter Berücksichtigung ihres Respekts für den Erhalt individueller Leben würden sie alle erdenklichen Vorsichtsmaßnahmen gegen physische Bedrohungen von anderen Planeten treffen", erklärt Drake. Sie würden zuvorderst Übertragungen von Funksignalen tunlichst meiden und alles in die Wege leiten, um für andere Zivilisationen unsichtbar zu bleiben. Safety first! Lieber die Ewigkeit in Frieden und Stille ertragen, als von Berserkern vernichtet zu werden! Als Unsterblicher hat man eben mehr als nur ein Leben zu verlieren.

Doch Frank Drake wäre nicht Frank Drake, wäre seine Theorie nicht mit einer positiven und hoffnungsvollen Botschaft verknüpft. Denn eine Zivilisation mit vielen Unsterblichen, so Drake, würde die entgegengesetzte Politik wählen: Sie würde vielmehr extrem aktiv sein, um andere Zivilisationen aufzuspüren und mit ihnen zu kommunizieren. Sie würde diese Taktik zur Lebensphilosophie erheben, um das eigene Überleben zu garantieren. Anstatt andere Gesellschaften zu bekriegen, würden sie diesen das Geheimnis ihrer Unsterblichkeit anvertrauen. „Somit müssten sie sich nicht mehr mit dem Gedanken quälen, durch militärische Aktionen bedroht zu werden, weil die von ihnen angeleiteten Gesellschaften den heiligen Wunsch nach persönlicher Sicherheit entwickeln würden." Sie würden vor allem jungen, technisch aufstrebenden Zivilisationen den Weg in die biologische Ewigkeit bahnen. Wir sollten daher vermehrt zu den Sternen schauen, weil solche Supermächte am leichtesten entdeckt werden könnten, rät Drake. Ja, möglicherweise sei die Zahl der unsterblichen Sternenvölker sogar weitaus größer als die aller Planeten mit sterblichen Zivilisationen. Schließlich seien sie, die Unsterblichen, die wahren Herrscher des Alls. Sanftmütig und friedfertig!

Elegante Zurückhaltung als Chance

Drakes schönes Gedankenspiel in allen Ehren – wir glauben indes nicht, dass die galaktische Realität so rosig und hoffnungsvoll aussieht wie in seiner Illusion, in der altruistische Unsterbliche um unseren Seelenfrieden besorgt sind. Nein, der dunkle Wald ist omnipräsent und überschattet alles – und macht damit auch jedwede gefährliche Lebensform unsichtbar.

Wir müssen daher vorbereitet sein, mit allem rechnen, jedes denkbare Szenarium durchdiskutieren, durchsimulieren und durchanalysieren. Wir müssen uns auch mit der Tatsache anfreunden, dass ein Erstkontakt mit einer außerirdischen Spezies – so fiktiv und fern dieser gedanklich, intellektuell für unseren rationalen Geist und Verstand gegenwärtig auch immer sein mag – schon übermorgen eintreffen könnte. Ein solcher könnte den größten Paradigmenwechsel in der Geschichte unserer Art einläuten – oder ganz einfach unser Ende einleiten.

Ob der First Contact in absehbarer Zukunft im Rahmen eines Signal- oder Artefaktszenariums Realität wird oder sogar in einer direkten Begegnung gipfeln könnte – im Sonnensystem, mithin sogar ein Zusammenkommen auf unserer guten alten Erde –, bleibt die große Unbekannte. Wenn wir uns die Berserker-Serie von Fred Saberhagen, die „Dunkle-Wald-Theorie" von Liu Cixin, den Planetenfresser-Schocker-Roman von Greg Bear und die Gedanken von Gregory Benford hierzu vor Augen führen und uns abermals an die warnenden Stimmen im fünften Kapitel erinnern, allen voran Jared Diamond, Michael Archer und David Brin, dann bekommt der Faktor *Vorsicht* auf einmal eine ganz besondere Dimension. Er wird zum guten Ratgeber, weil ungeachtet der immerfort zugeschriebenen positiven altruistischen Eigenschaften der Aliens ein *extraterrestrisches Restrisiko* bleibt.

In einem der finstersten und hoffnungslosesten dystopischen kultigen Science-Fiction-Romane ohne Happy End wird die Erde gleich von zwei außerirdischen Lebensformen heimgesucht, die – von unserem künstlichen Funkfeuer angelockt – die Erde zu ihrem Spielball machen. In seinem Werk *Schmiede Gottes* entführt Greg Bear (1951–2022) den Leser in ein Albtraumszenarium. In seiner Geschichte stehen sich auf unserem Planeten zwei außerirdische Spezies gegenüber. Während spinnenartige Roboter an dem Fortbestand unserer Lebensform interessiert sind und auch Tausende Menschen mitsamt einigen ausgewählten Kunstwerken und historischen Aufzeichnungen retten, vollendet der feindliche Aggressor, roboterartige Wesen, unbeirrt seinen Plan und vernichtet den Planeten und die Menschheit vollends. Aber nicht in Sekundenschnelle mit einem Todesstrahl à la Star Wars, sondern ganz langsam mit jeweils einem Stück Neutronium und einem Stück Antineutronium, die sie im Erdkern platzieren. In dem Wissen, dass die Erde buchstäblich von innen aufgefressen wird, ergeben sich die unglückseligen Erdbewohner ihrem unabwendbaren Schicksal, das sie selbst durch ihr zu freizügiges Versenden von Radar- und Funksignalen zu verantworten haben. Wer hinter den gnadenlosen Planetenfressern und den altruistischen Rettern steckt, beschreibt Greg Bear nicht näher. Doch nimmt er in seinem Drama die „Dunkle-Wald-Theorie“ gewissermaßen mit folgenden Worten vorweg: „Wir haben auf unserem Baum gesessen und wie verrückte Vögel gezirpt seit schon über einem Jahrhundert und uns gewundert, warum keine anderen Vögel antworteten. Der galaktische Himmel ist voller Falken. Das ist der Grund. (...) Die nicht klug genug sind, sich ruhig zu verhalten, werden gefressen.“

Wer erklären will, warum sich im gesamten kosmischen elektromagnetischen Spektrum und auf Neutrino- sowie auch auf Gravitationswellenebene noch keine für uns detektierbaren, außerirdischen Signale eingefunden haben, findet mit der „Dunklen-Wald-Theorie“ die vielleicht plausibelste Erklärung. Träfe sie nämlich zu, wäre das Gros der *KI*-Zivilisationen von der Angst getrieben und von der Furcht gepeinigt, sich mit unbedachten Funk- und Lichtwellen unabsichtlich zu verraten, die Raumkoordinaten ihrer Heimatwelt irreversibel ins All zu pulsen – und die eigene Vernichtung zu riskieren. Die meisten Intelligenzen hätten in diesem Fall – lebend unter einer interstellaren Angstglocke – allesamt ein kosmisches Schweigegelübde abgelegt, sich freiwillig einer Quarantäne unterworfen. Nicht alle, aber möglicherweise sehr viele Kulturen würden diesem Dogma folgen und lieber auf Nummer sicher gehen. Um keine gefährlichen intelligenten Räuber anzulocken, würden sie der klassischen Furcht vor dem Unbekannten den Vortritt überlassen.

Ja, auch wir glauben, dass uns als Menschheit eine gewisse elegante Zurückhaltung beim Versenden einer informationsreichen irdischen Flaschenpost gut zu Gesicht stünde. Es wäre in der Tat empfehlenswert, verstärkt zu lauschen, dafür aber partout weniger gezielte Botschaften zu senden. Denn jedes in den interstellaren Raum entlassene schmalbandige starke Signal stellt für uns theoretisch ein kaum kalkulierbares Restrisiko da!

Erinnern wir uns und vergessen wir nicht: Irgendwo da draußen könnte schon das erste stellare Trojanische Pferd vielleicht um Einlass begehren. Und bereits in exoplanetarer, unmittelbarer Nachbarschaft könnte die kosmische Büchse der Pandora sehnsüchtig darauf warten, einen Gutgläubigen zu finden, der sie – neugierig auf ihren Inhalt – in froher und freudiger Erwartung hoffnungsvoll öffnet ...

Danksagung

4711 Flaschen Wasser, 400 Liter Kaffee, 999 Flaschen alkoholfreies Bier, Berge von Salat und Gemüse, Berge von Papier, zahlreiche Druckerpatronen, Unmengen von Textmarkern, zahlreiche Bücher, Zeitungen und Fachmagazine, ungezählte Internetrecherchen, etliche Telefonate, E-Mails sowie Postsendungen waren nötig, damit dieses Buch über den elektronischen Umweg zu Papier gebracht werden konnte. Dass uns all dies immerfort zur Verfügung stand, erfüllt uns mit tiefer Dankbarkeit. Zu tiefem Dank verpflichtet sind wir all jenen, die uns während unserer Schaffensphase mit Rat und Tat zur Seite gestanden und den Diskurs immerfort auf konstruktive Weise belebt haben. Hervorheben möchten wir Frau Dr. Angelika Jockers, die unser Manuskript redigierte, kritisierte und die Lesbarkeit dieses Buches mit zahlreichen Verbesserungsvorschlägen erhöhte. Für die fachlichen Kommentare und Tipps bedanken wir uns bei dem Mensa-Mitglied und Science-Fiction-Kenner Dr. Christoph Endres. Nicht zuletzt gilt unser Dank auch Herrn Dr. Norbert Junkes vom Max-Planck-Institut für Radioastronomie in Bonn, dem als belesenem Fachmann kaum ein grober Schnitzer entgeht.

Vor allem aber danken wir Ihnen, liebe Leser, dass Sie auf unserer „extraterrestrischen Reise“ zu den realen und fiktiven fernen Welten und den dort lebenden Intelligenzen bis zur letzten Textseite durchgehalten haben.

Abschließend gilt unser besonderer Dank auch unserem Betreuer Dr. Patrick Oelze und unserem Lektor Dr. German Neundorfer. Beide haben sich um das Buch verdient gemacht, uns motiviert, unsere Arbeit mit wertvollen Anregungen und

Kommentaren konstruktiv begleitet. Dem Team des Herder-Verlags möchten wir auch unseren Dank aussprechen.

Zu guter Letzt möchten wir Ihnen noch eine *antike* Weisheit mit auf den Weg geben, die uns am Herzen liegt, weil ihre Botschaft mit unserer eigenen korrespondiert und in allen Lebenslagen hilfreich sein kann. Sie stammt aus der Feder des griechischen Philosophen Zenon von Elea (490 v. Chr.–430 v. Chr.). Ihm, der im Gegensatz zu Enrico Fermi dereinst ein *wahres* Paradoxon in die Welt setzte, überlassen wir das letzte Wort: „Die Natur gab uns zwei Ohren und nur eine Zunge, auf dass wir mehr zuhören und weniger reden."

Anmerkung der Autoren: Dieses Buch wurde ohne die Hilfe der Tools von OpenAI verfasst. Wir haben insbesondere keine Schreibbots verwendet. Unser Werk ist frei von ChatGPT-Modifikationen.

Literatur- und Quellenverzeichnis

[Anm. der Autoren: Wir führen nur einen kleinen Teil der verwendeten Quellen und Literatur auf!]

Almár, Iván/Shuch, H. Paul: The San Marino Scale: a new analytical tool for assessing transmission risk, in: Acta Astronautica (Januar 2007), Bd. 60, Nr. 1, S. 57–59.

Archive of SETI Searches (Appendix L), in: SETI 2020. A Roadmap for the Search for Extraterrestrial Intelligence. Hrsg.: Ronald D. Ekers, D. Kent Cullers, John Billingham und Louis K. Scheffer, SETI Press, Mountain View 2002, S. 381–425.

Asimov, Isaac: Außerirdische Zivilisationen. Sind wir nicht allein im Weltall?, Bastei-Lübbe, Bergisch-Gladbach 1989.

Asimov, Isaac: Die Apokalypsen der Menschheit. Katastrophen, die unsere Welt bedrohen, Kiepenheuer & Witsch, Köln 1982.

Ball, John A.: The Zoo Hypothesis, in: Icarus, Bd. 19, S. 347–349.

Barnes, Rev. E. W.: Supplement, in: Nature (24.10.1931), S. 719–722.

Bear, Greg: Schmiede Gottes, Heyne-Verlag, München 1989.

Bialy, Shmuel/Loeb/Abraham: Could Solar Radiation Pressure Explain 'Oumuamua's Peculiar Acceleration?, in: The Astrophysical Journal Letters, Bd. 1 (12.11.2018).

Bracewell, Ronald N.: Communications from Superior Galactic Communities, Nature (28.05.1960), Bd. 186, S. 670–671

Brin, David: Die Gefahren des Erstkontaktes, in: Leben im All. Positionen aus Naturwissenschaft, Philosophie und Theologie, Hrsg.: Tobias Daniel Wabbel, Düsseldorf 2005, S. 87–113.

Brin, David: The ‚Great Silence': the Controversy Concerning Extraterrestrial Intelligent Life, in: Q. Jl R. astr. Soc. (1983), Bd. 24, S. 283–309.

Breuer, Reinhard: Kontakt mit den Sternen. Leben auf fremden Planeten?, Ullstein Verlag, Frankfurt a. M. 1978.

Clarke, Arthur C.: Der Wächter, in: 2001: Odyssee im Weltraum. Der Roman zum Film, Heyne-Verlag, München 2001, S. 253–266.

Clarke, Arthur C.: Im höchsten Grad phantastisch. Ausblicke in die Zukunft und Technik, Deutsche-Buch-Gemeinschaft, Berlin/Darmstadt/Wien 1967.

Ćirković, Milan M.: The Great Silence. The Science and Philosophy of Fermi's Paradox, Oxford University Press, New York 2018.

Cixin, Liu: Der dunkle Wald, Heyne-Verlag, München 2018.

Cocconi, Giuseppe/Morrison, Philip: Searching for Interstellar Communications, in: Nature (19.09.1959), Bd. 184, Nr. 4690, S. 844–846.

Crowe, Michael J.: The Extraterrestrial Life Debatte – Antiquity to 1915, A Source Book, Notre Dame/Indiana 2008.

Crowe, Michael J.: The Extraterrestrial Life Debate, 1750–1900, Dover Publications, Mineola, New York 1999.

Davidson, Keay: Carl Sagan. A Life, John Wiley & Sons, New York 1999.

Davies, Paul: Sind wir allein im Universum? Über die Wahrscheinlichkeit außerirdischen Lebens, Scherz Verlag, Bern/München/Wien 1996.

Davoust, Emmanuel: Signale ohne Antwort? Die Suche nach außerirdischem Leben, Seehamer Verlag, Weyarn 1997.

Drake, Frank/Sobel, Dava: Signale von anderen Welten. Mit dem NASA-SETI-Projekt auf der Suche nach fremden Intelligenzen, Droemersche Verlagsgesellschaft/Knaur, München 1994.

Diamond, Jared: Der dritte Schimpanse. Evolution und Zukunft der Menschen, S. Fischer Verlag, Frankfurt a. M. 1994.

Dick, Steven J.: Life on other Worlds. The 20th-Century Extraterrestrial Life Debate, Cambridge University Press, Cambridge 1998.

Dick, Steven J.: (Hrsg.): Many Worlds. The New Universe, Extraterrestrial Life & the Theological Implications, Templeton Foundation Press, Radnor/ Pennsylvania 2000.

Dick, Steven J.: Space, Time, and Aliens. Collected Works on Cosmos and Culture, Springer Nature, Switzerland AG 2020.

Dyson, Freeman John: Search for Artificial Stellar Sources of Infrared Radiation, in: Science (03.06.1960), Bd. 131, S. 1667–1668.

Eschbach, Andreas: Das Buch der Zukunft, Rowohlt-Verlag, Reinbek 2007.

Eschbach, Andreas: Herr aller Dinge, Lübbe, Köln 2011.

Ferguson, Niall: Doom. Die großen Katastrophen der Vergangenheit und einige Lehren für die Zukunft, DVA, München 2021.

Freitas Jr., Robert A.: The Search for Extraterrestrial Artifacts (SETA), in: Acta Astronautica (1985), Bd. 12, S. 1027–1034 [IAA-84–243 (A)].

Harper, Kyle: Fatum. Das Klima und der Untergang des Römischen Reiches, C. H. Beck, München 2020.

Harris, Michael J.: SETI Through the Gamma-Ray Window: A Search for Interstellar Spacecraft. In: Bioastronomy. The Search for Extraterrestial Life – The Exploration Broadens. Hrsg.: Jean Heidmann, Michael J. Klein, Bd. 390 (1991), S. 300–305.

Hart, Michael H.: An Explanation of the Absence of Extraterrestrials on Earth, in: Extraterrestrials. Where are they? Hrsg.: Ben Zuckermann /

Michael H. Hart, Cambridge University Press, 2. Aufl., Cambridge 1995, S. 1–8.

Heidmann, Jean: Bioastronomie. Über irdisches Leben und außerirdische Intelligenz, Springer-Verlag, Berlin/Heidelberg 1994.

Hiram, Percy Maxim: What is it all about?, in: Scientific American (01.04.1932), Bd. 146, Nr. 4, S. 199–203.

Hoerner, Sebastian v.: Sind wir allein? SETI und das Leben im All, Verlag C. H. Beck, München 2003.

Hynek, J. Allen: UFO. Begegnungen der ersten, zweiten und dritten Art, Wilhelm Goldmann Verlag, München 1978.

Jones, Eric M.: Where is everybody? An Account of Fermi's Question, in: Los Alamos Technical Report, LA-10311-MS, UC 34B, März 1985.

Kaku, Michio: Die Physik der Zukunft. Unser Leben in 100 Jahren, Rowohlt-Verlag, Reinbek 2012.

Kaku, Michio: Die Physik des Unmöglichen. Beamer, Phaser, Zeitmaschinen, Rowohlt Verlag, Reinbek 2008.

Kean, Leslie: UFOs: Generals, Pilots, and Government Officials Go on the Record. Three Rivers Press, New York 2011.

Kellermann, Kennth I./Bouton, Ellen N./Brandt, Sierra S.: Open Skies. The National Radio Astronomy Observatory and its Impact on US Radio Astronomy, Springer, Cham 2021.

Keulemanns, Maarten: Exit Mundi. Die besten Weltuntergänge, dtv, München 2010.

Lem, Stanislaw: Solaris, Ullstein, Berlin 2021.

Lewis, C. S.: Gott im Weltraum, in: ... und die Sterne fallen herab. Science-Fiction-Geschichten. Hrsg.: René Oth, F. H. Kerle, Freiburg/Heidelberg 1981, S. 190–199.

Loeb, Avi: Ausserirdisch. Intelligentes Leben jenseits unseres Planeten, DVA, München 2021.

Papagiannis, Michael D.: A Search for Tritium Sources in our Solar System may reveal the Presence of Space Probes from other Stellar Systems, in: Extraterrestrials. Where are they?, Hrsg.: Ben Zuckerman/Michael H. Hart, Cambridge University Press, Cambridge 1995, S. 107.

Martin, Anthony R.: The Origin of the „Fermi Paradox", in: Journal of the British Interplanetary Society, Bd. 71, Nr. 7 (Juni 2018), S. 200–206.

McConnell, Brian: Beyond Contact. A Guide to SETI and Communicating with Alien Civilizations, O'Reilly, Cambridge 2001.

Michaud, Michael A. G.: Contact with Alien Civilizations. Our Hopes and Fears about Encountering Extraterrestrials, Springer, New York 2007.

Rees, Martin: Unsere letzte Stunde. Warum die moderne Naturwissenschaft das Überleben der Menschheit bedroht, C. Bertelsmann, München 2003.

Saberhagen, Fred: Berserker, Moewig, Rastatt 1967.

Sagan, Carl: Contact, Droemer Knaur, München 1986.

Sagan, Carl: Signale der Erde. Unser Planet stellt sich vor, Knaur, München/Zürich 1980.

Sagan, Carl/Agel, Jerome: Nachbarn im Kosmos. Leben und Lebensmöglichkeiten im Universum, Kindler-Verlag, München 1975.

Sagan, Carl/Salzman-Sagan, Linda/Drake, Frank: A Message from Earth, in: Science (25.02.1972), New Series, Bd. 175, Nr. 4024, S. 881–884.

Sagan, Carl/ Shklovskii, Iosif Samuilovich: Intelligent Life in the Universe, Dell, New York 1966.

Schetsche, Anton: Die Gesellschaft der Außerirdischen. Einführung in die Exosoziologie, Springer VS, Wiesbaden 2019.

Schwartz, David N.: The last Man who knew everything. The Life and Times of Enrico Fermi, Father of the Nuclear Age, Hachette Book Group, Inc., New York 2017.

Scientific American Archive (Scientific American Supplement).

Shostak, Seth: Confessions of an Alien Hunter. A Scientist's Search for Extraterrestrial Intelligence, National Geographic, Washington, D.C. 2009.

Shostak, Seth: Nachbarn im All. Auf der Suche nach Leben im Kosmos, F.A Herbig, München 1999.

Shuch, Paul H. (Hrsg.): Searching for Extraterrestrial Intelligence. SETI Past, Present and Future, Springer, Berlin/Heidelberg 2011.

Sobel, Dava: A Greetings from Arecibo Speeds to the Stars, in: Cornell Chronicle (21.11.1974), Bd. 6, Nr. 14, S. 1–2.

Sullivan, Walter: Signale aus dem All. Auf der Suche nach belebten Welten, Econ-Verlag, Düsseldorf/Wien 1964.

Swift, David W. (Hrsg.): Swift SETI Pioneers. Scientists talk about their search for Extraterrestrial Intelligence, Tucson & London 1990.

Teller, Edward/Shoolery, Judith: Memoirs. A Twentieth-Century Journey in Science and Politics, Perseus Publishing, Cambridge 2001.

Tesla, Nikola: Gespräch mit den Planeten, in: Marsmenschen. Wie die Außerirdischen gesucht und erfunden wurden, Hrsg.: Justus Fetscher/Robert Stockhammer, Reclam Verlag, Leipzig 1997, S. 161–168.

The New York Times (New York Times Article Archive).

Ulmschneider, Peter: Intelligent Life in the Universe: Principles and Requirements behind its Emergence, Springer, Berlin/Heidelberg 2006.

Walter, Ulrich: Zivilisationen im All. Sind wir allein im Universum?, Spektrum Akademischer Verlag, Heidelberg/Berlin 1999.

Personenregister